江苏省水利厅
江苏省财政厅文件

苏水运管〔2024〕3号

省水利厅 省财政厅关于印发江苏省水利工程维修养护预算编制规定及定额的通知

各设区市、县（市、区）水利（务）局、财政局，厅属各水利工程管理处：

为适应水利工程精细化管理要求，提高水利工程维修养护造价精准度，省水利厅、省财政厅组织对2007年印发的《江苏省水利工程养护修理预算定额（试行）》进行了修订，并编制了相应的预算编制规定，现予印发，请认真贯彻执行。

江苏省水利厅　　　　江苏省财政厅

2024年7月28日

江苏省水利厅办公室　　2024 年 8 月 2 日印发

JIANGSU SHENG SHUILI GONGCHENG
WEIXIU YANGHU YUSUAN DING'E YU YUSUAN BIANZHI GUIDING

江苏省水利工程
维修养护预算定额
与预算编制规定

江苏省水利厅　江苏省财政厅　编

江苏大学出版社
JIANGSU UNIVERSITY PRESS
镇　江

图书在版编目(CIP)数据

江苏省水利工程维修养护预算定额与预算编制规定 / 江苏省水利厅，江苏省财政厅编. -- 镇江 : 江苏大学出版社，2024. 9. -- ISBN 978-7-5684-2081-5

Ⅰ. TV512

中国国家版本馆 CIP 数据核字第 2024S06T93 号

江苏省水利工程维修养护预算定额与预算编制规定

编　　者/江苏省水利厅　江苏省财政厅
责任编辑/吴春娥　汪再非
出版发行/江苏大学出版社
地　　址/江苏省镇江市京口区学府路 301 号(邮编：212013)
电　　话/0511-84446464（传真）
网　　址/http://press.ujs.edu.cn
排　　版/镇江市江东印刷有限责任公司
印　　刷/南京玉河印刷厂
开　　本/890 mm×1 240 mm　1/16
印　　张/24.25
字　　数/700 千字
版　　次/2024 年 9 月第 1 版
印　　次/2024 年 9 月第 1 次印刷
书　　号/ISBN 978-7-5684-2081-5
定　　价/180.00 元

总目录

江苏省水利工程维修养护预算定额

江苏省水利工程维修养护预算编制规定

江苏省水利工程维修养护预算定额

江苏省水利工程维修养护预算定额

编 委 会

审　　　　定：张劲松　倪国强　喻君杰

审　　　　核：陆一忠　朱　力　黄俊友　陈　健

主　　　　编：郭　宁　王　云　高杏根　秦　晗　康立荣

主要编制人员：李　涛　丁毅强　许　涛　苏垚至　王震球
　　　　　　　徐　磊　周忠琴　张利昕　董　毅　丁　浩

参 编 人 员：陈立冬　周　珺　冷　静　宋薇薇　许建国
　　　　　　　全　悦　卜　舸　沈国华　刘新泉　徐莉萍
　　　　　　　李　娟

主编单位：江苏省水利厅　江苏省财政厅

技术支持单位：江苏省水利勘测设计研究院有限公司

目　录

总说明

一、《江苏省水利工程维修养护预算定额》（以下简称本定额）适用于江苏省已建水利工程维修养护项目，不适用于新建、改建、扩建等水利基本建设项目。本定额包括建筑工程维修养护定额、设备维修养护定额和附录三部分。

二、本定额是江苏省水利工程系列定额的重要组成部分，主要用作：

1. 编制和审批江苏省水利工程维修养护项目资金的依据。

2. 财政和审计部门进行财政和审计监督的依据。

3. 江苏省水利工程维修养护购买社会服务的指导性标准。

4. 维修养护企业编制投标报价的参考。

三、本定额按照合理的施工组织和一般正常的施工条件编制，定额中所采用的施工方法和工程质量标准依据现行的水利工程施工技术、验收规范及规程、质量评定标准和安全操作规程取定。实际情况与定额不同时，定额不作调整。

四、本定额按照1日3班、每班8小时工作制制定。实际施工时，如采用1日1班或2班制，定额不作调整。

五、本定额的人工和机械定额均包括：基本工作、准备与结束、辅助生产、不可避免的中断、必要的休息、工程检查、交接班、班内工作干扰、质量和安全检查，常用机具的小修、保养、加油、加水等全部工作。

六、本定额中的工作内容仅扼要说明主要施工过程和工序，次要的施工过程、施工工序和必要的辅助工作虽未列出，但已包括在定额内。

七、本定额中的人工是指完成该定额子目工作内容所需的人工耗用量，包括基本用工和辅助用工，并按其所需技术等级，分别列出工长、高级工、中级工、初级工的工时数及其合计数。

八、本定额中的材料是指完成该定额子目工作内容所需的全部材料耗用量，包括主要材料和其他材料。

九、本定额中的机械是指完成该定额子目工作内容所需的全部机械台时耗用量，包括主要机械和其他机械。

十、本定额中规定的调整系数如有 2 个以上，除另有说明外，均按连乘计算。

十一、本定额中用数字表示适用范围时，作如下规定：

1. 只用一个数字表示的，只适用于该数字本身；当需要选用的定额介于两子目之间时，可用插入法计算。

2. 数字后用“以上”“以外”“大于”表示的，均不包括该数字本身；数字后用“以下”“以内”“小于”表示的，均包括该数字本身。

3. 数字用上、下限表示的，适用于大于下限，小于或等于上限的数字范围。

十二、本定额中“单位”沿用工程行业使用的称谓，实际是计量基数而非专指计量单位的概念。

I

建筑工程维修养护定额

说　明

一、《江苏省水利工程维修养护预算定额》的建筑工程维修养护定额（以下简称本定额）包括土方工程、砌石工程、混凝土工程、其他工程、工程测量5章。

二、本定额中的人工是指完成该定额子目工作内容所需的人工耗用量，不包括应计入机械台时中的机上操作人工数。

三、本定额中材料、成品、半成品均已包括场内运输及操作损耗。

四、本定额中不包含维修养护施工所需搭设的脚手及其他临时措施费用，如有则应根据施工组织设计另行计算。

五、本定额中材料和机械的表示方式：

1. 在不同行中分别列出材料、机械的名称、品种、规格、型号的，表示各行定额都属于计价部分。

2. 只在一行中列出材料、机械的名称，而在其后的行中分别列出品种、规格、型号的，表示这种材料、机械只能选用其中1种品种、规格、型号进行计价。

3. 材料、机械定额中，凡未列出品种、规格、型号的，均按一般常用或设计选定的品种、规格、型号计价。

4. 本定额中仅列出主要材料和机械的品种、规格、型号及数量，次要材料和一般机械均列入“其他材料费”“其他机械费”或“其他费用”中，以百分比（%）表示。“其他材料费”“其他机械费”的百分比（%）分别指该费用占主要材料费、机械费的比例，“其他费用”的百分比（%）指该费用占人工费、材料费、机械费之和的比例。

六、本定额材料栏中的混凝土、砂浆是指完成单位产品所需的半成品量，编制预算时应根据混凝土、砂浆的设计要求，查附录“水工混凝土、砂浆配合比及材料用量”计算该半成品的单价。现场配合比与附录配合比不同时，定额不作调整。

七、本定额中圆括号（ ）内的数字，表示未计价材料数量。

八、本定额中方括号[ ]内的数字，表示定额中未含该材料、成品或半成品，应根据有关定额另行计列其费用。

1　土方工程

说　明

一、本章包括人工施工土方工程、机械施工土方工程、土方压实、水力冲挖土方工程和疏浚工程等，适用于河道土方开挖、堤坝填筑、水工建筑物基坑开挖及回填等。

二、土质划分：

1. 一般土方工程施工的土类（淤泥、流砂、砂礓土除外）按附录 A 中表 A.2 划分。

2. 水力冲挖土方施工的土类根据施工的难易程度分为 4 级，见附录 A 中表 A.4。

3. 挖泥船施工的土类按疏浚工程施工技术规范中土类分级的七级划分；砂类按松密度分为松散、中密、紧密 3 类，见附录 A 中表 A.5。

三、土方名称：

1. 自然方：指未经扰动的自然状态土方。

2. 松方：指自然方经过人工或机械开挖而松动过的土方。

3. 实方：指填筑、回填经过压实后的成品方。

四、除注明外，土方定额计量单位按自然方计算。

五、土方开挖和填筑工程，除定额规定的工作内容外，还包括挖小排水沟、修坡、清除场地杂物、交通指挥、安全防护和取土场、卸土场的小路修筑与维护等。

六、除淤泥、流砂外，人工和机械开挖土方定额按天然含水量制定。含水量在 25%～40%时，定额中人工和挖土机械乘以系数 1.2；若含水量超过 40%时，定额中人工和挖土机械乘以系数 1.15，垫板等措施费用另行计列。

七、人工及机械施工土方的运输距离按挖土断面重心至卸土断面重心的平均距离计算，断面复杂、土方量大的也可按分层、分块加权平均距离计算。

八、土方挖运定额已包括运输损耗，一般土方工程不另行计列运输和其他损耗。

九、本定额中未包括排水费。

十、土方开挖工程量计算：

1. 土方开挖工程量按开挖设计断面计算。

2. 土方填筑的工程量按设计断面计算，施工沉陷量已含在定额中。

3. 土方填筑的压实定额以压实成品方计。如需计算压实工程的备料量或土料挖运的自然方量时，可按下式计算：

$$W=\frac{r_{\mathrm{d}}}{r_{\mathrm{w}}}\times 100\times(1+5\%)$$

式中，5%为施工损失，包括运输、雨后清理、削坡、沉陷、试验坑等损失在内；W为每 100 压实成品方需要的自然方量；r_{d}为设计干密度；r_{w}为自然干密度。

十一、人工施工土方定额运距均按水平距离拟定。人力挑抬和胶轮车运土，重载上、下坡时，按坡道起、止点间的高差折成水平距离计算，折算系数见表 1.1.1 和表 1.1.2，坡道范围内的水平距离不再计算；上坡高差不足 1 m 时，不计上坡折平，仍以坡长（斜距）计算；重载多级上坡，级间水平距离小于 10 m 时，视为连续上坡，按总高差折平；若级间水平距离达到或超过 10 m 时，应视为非连续上坡，分级计算折平；当坡长超过折平时，则以坡长计算。

十二、机械施工土方定额适用于陆上机械施工的土方工程。

1. 推土机推土定额按上坡推土坡度不大于 5%、推土厚度不小于 30 cm 制定。上坡坡度在 5%～10%时，定额乘以系数 1.09；坡度在 10%～15%时，定额乘以系数 1.14。堆土岗宽在 2 m～5 m，且岗高在 2 m 以上时，定额乘以系数 1.11。推土机推松土时，定额乘以系数 0.8。

2. 挖掘机挖土：挖松土时，定额乘以系数 0.85；开挖沟槽且有边坡要求，其断面在 15 m^2以内者，定额乘以系数 1.2。

3. 挖掘机挖装土自卸汽车运输：

（1）挖掘机挖装土自卸汽车运输定额：挖装松土时，定额中人工及挖装机械乘以系数 0.85；挖掘机开挖沟槽且有边坡要求，其断面在 15 m^2以内者，定额乘以系数 1.2。

（2）自卸汽车运输定额根据一般水利施工工地的路况制定，适用于 10 km 以内运输。运距超过 10 km 时，超过部分按每增运 1 km 的台时数乘以系数 0.75 计算。汽车运土如需穿越铁路、主要公路或在主要公路上运距超过 1 km时，汽车定额乘以系数 1.2。

（3）汽车运输不另行计列高差折平和路面等级系数。

（4）卸土场不需推土机平整时，取消推土机台时。

表 1.1.1　人力挑抬运输重载上、下坡高差折平表

单位：m

上坡折平（不论坡度大小）															
高差小数	高差整数														
	1	2	3	4	5	6	7	8	9	10	11	12	13	14	15
0.0	8	17	27	38	50	63	77	92	108	125	143	162	182	203	225
0.1	9	18	28	39	51	64	78	94	110	127	145	164	184	205	227
0.2	10	19	29	40	53	66	80	95	111	129	147	166	186	207	230
0.3	11	20	30	41	54	67	81	97	113	130	149	168	188	209	232
0.4	11	21	31	43	55	68	83	98	115	132	150	170	190	212	234
0.5	12	22	32	44	56	70	84	100	116	134	152	172	192	214	236
0.6	13	23	33	45	58	71	86	101	118	136	154	174	194	216	239
0.7	14	24	35	46	59	73	87	103	120	137	156	176	197	218	241
0.8	15	25	36	48	60	74	89	105	122	139	158	178	199	221	243
0.9	16	26	37	49	62	76	90	106	123	141	160	180	201	223	246

注：下坡按每米高差折平 7 m。

表 1.1.2　胶轮车运输重载上、下坡高差折平表

单位：m

上坡折平（不论坡度大小）															
高差小数	高差整数														
	1	2	3	4	5	6	7	8	9	10	11	12	13	14	15
0.0	24	51	81	114	150	189	231	276	324	375	429	486	546	609	675
0.1	27	54	84	117	154	193	235	281	329	380	435	492	552	615	682
0.2	29	57	87	121	158	197	240	285	334	386	440	498	558	622	689
0.3	32	60	91	124	161	201	244	290	339	391	446	504	565	628	695
0.4	34	63	94	128	165	205	249	295	344	396	451	510	571	635	702
0.5	37	66	97	132	169	210	253	300	349	402	457	516	577	642	709
0.6	40	69	100	135	173	214	258	304	354	407	463	522	583	648	716
0.7	43	72	104	139	177	218	262	309	359	412	469	528	590	655	723
0.8	45	75	107	143	181	222	267	314	365	418	474	534	596	662	730
0.9	48	78	111	146	185	227	271	319	370	423	480	540	603	668	737

注：下坡按每米高差折平 14 m。

十三、水力冲挖土方：

1. 本定额的排距按排泥管长度计算。

2. 本定额按排高 5 m 制定。排高每增（减）1 m，折合成排距增（减）25 m。

3. 施工水源与施工作业区距离超过 50 m 时，引水措施所需费用另行计列。

4. 在盐碱地施工时，机械台时费中第一类费用乘以系数 1.2。

5. 排泥场围堰填筑费用另行计列。

十四、疏浚工程：

1. 本定额包括绞吸式、抓斗式和两栖式挖泥船开挖土方，适用于水下土方开挖和清淤工程。

2. 挖泥船定额按一级工况制定。受风浪、雨雾、潮汐、水位、流速、行船避让、木排流放、冰凌，以及水下芦苇、树根、障碍物等影响，工况级别变化时，定额按表 1.1.3 系数调整。

表 1.1.3　挖泥船、清淤机工况系数

工况级别	绞吸式挖泥船		抓斗式挖泥船、两栖式清淤机	
	平均每班客观影响时间（h）	工况系数	平均每班客观影响时间（h）	工况系数
一	≤1.0	1.00	≤1.3	1.00
二	≤1.5	1.10	≤1.8	1.12
三	≤2.1	1.21	≤2.4	1.27
四	≤2.6	1.34	≤2.9	1.44
五	≤3.0	1.50	≤3.4	1.64

3. 疏浚工程的土类分级见附录中表 A.5。

4. 绞吸式挖泥船：

（1）船型按设计生产率划分。

（2）排泥管线长为施工组织设计所确定的陆上排泥管及水上浮筒的总长，浮筒及排泥管的胶管和弯头因素已计入定额。排泥管线长度介于两相邻子目之间时，采用插入法计算。

（3）定额中未包括陆上排泥管的安装拆除、开工展布、收工集合及排泥场围堰填筑。

（4）本定额按非潜管制定。使用潜管时，定额中人工、挖泥船及配套船舶乘以系数 1.04。潜管根时数按所需潜管的根数×挖泥船艘时定额。潜管的潜、浮所需的动力装置及充水、充气、控制设备等，另行计列。

（5）设计总开挖厚度或分层开挖的底层厚度大于等于绞刀直径的 0.5 倍，小于 0.9 倍时，按表 1.1.4 所列系数调整挖泥船、配套船舶及人工定额。

表 1.1.4　挖泥船、配套船舶及人工定额调整系数

开挖层厚（m）/ 绞刀直径（m）	≥0.5～<0.6	≥0.6～<0.7	≥0.7～<0.8	≥0.8～<0.9	≥0.9
系数	1.26	1.19	1.12	1.06	1.00

5. 抓斗式挖泥船挖深按下式计算：

$$挖深=施工中的平均水位-槽底设计标高+计算超深值-\frac{平均泥层厚度}{2}$$

抓斗式挖泥船运距超过 10 km 时，超过部分按增运 1 km 的拖轮、泥驳艘时乘以系数 0.90。

1.1　人工清理场地

工作内容：用铁锹、锄头清除表层土及杂草。

单位：100 m²

电算编号		项目名称	单位	表层土厚度（cm）			
				≤5	10	20	30
人工	010011	工长	工时				
	010012	高级工	工时				
	010013	中级工	工时				
	010014	初级工	工时	4.60	9.32	18.63	27.83
	010010	合计	工时	4.60	9.32	18.63	27.83
其他	200030	其他费用	%	5.00	5.00	5.00	5.00
定额编号				1-1	1-2	1-3	1-4

1.2　人工伐树、挖树根

工作内容：1. 伐树、砍树、堆放。

2. 挖树根：挖除、堆放。

单位：100 棵

电算编号		项目名称	单位	伐树					挖树根				
				树身直径（cm）					树身直径（cm）				
				5～10	10～20	20～30	30～40	40～50	5～10	10～20	20～30	30～40	40～50
人工	010011	工长	工时										
	010012	高级工	工时										
	010013	中级工	工时										
	010014	初级工	工时	31.42	39.62	53.96	73.50	100.11	39.00	39.40	188.62	507.77	996.84
	010010	合计	工时	31.42	39.62	53.96	73.50	100.11	39.00	39.40	188.62	507.77	996.84
其他	200030	其他费用	%	2.00	2.00	2.00	2.00	2.00	2.00	2.00	2.00	2.00	2.00
定额编号				1-5	1-6	1-7	1-8	1-9	1-10	1-11	1-12	1-13	1-14

注：1. 树身直径以离地面 20 cm 高的树径为准。

2. 伐树如需截断、砍枝，定额中人工定额乘以系数 3。

1.3　人工砍灌木及小树、挖竹根、芦苇

工作内容：1. 砍灌木及小树：砍断、捆扎，搬运 20 m 堆放。

2. 挖竹根、芦苇：用锹、镐、斧清除，搬运 10 m 堆放。

单位：100 m²

电算编号		项目名称	单位	砍灌木及小树		挖竹根芦苇
				树木密度（棵/100 m²）		
				≤100	＞100	
人工	010011	工长	工时			
	010012	高级工	工时			
	010013	中级工	工时			
	010014	初级工	工时	33.50	40.19	94.99
	010010	合计	工时	33.50	40.19	94.99
其他	200030	其他费用	%	6.00	6.00	3.00
定额编号				1-15	1-16	1-17

注：1. 直径小于 10 cm 的小树、树木密度每 100 m²小于 20 棵不计。

2. 竹根、芦苇搬运超过 10 m 时，每增运 10 m，增加人工 18.5 工时/100 m²。

1.4　挖掘机挖树根、竹根

工作内容：挖树根、竹根；挖除、堆放。

单位：100 棵

电算编号		项目名称	单位	树身直径（cm）					竹根
				5～10	10～20	20～30	30～40	40～50	
人工	010011	工长	工时						
	010012	高级工	工时						
	010013	中级工	工时						
	010014	初级工	工时	6.10	6.10	6.10	6.10	6.10	3.80
	010010	合计	工时	6.10	6.10	6.10	6.10	6.10	3.80
机械	110060	单斗挖掘机液压斗容 1 m³	台时	1.15	2.02	3.39	7.79	12.11	0.71
其他	200030	其他费用	%	2.00	2.00	2.00	2.00	2.00	2.00
定额编号				1-18	1-19	1-20	1-21	1-22	1-23

注：树身直径以离地面 20 cm 高的树径为准。

1.5　推土机清理场地

工作内容：推土机推除表层土及杂草，就近堆放。

单位：1000 m²

电算编号		项目名称	单位	清理场地
人工	010011	工长	工时	
	010012	高级工	工时	
	010013	中级工	工时	
	010014	初级工	工时	2.40
	010010	合计	工时	2.40
机械	110160	推土机功率 74 kW	台时	1.42
其他	200030	其他费用	%	2.00
定额编号				1-24

1.6　人工挖一般土方

工作内容：挖土、就近堆放。

单位：100 m³

电算编号		项目名称	单位	土类级别		
				Ⅰ、Ⅱ	Ⅲ	Ⅳ
人工	010011	工长	工时	0.92	1.84	3.11
	010012	高级工	工时			
	010013	中级工	工时			
	010014	初级工	工时	47.38	92.35	154.68
	010010	合计	工时	48.30	94.19	157.79
其他	200030	其他费用	%	5.00	5.00	5.00
定额编号				1-25	1-26	1-27

1.7 人工挖沟渠

工作内容：挖土、修底、将土堆放在沟渠两侧 0.5 m 以外。

1.7.1 Ⅰ、Ⅱ类土

单位：100 m³

电算编号		项目名称	单位	上口宽度（m）								
				≤1		1～2			2～4			
				深度（m）								
				≤1	1～1.5	1～1.5	1.5～2	2～3	1～1.5	1.5～2	2～3	3～4
人工	010011	工长	工时	2.99	2.88	2.88	3.34	3.80	2.88	3.22	3.80	4.37
	010012	高级工	工时									
	010013	中级工	工时									
	010014	初级工	工时	144.33	143.64	142.03	160.89	186.19	139.61	158.59	183.77	215.40
	010010	合计	工时	147.32	146.52	144.91	164.23	189.99	142.49	161.81	187.57	219.77
其他	200030	其他费用	%	4.00	4.00	4.00	4.00	4.00	4.00	4.00	4.00	4.00
定额编号				1-28	1-29	1-30	1-31	1-32	1-33	1-34	1-35	1-36

1.7.2 Ⅲ类土

单位：100 m³

电算编号		项目名称	单位	上口宽度（m）								
				≤1		1～2			2～4			
				深 度（m）								
				≤1	1～1.5	1～1.5	1.5～2	2～3	1～1.5	1.5～2	2～3	3～4
人工	010011	工长	工时	4.83	4.83	4.72	5.18	5.75	4.60	5.06	5.64	6.33
	010012	高级工	工时									
	010013	中级工	工时									
	010014	初级工	工时	239.09	235.87	232.76	253.23	281.64	228.05	248.52	276.92	312.46
	010010	合计	工时	243.92	240.70	237.48	258.41	287.39	232.65	253.58	282.56	318.79
其他	200030	其他费用	%	3.00	3.00	3.00	3.00	3.00	3.00	3.00	3.00	3.00
定额编号				1-37	1-38	1-39	1-40	1-41	1-42	1-43	1-44	1-45

1.7.3　Ⅳ类土

单位：100 m³

电算编号		项目名称	单位	上口宽度（m）								
				≤1		1～2			2～4			
				深度（m）								
				≤1	1～1.5	1～1.5	1.5～2	2～3	1～1.5	1.5～2	2～3	3～4
人工	010011	工长	工时	7.59	7.36	7.25	7.71	8.40	7.13	7.59	8.17	8.97
	010012	高级工	工时									
	010013	中级工	工时									
	010014	初级工	工时	369.15	361.33	355.81	377.89	408.60	347.88	369.96	399.97	439.42
	010010	合计	工时	376.74	368.69	363.06	385.60	417.00	355.01	377.55	408.14	448.39
其他	200030	其他费用	%	2.00	2.00	2.00	2.00	2.00	2.00	2.00	2.00	2.00
定额编号				1-46	1-47	1-48	1-49	1-50	1-51	1-52	1-53	1-54

注： 1. 不包括修边坡，如需要修边坡时，不同上口宽度，不同土质类别，修边坡工时初级工按下表增加：

土类分级	单位	上口宽度（m）								
		≤1		1～2			2～4			
		深度（m）								
		≤1	1～1.5	1～1.5	1.5～2	2～3	1～1.5	1.5～2	2～3	3～4
Ⅰ、Ⅱ类土	工时	35.42	37.84	17.71	17.71	19.32	9.66	9.66	11.27	12.88
Ⅲ类土	工时	49.11	53.13	24.15	24.96	26.57	12.88	13.69	15.30	17.71
Ⅳ类土	工时	77.28	83.72	37.84	39.45	41.86	20.93	21.74	24.15	28.18

2. 有水情况下开挖沟渠，根据不同水深，定额中人工乘以系数：

（1）水深 0.1 m 以内，乘以系数 1.35。

（2）水深 0.1～0.3 m，乘以系数 1.60。

1.8 人工挖土坑

工作内容：挖土、修底、将土堆放在坑边 0.5 m 以外。

1.8.1 Ⅰ、Ⅱ类土

单位：100 m³

电算编号		项目名称	单位	上口面积（m²）								
				≤5		5～10			10～20			
				深度（m）								
				≤1.5	1.5～2	≤1.5	1.5～2	2～3	≤1.5	1.5～2	2～3	3～4
人工	010011	工长	工时	3.11	3.45	2.99	3.34	3.91	2.99	3.34	3.80	4.49
	010012	高级工	工时									
	010013	中级工	工时									
	010014	初级工	工时	150.65	169.63	145.94	165.72	190.90	144.33	163.30	188.60	220.11
	010010	合计	工时	153.76	173.08	148.93	169.06	194.81	147.32	166.64	192.40	224.60
其他	200030	其他费用	%	3.00	3.00	3.00	3.00	3.00	3.00	3.00	3.00	3.00
定额编号				1-55	1-56	1-57	1-58	1-59	1-60	1-61	1-62	1-63

1.8.2 Ⅲ类土

单位：100 m³

电算编号		项目名称	单位	上口面积（m²）								
				≤5		5～10			10～20			
				深度（m）								
				≤1.5	1.5～2	≤1.5	1.5～2	2～3	≤1.5	1.5～2	2～3	3～4
人工	010011	工长	工时	5.18	5.52	4.95	5.41	5.98	4.83	5.29	5.87	6.56
	010012	高级工	工时									
	010013	中级工	工时									
	010014	初级工	工时	251.62	273.01	243.00	264.27	292.68	238.28	259.56	287.16	323.50
	010010	合计	工时	256.80	278.53	247.95	269.68	298.66	243.11	264.85	293.03	330.06
其他	200030	其他费用	%	2.00	2.00	2.00	2.00	2.00	2.00	2.00	2.00	2.00
定额编号				1-64	1-65	1-66	1-67	1-68	1-69	1-70	1-71	1-72

1.8.3　Ⅳ类土

单位：100 m³

电算编号		项目名称	单位	上口面积（m²）								
				≤5		5～10			10～20			
				深度（m）								
				≤1.5	1.5～2	≤1.5	1.5～2	2～3	≤1.5	1.5～2	2～3	3～4
人工	010011	工长	工时	7.94	8.40	7.71	8.05	8.74	7.48	7.94	8.51	9.32
	010012	高级工	工时									
	010013	中级工	工时									
	010014	初级工	工时	389.74	411.82	374.67	396.87	427.57	366.05	388.13	418.95	458.39
	010010	合计	工时	397.68	420.22	382.38	404.92	436.31	373.53	396.07	427.46	467.71
其他	200030	其他费用	%	1.00	1.00	1.00	1.00	1.00	1.00	1.00	1.00	1.00
定额编号				1-73	1-74	1-75	1-76	1-77	1-78	1-79	1-80	1-81

注：不包括修边坡，如需要修边坡时，不同上口面积不同土质类别，修边坡工时初级工按下表增加：

土类分级	单位	上口面积（m²）								
		≤5		5～10			10～20			
		深度（m）								
		≤1.5	1.5～2	≤1.5	1.5～2	2～3	≤1.5	1.5～2	2～3	3～4
Ⅰ、Ⅱ类土	工时	26.57	28.18	20.93	21.74	24.15	14.49	14.49	15.30	16.91
Ⅲ类土	工时	37.03	37.84	28.98	30.59	33.01	20.13	20.93	21.74	23.35
Ⅳ类土	工时	57.96	59.57	45.89	48.30	52.33	30.59	32.20	33.81	37.03

1.9　人工开挖基础保护层土方

工作内容：挖土、修整边底、装筐、挑（抬）运 50 m 堆放。

单位：100 m³

电算编号		项目名称	单位	土类级别		
				Ⅰ、Ⅱ	Ⅲ	Ⅳ
人工	010011	工长	工时	18.52	24.73	32.89
	010012	高级工	工时			
	010013	中级工	工时	37.03	49.57	65.67
	010014	初级工	工时	314.76	420.79	558.33
	010010	合计	工时	370.31	495.09	656.89
其他	200030	其他费用	%	2.00	2.00	2.00
定额编号				1-82	1-83	1-84

注：适用于建筑物基础保护层土方。

1.10 人工修整边坡

工作内容：按设计边坡挂线、修整、压实。

单位：100 m²

电算编号		项目名称	单位	挖方边坡									
				土类级别									
				Ⅰ、Ⅱ					Ⅲ				
				修整厚度（cm）									
				≤10	20	30	40	50	≤10	20	30	40	50
人工	010011	工长	工时										
	010012	高级工	工时										
	010013	中级工	工时										
	010014	初级工	工时	10.60	19.30	26.40	31.90	36.30	19.00	34.50	47.10	57.00	64.80
	010010	合计	工时	10.60	19.30	26.40	31.90	36.30	19.00	34.50	47.10	57.00	64.80
其他	200030	其他费用	%	5.00	5.00	5.00	5.00	5.00	5.00	5.00	5.00	5.00	5.00
定额编号				1-85	1-86	1-87	1-88	1-89	1-90	1-91	1-92	1-93	1-94

续表

电算编号		项目名称	单位	挖方边坡					填方边坡				
				土类级别									
				Ⅳ					Ⅰ~Ⅳ				
									修整厚度（cm）				
				≤10	20	30	40	50	≤10	20	30	40	50
人工	010011	工长	工时										
	010012	高级工	工时										
	010013	中级工	工时										
	010014	初级工	工时	29.50	53.70	73.20	88.70	100.80	15.20	23.90	31.00	36.50	40.90
	010010	合计	工时	29.50	53.70	73.20	88.70	100.80	15.20	23.90	31.00	36.50	40.90
其他	200030	其他费用	%	5.00	5.00	5.00	5.00	5.00	5.00	5.00	5.00	5.00	5.00
定额编号				1-95	1-96	1-97	1-98	1-99	1-100	1-101	1-102	1-103	1-104

1.11 人工挖、装、挑抬运土

工作内容： 挖土、装筐、挑（抬）、运卸、空回。

单位：100 m³

电算编号		项目名称	单位	运距 20 m 以内			增运 10 m		
				土类级别					
				Ⅰ、Ⅱ	Ⅲ	Ⅳ	Ⅰ、Ⅱ	Ⅲ	Ⅳ
人工	010011	工长	工时	3.80	5.06	6.67			
	010012	高级工	工时						
	010013	中级工	工时						
	010014	初级工	工时	187.80	250.13	329.02	20.93	23.35	24.96
	010010	合计	工时	191.60	255.19	335.69	20.93	23.35	24.96
其他	200030	其他费用	%	2.00	2.00	2.00			
定额编号				1-105	1-106	1-107	1-108	1-109	1-110

1.12 人工挖、装，胶轮车运土

工作内容： 挖装、运输、卸除、空回。

单位：100 m³

电算编号		项目名称	单位	挖装运 50 m 以内			增运 50 m
				土类类别			
				Ⅰ、Ⅱ	Ⅲ	Ⅳ	
人工	010011	工长	工时	3.11	4.37	5.98	
	010012	高级工	工时				
	010013	中级工	工时				
	010014	初级工	工时	151.46	215.40	292.68	20.93
	010010	合计	工时	154.57	219.77	298.66	20.93
机械	140350	胶轮车	台时	57.68	67.16	76.22	10.71
其他	200030	其他费用	%	2.00	2.00	2.00	
定额编号				1-111	1-112	1-113	1-114

1.13 人工挖、装，手扶拖拉机运土

工作内容：挖装、运输、卸除、空回。

单位：100 m³

电算编号		土类级别	项目名称	单位	运距（m）					增运
					≤100	200	300	400	500	100 m
人工	010011	Ⅰ、Ⅱ	工长	工时	3.22	3.22	3.22	3.22	3.22	
	010012		高级工	工时						
	010013		中级工	工时						
	010014		初级工	工时	156.86	156.86	156.86	156.86	156.86	
	010010		合计	工时	160.08	160.08	160.08	160.08	160.08	
机械	110310		手扶式拖拉机功率 11 kW	台时	27.07	29.83	32.34	34.73	37.04	2.12
其他	200030		其他费用	%	1.00	1.00	1.00	1.00	1.00	
定额编号					1-115	1-116	1-117	1-118	1-119	1-120

电算编号		土类级别	项目名称	单位	运距（m）					增运
					≤100	200	300	400	500	100 m
人工	010011	Ⅲ	工长	工时	4.14	4.14	4.14	4.14	4.14	
	010012		高级工	工时						
	010013		中级工	工时						
	010014		初级工	工时	201.48	201.48	201.48	201.48	201.48	
	010010		合计	工时	205.62	205.62	205.62	205.62	205.62	
机械	110310		手扶式拖拉机功率 11 kW	台时	29.87	32.88	35.64	38.15	40.62	2.28
其他	200030		其他费用	%	1.00	1.00	1.00	1.00	1.00	
定额编号					1-121	1-122	1-123	1-124	1-125	1-126

电算编号		土类级别	项目名称	单位	运距（m）					增运
					≤100	200	300	400	500	100 m
人工	010011	Ⅳ	工长	工时	5.29	5.29	5.29	5.29	5.29	
	010012		高级工	工时						
	010013		中级工	工时						
	010014		初级工	工时	259.44	259.44	259.44	259.44	259.44	
	010010		合计	工时	264.73	264.73	264.73	264.73	264.73	
机械	110310		手扶式拖拉机功率 11 kW	台时	33.00	36.21	39.14	41.86	44.54	2.46
其他	200030		其他费用	%	1.00	1.00	1.00	1.00	1.00	
定额编号					1-127	1-128	1-129	1-130	1-131	1-132

1.14 人工挖、装，机动翻斗车运土

工作内容：挖装、运输、卸除、空回。

单位：100 m³

电算编号		土类级别	项目名称	单位	运距（m）					增运
					≤100	200	300	400	500	100 m
人工	010011	Ⅰ、Ⅱ	工长	工时	2.42	2.42	2.42	2.42	2.42	
	010012		高级工	工时						
	010013		中级工	工时						
	010014		初级工	工时	120.75	120.75	120.75	120.75	120.75	
	010010		合计	工时	123.17	123.17	123.17	123.17	123.17	
机械	140360		机动翻斗车额定载质量 1 t	台时	28.35	33.41	38.07	42.48	46.68	3.86
其他	200030		其他费用	%	1.00	1.00	1.00	1.00	1.00	
定额编号					1-133	1-134	1-135	1-136	1-137	1-138

电算编号		土类级别	项目名称	单位	运距（m）					增运
					≤100	200	300	400	500	100 m
人工	010011	Ⅲ	工长	工时	3.57	3.57	3.57	3.57	3.57	
	010012		高级工	工时						
	010013		中级工	工时						
	010014		初级工	工时	176.76	176.76	176.76	176.76	176.76	
	010010		合计	工时	180.33	180.33	180.33	180.33	180.33	
机械	140360		机动翻斗车额定载质量 1 t	台时	30.61	36.09	41.12	45.86	50.39	4.17
其他	200030		其他费用	%	1.00	1.00	1.00	1.00	1.00	
定额编号					1-139	1-140	1-141	1-142	1-143	1-144

电算编号		土类级别	项目名称	单位	运距（m）					增运
					≤100	200	300	400	500	100 m
人工	010011	Ⅳ	工长	工时	5.18	5.18	5.18	5.18	5.18	
	010012		高级工	工时						
	010013		中级工	工时						
	010014		初级工	工时	252.43	252.43	252.43	252.43	252.43	
	010010		合计	工时	257.61	257.61	257.61	257.61	257.61	
机械	140360		机动翻斗车额定载质量 1 t	台时	32.88	38.77	44.13	49.28	54.18	4.51
其他	200030		其他费用	%	1.00	1.00	1.00	1.00	1.00	
定额编号					1-145	1-146	1-147	1-148	1-149	1-150

1.15　人工挖、装、挑抬运淤泥、流砂

工作内容：挖装、运输、卸除、空回、洗刷工具。

单位：100 m³

电算编号		项目名称	单位	挖装运卸 50 m 以内			每增运 10 m
				一般淤泥	淤泥、流砂	稀泥、流砂	淤泥、稀泥、流砂
人工	010011	工长	工时	9.09	11.16	14.38	
	010012	高级工	工时				
	010013	中级工	工时				
	010014	初级工	工时	444.13	549.13	706.91	25.17
	010010	合计	工时	453.22	560.29	721.29	25.17
其他	200030	其他费用	%	2.00	2.00	2.00	
定额编号				1-151	1-152	1-153	1-154

注：

一般淤泥：指含水量较大、粘筐、粘铣、行走陷脚的淤泥，使用铁铣装泥兜或土箕运输。

淤泥流砂：含水量超过饱和状态的淤泥，虽然能用铁铣开挖，但挖后的坑能平复无痕，挖而复涨。一般用铁铣开挖，用泥兜或水桶运输。

稀泥流砂：含水量超过饱和状态的稀淤泥和流动性大的流砂，稍经扰动即成糊状，挖后即平复无痕，只能用水斗掏起，用水桶运输。

1.16　施工积水排除

工作内容：挖机塘、排水沟，机具安装、拆除、抽水，维护措施等。

单位：1000 m³

电算编号		项目名称	单位	积水排除
人工	010011	工长	工时	0.15
	010012	高级工	工时	
	010013	中级工	工时	
	010014	初级工	工时	7.10
	010010	合计	工时	7.25
机械	170260	离心水泵 单级 功率 55 kW	台时	1.70
其他	200030	其他费用	%	15.00
定额编号				1-155

1.17　74 kW 推土机推土

工作内容：推松、运送、卸除、拖平、空回。

单位：100 m³

电算编号		项目名称			单位	推土距离（m）				
						≤20	40	60	80	100
人工	010011	工长			工时					
	010012	高级工			工时					
	010013	中级工			工时					
	010014	初级工			工时	2.07	3.45	4.83	6.21	7.59
	010010	合计			工时	2.07	3.45	4.83	6.21	7.59
机械	110160	土类级别	Ⅰ、Ⅱ	推土机功率74k W	台时	1.17	1.93	2.72	3.58	4.51
	110160		Ⅲ		台时	1.29	2.11	2.99	3.93	4.95
	110160		Ⅳ		台时	1.40	2.30	3.25	4.28	5.40
其他	200030	其他费用			%	10.00	10.00	10.00	10.00	10.00
定额编号						1-156	1-157	1-158	1-159	1-160

1.18　挖掘机挖土

工作内容：就位、挖土、堆放、移动。

单位：100 m³

电算编号		项目名称	单位	土类级别		
				Ⅰ、Ⅱ	Ⅲ	Ⅳ
人工	010011	工长	工时			
	010012	高级工	工时			
	010013	中级工	工时			
	010014	初级工	工时	4.72	4.72	4.72
	010010	合计	工时	4.72	4.72	4.72
机械	110050	单斗挖掘机 液压 斗容 0.6 m³	台时	1.36	1.49	1.61
	110060	1 m³	台时	0.89	0.98	1.07
	110080	2 m³	台时	0.58	0.63	0.68
其他	200030	其他费用	%	5.00	5.00	5.00
定额编号				1-161	1-162	1-163

1.19 挖掘机挖淤泥、流砂

工作内容： 挖淤泥、流砂，堆放一边。

单位：100 m^3

电算编号		项目名称	单位	挖掘机挖淤泥、流砂
人工	010011	工长	工时	
	010012	高级工	工时	0.69
	010013	中级工	工时	
	010014	初级工	工时	6.21
	010010	合计	工时	6.90
机械	110050	单斗挖掘机 液压 斗容 0.6 m^3	台时	2.48
	110060	1 m^3	台时	1.68
其他	200030	其他费用	%	10.00
定额编号				1-164

1.20 1 m^3挖掘机挖、装，自卸汽车运土

工作内容： 挖装、运输、卸除、空回、卸土场整理。

单位：100 m^3

电算编号		土类级别	项目名称	单位	运距（km）						增运1 km
					≤0.5	1	2	3	4	5	
人工	010011	Ⅰ、Ⅱ	工长	工时							
	010012		高级工	工时	0.74	0.74	0.74	0.74	0.74	0.74	
	010013		中级工	工时							
	010014		初级工	工时	6.28	6.28	6.28	6.28	6.28	6.28	
	010010		合计	工时	7.02	7.02	7.02	7.02	7.02	7.02	
机械	110060		单斗挖掘机液压斗容 1 m^3	台时	0.94	0.94	0.94	0.94	0.94	0.94	
	110150		推土机功率 59 kW	台时	0.47	0.47	0.47	0.47	0.47	0.47	
	140110		自卸汽车 额定载质量 3.5 t 汽油型	台时	10.01	13.23	17.67	21.92	25.83	29.63	3.50
	140120		5 t 柴油型	台时	7.15	9.21	12.07	14.69	17.16	19.54	2.18
	140130		8 t 柴油型	台时	4.85	6.10	7.87	9.51	11.06	12.54	1.37
	140140		10 t 柴油型	台时	4.62	5.67	7.18	8.56	9.88	11.14	1.16
其他	200030		其他费用	%	4.00	4.00	4.00	4.00	4.00	4.00	4.00
定额编号					1-165	1-166	1-167	1-168	1-169	1-170	1-171

续表

电算编号		土类级别	项目名称	单位	运距（km）						增运 1 km
					≤0.5	1	2	3	4	5	
人工	010011	Ⅲ	工长	工时							
	010012		高级工	工时	0.81	0.81	0.81	0.81	0.81	0.81	
	010013		中级工	工时							
	010014		初级工	工时	6.90	6.90	6.90	6.90	6.90	6.90	
	010010		合计	工时	7.71	7.71	7.71	7.71	7.71	7.71	
机械	110060		单斗挖掘机液压斗容 1 m^3	台时	1.03	1.03	1.03	1.03	1.03	1.03	
	110150		推土机功率 59 kW	台时	0.52	0.52	0.52	0.52	0.52	0.52	
	140110		自卸汽车额定载质量 3.5 t 汽油型	台时	11.00	14.54	19.42	24.09	28.38	32.56	3.85
	140120		5 t 柴油型	台时	7.86	10.12	13.26	16.14	18.86	21.47	2.40
	140130		8 t 柴油型	台时	5.33	6.70	8.65	10.45	12.15	13.78	1.50
	140140		10 t 柴油型	台时	5.08	6.23	7.89	9.41	10.86	12.24	1.27
其他	200030		其他费用	%	4.00	4.00	4.00	4.00	4.00	4.00	4.00
定额编号					1-172	1-173	1-174	1-175	1-176	1-177	1-178

电算编号		土类级别	项目名称	单位	运距（km）						增运 1 km
					≤0.5	1	2	3	4	5	
人工	010011	Ⅳ	工长	工时							
	010012		高级工	工时	0.88	0.88	0.88	0.88	0.88	0.88	
	010013		中级工	工时							
	010014		初级工	工时	7.52	7.52	7.52	7.52	7.52	7.52	
	010010		合计	工时	8.40	8.40	8.40	8.40	8.40	8.40	
机械	110060		单斗挖掘机液压斗容 1 m^3	台时	1.12	1.12	1.12	1.12	1.12	1.12	
	110150		推土机功率 59 kW	台时	0.57	0.57	0.57	0.57	0.57	0.57	
	140110		自卸汽车额定载质量 3.5 t 汽油型	台时	11.99	15.85	21.17	26.26	30.93	35.49	4.20
	140120		5 t 柴油型	台时	8.57	11.03	14.45	17.59	20.56	23.40	2.62
	140130		8 t 柴油型	台时	5.81	7.30	9.43	11.39	13.24	15.02	1.64
	140140		10 t 柴油型	台时	5.54	6.79	8.60	10.26	11.84	13.34	1.38
其他	200030		其他费用	%	4.00	4.00	4.00	4.00	4.00	4.00	4.00
定额编号					1-179	1-180	1-181	1-182	1-183	1-184	1-185

1.21　1 m³挖掘机挖、装、自卸汽车运淤泥、流砂

工作内容： 挖装、运输、卸除、空回。

单位：100 m³

电算编号		项目名称	单位	运距（km）					增运
				≤0.5	1	2	3	4	1km
人工	010011	工长	工时						
	010012	高级工	工时	1.04	1.04	1.04	1.04	1.04	
	010013	中级工	工时						
	010014	初级工	工时	9.55	9.55	9.55	9.55	9.55	
	010010	合计	工时	10.59	10.59	10.59	10.59	10.59	
机械	110060	单斗挖掘机液压斗容 1m³	台时	1.81	1.81	1.81	1.81	1.81	
	140110	自卸汽车额定载质量 3.5 t汽油型	台时	17.49	20.94	26.24	31.02	35.60	3.71
	140120	5 t 柴油型	台时	12.52	14.27	17.67	20.75	23.70	2.41
	140130	8 t 柴油型	台时	8.37	9.45	11.59	13.52	15.40	1.55
	140140	10 t 柴油型	台时	7.90	8.78	10.58	12.18	13.79	1.34
其他	200030	其他费用	%	10.00	10.00	10.00	10.00	10.00	
定额编号				1-186	1-187	1-188	1-189	1-190	1-191

1.22　人工夯实土方

工作内容： 碎土、平坯、刨毛、清杂、分层夯实等。

单位：100 m³实方

电算编号		项目名称	单位	干密度（t/m³）			
				≤1.50	1.50～1.55	1.55～1.60	＞1.60
人工	010011	工长	工时	4.03	6.10	8.17	10.12
	010012	高级工	工时				
	010013	中级工	工时				
	010014	初级工	工时	198.84	298.20	397.56	497.03
	010010	合计	工时	202.87	304.30	405.73	507.15
其他	200030	其他费用	%	2.50	2.50	2.50	2.50
定额编号				1-192	1-193	1-194	1-195

注： 适用于建筑物墙后回填土夯实和补边夯。

1.23 电动打夯机夯实土方

工作内容：人工碎土、平坯、刨毛、分层夯实等。

单位：100 m³实方

电算编号		项目名称	单位	干密度（t/m³）			
				≤1.50	1.50～1.55	1.55～1.60	＞1.60
人工	010011	工长	工时	1.50	2.19	2.99	3.68
	010012	高级工	工时				
	010013	中级工	工时				
	010014	初级工	工时	66.59	100.28	132.60	166.29
	010010	合计	工时	68.09	102.47	135.59	169.97
机械	110580	电动打夯机 2.8 kW	台时	5.72	8.60	11.43	14.32
其他	200030	其他费用	%	4.00	4.00	4.00	4.00
定额编号				1-196	1-197	1-198	1-199

1.24 拖拉机压实土方

工作内容：推平、刨毛、压实、削坡、洒水、补边夯、辅助工作等。

单位：100 m³实方

电算编号		项目名称	单位	干密度（t/m³）			
				≤1.50	1.50～1.55	1.55～1.60	＞1.60
人工	010011	工长	工时				
	010012	高级工	工时	1.50	1.73	2.30	2.76
	010013	中级工	工时				
	010014	初级工	工时	12.88	15.87	20.47	25.19
	010010	合计	工时	14.38	17.60	22.77	27.95
机械	110290	拖拉机 功率 74 kW	台时	1.21	1.48	1.95	2.37
	110160	推土机 功率 74 kW	台时	0.52	0.52	0.52	0.52
	110580	电动打夯机 2.8 kW	台时	0.88	0.98	1.08	1.24
	110470	刨毛机	台时	0.52	0.52	0.52	0.52
其他	200030	其他费用	%	5.00	5.00	5.00	5.00
定额编号				1-200	1-201	1-202	1-203

1.25 土料翻晒

工作内容：在填筑面上犁土、耙碎、翻晒。

单位：100 m³

电算编号		项目名称	单位	机械翻晒	
				三犁耙	五犁耙
人工	010011	工长	工时		
	010012	高级工	工时		
	010013	中级工	工时		
	010014	初级工	工时	35.08	35.08
	010010	合计	工时	35.08	35.08
机械	110550	犁 三铧	台时	0.98	
	110560	犁 五铧	台时		0.55
	110280	拖拉机 功率 59 kW	台时	0.98	0.55
	110540	缺口耙	台时	1.96	1.04
	110270	拖拉机 功率 55 kW	台时	1.96	1.04
其他	200030	其他费用	%	5.00	5.00
定额编号				1-204	1-205

注：如在专设的土料场晒土备料时，除土料运输另计外：

1. 增加人工 3.11 工时。

2. 增加 59 kW 推土机，其台时同缺口耙台时。

1.26　水力冲挖土方

工作内容： 开工展布、水力冲挖、吸排泥、作业面转移及收工集合等。

1.26.1　Ⅰ类土

单位：10000 m^3

电算编号		项目名称	单位	排泥管线长度（m）									
				≤50	100	150	200	250	300	350	400	450	500
人工	010011	工长	工时										
	010012	高级工	工时										
	010013	中级工	工时	18.90	20.20	21.70	23.20	25.00	28.40	28.90	29.30	29.90	30.40
	010014	初级工	工时	169.30	181.70	195.00	209.50	224.90	256.00	260.10	264.40	268.50	272.90
	010010	合计	工时	188.20	201.90	216.70	232.70	249.90	284.40	289.00	293.70	298.40	303.30
机械	110590	高压水泵功率 15 kW	组时	336.90	361.70	388.40	416.90	447.60	454.90	462.20	469.70	477.30	485.10
	110600	水枪 ϕ65 mm	组时	336.90	361.70	388.40	416.90	447.60	454.90	462.20	469.70	477.30	485.10
	110610	泥浆泵 功率 15 kW	台时	336.90	361.70	388.40	416.90	447.60	784.60	809.40	836.00	864.60	895.30
	110620	排泥管 $\phi 100 \times L100$ m	百米时	168.50	361.70	582.50	833.90	1119.10	1364.60	1617.90	1879.00	2148.00	2425.40
其他	200030	其他费用	%	2.00	2.00	2.00	2.00	2.00	2.00	2.00	2.00	2.00	2.00
定额编号				1-206	1-207	1-208	1-209	1-210	1-211	1-212	1-213	1-214	1-215

续表

电算编号		项目名称	单位	排泥管线长度（m）									
				550	600	650	700	750	800	850	900	950	1000
人工	010011	工长	工时										
	010012	高级工	工时										
	010013	中级工	工时	34.70	35.20	35.80	36.30	37.00	42.30	43.00	43.70	44.40	45.20
	010014	初级工	工时	312.00	317.20	322.40	327.50	332.70	381.10	387.30	393.50	400.00	406.40
	010010	合计	工时	346.70	352.40	358.20	363.80	369.70	423.40	430.30	437.20	444.40	451.60
机械	110590	高压水泵 功率 15 kW	组时	492.90	500.90	509.00	517.30	525.70	534.20	542.80	551.60	560.60	569.60
	110600	水枪 ϕ65 mm	组时	492.90	500.90	509.00	517.30	525.70	534.20	542.80	551.60	560.60	569.60
	110610	泥浆泵 功率 15 kW	台时	1232.20	1257.00	1283.60	1312.20	1342.90	1679.80	1704.60	1731.20	1759.80	1790.50
	110620	排泥管 ϕ100 mm×L100 m	百米时	2711.20	3005.50	3308.70	3621.00	3942.50	4273.40	4614.10	4964.60	5325.40	5696.40
其他	200030	其他费用	%	2.00	2.00	2.00	2.00	2.00	2.00	2.00	2.00	2.00	2.00
定额编号				1-216	1-217	1-218	1-219	1-220	1-221	1-222	1-223	1-224	1-225

注： 每增运 250 m 定额增加：初级工—53.36 工时、高压水泵 15 kW—37.45 组时、水枪 ϕ65 mm—37.45 组时、泥浆泵 15kW—447.63 台时、排泥管 ϕ100 mm×L100 m—1119.07 百米时。

1.26.2 Ⅱ类土

单位：10000 m^3

电算编号		项目名称	单位	排泥管线长度（m）									
				≤50	100	150	200	250	300	350	400	450	500
人工	010011	工长	工时										
	010012	高级工	工时										
	010013	中级工	工时	24.00	25.90	27.70	29.80	32.00	36.50	37.00	37.60	38.20	38.90
	010014	初级工	工时	216.80	232.70	249.80	268.20	287.90	327.60	332.80	338.30	343.90	349.40
	010010	合计	工时	240.80	258.60	277.50	298.00	319.90	364.10	369.80	375.90	382.10	388.30
机械	110590	高压水泵 功率 15 kW	组时	431.30	463.00	497.10	533.70	573.00	582.20	591.70	601.30	611.00	620.90
	110600	水枪 ϕ65 mm	组时	431.30	463.00	497.10	533.70	573.00	582.20	591.70	601.30	611.00	620.90
	110610	泥浆泵 功率 15 kW	台时	431.30	463.00	497.10	533.70	573.00	1004.20	1036.00	1070.10	1106.60	1145.90
	110620	排泥管 ϕ100 mm×L100 m	百米时	215.60	463.00	745.60	1067.40	1432.40	1746.70	2070.90	2405.10	2749.50	3104.50
其他	200030	其他费用	%	2.00	2.00	2.00	2.00	2.00	2.00	2.00	2.00	2.00	2.00
定额编号				1-226	1-227	1-228	1-229	1-230	1-231	1-232	1-233	1-234	1-235

续表

电算编号		项目名称	单位	排泥管线长度（m）									
				550	600	650	700	750	800	850	900	950	1000
人工	010011	工长	工时										
	010012	高级工	工时										
	010013	中级工	工时	44.40	45.10	45.90	46.60	47.40	54.20	55.10	56.00	56.90	57.90
	010014	初级工	工时	399.40	406.00	412.40	419.20	425.90	487.80	495.80	503.70	511.90	520.20
	010010	合计	工时	443.80	451.10	458.30	465.80	473.30	542.00	550.90	559.70	568.80	578.10
机械	110590	高压水泵 功率 15 kW	组时	631.00	641.20	651.60	662.10	672.90	683.70	694.80	706.10	717.50	729.10
	110600	水枪 ϕ65 mm	组时	631.00	641.20	651.60	662.10	672.90	683.70	694.80	706.10	717.50	729.10
	110610	泥浆泵 功率 15 kW	台时	1577.20	1608.90	1643.00	1679.60	1718.90	2150.20	2181.90	2216.00	2252.60	2291.80
	110620	排泥管 ϕ100 mm×L100 m	百米时	3470.30	3847.10	4235.10	4634.80	5046.40	5470.00	5906.00	6354.70	6816.40	7291.40
其他	200030	其他费用	%	2.00	2.00	2.00	2.00	2.00	2.00	2.00	2.00	2.00	2.00
定额编号				1-236	1-237	1-238	1-239	1-240	1-241	1-242	1-243	1-244	1-245

注：每增运 250 m 定额增加：初级工—68.43 工时、高压水泵 15 kW—47.94 组时、水枪 ϕ65 mm—47.94 组时、泥浆泵 15 kW—572.96 台时、排泥管 ϕ100 mm×L100 m—1432.4 百米时。

1.26.3　Ⅲ类土

单位：10000 m^3

电算编号		项目名称	单位	排泥管线长度（m）									
				≤50	100	150	200	250	300	350	400	450	500
人工	010011	工长	工时										
	010012	高级工	工时										
	010013	中级工	工时	33.40	35.80	38.40	41.20	44.30	50.40	51.20	52.00	52.80	53.70
	010014	初级工	工时	299.60	321.70	345.40	370.80	398.00	453.00	460.40	467.80	475.50	483.10
	010010	合计	工时	333.00	357.50	383.80	412.00	442.30	503.40	511.60	519.80	528.30	536.80
机械	110590	高压水泵 功率 15 kW	组时	596.40	640.30	687.40	738.00	792.30	805.10	818.20	831.40	844.90	858.60
	110600	水枪 ϕ65 mm	组时	596.40	640.30	687.40	738.00	792.30	805.10	818.20	831.40	844.90	858.60
	110610	泥浆泵 功率 15 kW	台时	596.40	640.30	687.40	738.00	792.30	1388.70	1432.60	1479.70	1530.30	1584.60
	110620	排泥管 ϕ100 mm×L100 m	百米时	298.20	640.30	1031.10	1476.00	1980.70	2415.40	2863.60	3325.70	3802.00	4292.90
其他	200030	其他费用	%	2.00	2.00	2.00	2.00	2.00	2.00	2.00	2.00	2.00	2.00
定额编号				1-246	1-247	1-248	1-249	1-250	1-251	1-252	1-253	1-254	1-255

续表

电算编号		项目名称	单位	排泥管线长度（m）									
				550	600	650	700	750	800	850	900	950	1000
人工	010011	工长	工时										
	010012	高级工	工时										
	010013	中级工	工时	61.41	62.33	63.37	64.40	65.44	74.98	76.13	77.40	78.66	79.93
	010014	初级工	工时	552.35	561.32	570.40	579.60	589.03	674.48	685.52	696.56	707.83	719.33
	010010	合计	工时	613.76	623.65	633.77	644.00	654.47	749.46	761.65	773.96	786.49	799.26
机械	110590	高压水泵 功率 15 kW	组时	872.49	886.62	900.99	915.59	930.42	945.49	960.80	976.38	992.19	1008.27
	110600	水枪 ϕ65 mm	组时	872.49	886.62	900.99	915.59	930.42	945.49	960.80	976.38	992.19	1008.27
	110610	泥浆泵 功率 15 kW	台时	2180.96	2224.86	2271.97	2322.57	2376.89	2973.26	3017.16	3064.27	3114.86	3169.19
	110620	排泥管 ϕ100 mm×L100 m	百米时	4798.71	5319.74	5856.46	6409.11	6978.15	7563.91	8166.84	8787.40	9425.80	10082.67
其他	200030	其他费用	%	2.00	2.00	2.00	2.00	2.00	2.00	2.00	2.00	2.00	2.00
定额编号				1-256	1-257	1-258	1-259	1-260	1-261	1-262	1-263	1-264	1-265

注：每增运 250 m 定额增加：初级工—94.53 工时、高压水泵 15 kW—66.29 组时、水枪 ϕ65 mm—66.29 组时、泥浆泵 15 kW—792.30 台时、排泥管 ϕ100 mm×L100 m—1980.74 百米时。

1.26.4 Ⅳ类土

单位：10000 m^3

电算编号		项目名称	单位	排泥管线长度（m）									
				≤50	100	150	200	250	300	350	400	450	500
人工	010011	工长	工时										
	010012	高级工	工时										
	010013	中级工	工时	51.18	54.97	59.00	63.37	67.97	77.40	78.66	79.93	81.19	82.46
	010014	初级工	工时	460.46	494.27	530.73	569.83	611.69	696.21	707.48	718.98	730.60	742.44
	010010	合计	工时	511.64	549.24	589.73	633.20	679.66	773.61	786.14	798.91	811.79	824.90
机械	110590	高压水泵 功率 15 kW	组时	916.46	983.92	1056.32	1134.33	1217.54	1237.27	1257.31	1277.67	1298.38	1319.41
	110600	水枪 ϕ65 mm	组时	916.46	983.92	1056.32	1134.33	1217.54	1237.27	1257.31	1277.67	1298.38	1319.41
	110610	泥浆泵 功率 15 kW	台时	916.46	983.92	1056.32	1134.33	1217.54	2134.01	2201.46	2273.86	2351.87	2435.08
	110620	排泥管 ϕ100 mm×L100 m	百米时	462.36	983.92	1584.48	2268.66	3043.86	3155.60	4400.59	5110.70	5842.70	6597.05
其他	200030	其他费用	%	2.00	2.00	2.00	2.00	2.00	2.00	2.00	2.00	2.00	2.00
定额编号				1-266	1-267	1-268	1-269	1-270	1-271	1-272	1-273	1-274	1-275

续表

电算编号		项目名称	单位	排泥管线长度（m）									
				550	600	650	700	750	800	850	900	950	1000
人工	010011	工长	工时										
	010012	高级工	工时										
	010013	中级工	工时	94.30	95.80	97.41	99.02	100.63	115.23	117.07	118.91	120.87	122.82
	010014	初级工	工时	848.70	862.62	876.53	890.68	905.05	1036.61	1053.40	1070.54	1087.79	1105.50
	010010	合计	工时	943.00	958.42	973.94	989.70	1005.68	1151.84	1170.47	1189.45	1208.66	1228.32
机械	110590	高压水泵 功率 15 kW	组时	1340.78	1362.50	1384.58	1407.01	1429.80	1452.97	1476.51	1500.42	1524.73	1549.43
	110600	水枪 ϕ65 mm	组时	1340.78	1362.50	1384.58	1407.01	1429.80	1452.97	1476.51	1500.42	1524.73	1549.43
	110610	泥浆泵 功率 15 kW	台时	3351.55	3419.00	3491.40	3569.41	3652.63	4569.09	4636.55	4708.94	4786.96	4870.17
	110620	排泥管 ϕ100 mm×L100 m	百米时	7374.31	8175.03	8999.76	9849.08	10723.54	11623.76	12550.29	13503.79	14484.93	15494.29
其他	200030	其他费用	%	2.00	2.00	2.00	2.00	2.00	2.00	2.00	2.00	2.00	2.00
定额编号				1-276	1-277	1-278	1-279	1-280	1-281	1-282	1-283	1-284	1-285

注： 每增运 250 m 定额增加：初级工—145.25 工时、高压水泵 15 kW—101.87 组时、水枪 ϕ65 mm—101.87 组时、泥浆泵 15 kW—1217.54 台时、排泥管 ϕ100 mm×L100 m—3043.86 百米时。

1.27　两栖式清淤机

工作内容：在水深1.5米以内作业，挖土、就近堆放。

单位：10000 m³

电算编号		项目	单位	Ⅰ、Ⅱ类土	Ⅲ类土
人工	010011	工长	工时		
	010012	高级工	工时		
	010013	中级工	工时		
	010014	初级工	工时	717.00	620.10
	010010	合计	工时	717.00	620.10
机械	161210	两栖式清淤机 斗容 0.3 m³	艘时	389.24	336.60
	161220	0.4 m³	艘时	291.90	252.45
	161230	0.6 m³	艘时	194.57	168.30
其他	200030	其他费用	%	5.00	5.00
定额编号				1-286	1-287

1.28 抓斗式挖泥船

工作内容：开挖、装驳、运、卸、靠离驳、移船、移锚及辅助工作等。

1.28.1 0.5 m^3抓斗式挖泥船

单位：10000 m^3

电算编号		项目	单位	土及粉细砂							中粗砂		
				Ⅰ	Ⅱ	Ⅲ	Ⅳ	Ⅴ	Ⅵ	Ⅶ	松散	中密	紧密
人工	010011	工长	工时										
	010012	高级工	工时										
	010013	中级工	工时										
	010014	初级工	工时	547.63	497.84	451.03	589.72	851.81	1036.04	1277.77	766.71	851.81	1277.77
	010010	合计	工时	547.63	497.84	451.03	589.72	851.81	1036.04	1277.77	766.71	851.81	1277.77
机械	160280	抓斗挖泥船斗容 0.5 m^3	艘时	245.24	222.94	201.96	264.10	381.48	463.96	572.23	343.33	381.48	572.23
	160790	拖轮功率 90 kW	艘时	245.24	222.94	201.96	264.10	381.48	463.96	572.23	343.33	381.48	572.23
	161140	开底泥驳非自航舱容积 60 m^3	艘时	490.49	445.89	403.92	528.20	762.96	927.93	1144.45	686.66	762.96	1144.45
	161080	机动艇功率 30 kW	艘时	85.84	78.03	70.69	92.43	133.52	162.39	200.28	120.17	133.52	200.28
	200020	其他机械费	%	3.00	3.00	3.00	3.00	3.00	3.00	3.00	3.00	3.00	3.00
定额编号				1-288	1-289	1-290	1-291	1-292	1-293	1-294	1-295	1-296	1-297

注：1. 适用于挖深 5 m 以内。

2. 适用于运距 2 km 以内，每超运 1 km，按下表定额增加：

电算编号	项目	单位	土及粉细砂							中粗砂		
			Ⅰ	Ⅱ	Ⅲ	Ⅳ	Ⅴ	Ⅵ	Ⅶ	松散	中密	紧密
160790	拖轮 功率 90 kW	艘时	84.56	65.39	65.39	68.44	68.44	73.57	73.57	73.57	81.75	81.75
161140	开底泥驳 非自航舱 容积 60 m^3	艘时	84.56	65.39	65.39	68.44	68.44	73.57	73.57	73.57	81.75	81.75

3. 一次挖土方工程量在 5000 m^3以内定额乘以系数 1.4；土方量在 10000 m^3以内定额乘以系数 1.3；土方量在 15000 m^3以内定额乘以系数 1.2。

1.28.2 1.0 m^3抓斗式挖泥船

单位：10000 m^3

电算编号		项目	单位	土及粉细砂							中粗砂		
				Ⅰ	Ⅱ	Ⅲ	Ⅳ	Ⅴ	Ⅵ	Ⅶ	松散	中密	紧密
人工	010011	工长	工时										
	010012	高级工	工时										
	010013	中级工	工时										
	010014	初级工	工时	366.51	330.86	303.49	347.76	407.22	458.05	523.60	476.45	523.60	733.01
	010010	合计	工时	366.51	330.86	303.49	347.76	407.22	458.05	523.60	476.45	523.60	733.01
机械	160290	抓斗挖泥船 斗容 1 m^3	艘时	113.19	102.19	93.72	107.41	125.76	141.48	161.70	147.15	161.70	226.37
	160820	拖轮 功率 147 kW	艘时	113.19	102.19	93.72	107.41	125.76	141.48	161.70	147.15	161.70	226.37
	161150	开底泥驳 非自航舱 容积 100 m^3	艘时	226.37	204.37	187.44	214.82	251.53	282.96	323.40	294.29	323.40	452.75
	161080	机动艇 功率 30 kW	艘时	45.28	40.87	37.49	42.96	50.31	56.59	64.68	58.85	64.68	90.55
	200020	其他机械费	%	3.00	3.00	3.00	3.00	3.00	3.00	3.00	3.00	3.00	3.00
定额编号				1-298	1-299	1-300	1-301	1-302	1-303	1-304	1-305	1-306	1-307

注： 1. 适用于挖深 5 m 以内，每超深 1 m,按上表定额增加系数 0.092，最大挖深为 15 m。

2. 适用于运距 3 km 以内，每超运 1 km，按下表定额增加：

电算编号	项目	单位	土及粉细砂							中粗砂		
			Ⅰ	Ⅱ	Ⅲ	Ⅳ	Ⅴ	Ⅵ	Ⅶ	松散	中密	紧密
160820	拖轮功率 147 kW	艘时	44.78	34.79	34.79	36.78	36.78	39.02	39.02	39.02	43.64	43.64
161150	开底泥驳非自航舱容积 100 m^3	艘时	44.78	34.79	34.79	36.78	36.78	39.02	39.02	39.02	43.64	43.64

3. 一次挖土方工程量在 5000 m^3以内定额乘以系数 1.4；土方量在 10000 m^3以内定额乘以系数 1.3；土方量在 15000 m^3以内定额乘以系数 1.2。

1.28.3 1.5 m³抓斗式挖泥船

单位：10000 m³

电算编号		项目	单位	土及粉细砂							中粗砂		
				Ⅰ	Ⅱ	Ⅲ	Ⅳ	Ⅴ	Ⅵ	Ⅶ	松散	中密	紧密
人工	010011	工长	工时										
	010012	高级工	工时										
	010013	中级工	工时										
	010014	初级工	工时	286.47	258.64	235.75	271.86	320.97	361.56	413.77	379.96	413.77	581.90
	010010	合计	工时	286.47	258.64	235.75	271.86	320.97	361.56	413.77	379.96	413.77	581.90
机械	160300	抓斗挖泥船斗容 1.5 m³	艘时	75.46	68.12	62.09	71.61	84.56	95.23	108.99	100.10	108.99	153.27
	160870	拖轮功率 370 kW	艘时	75.46	68.12	62.09	71.61	84.56	95.23	108.99	100.10	108.99	153.27
	161160	开底泥驳 非自航舱 容积 280 m³	艘时	150.92	136.25	124.18	143.21	169.13	190.47	217.99	200.19	217.99	306.55
	161080	机动艇功率 30 kW	艘时	30.18	27.25	24.83	28.64	33.83	38.09	43.60	40.04	43.60	61.31
	200020	其他机械费	%	3.00	3.00	3.00	3.00	3.00	3.00	3.00	3.00	3.00	3.00
定额编号				1-308	1-309	1-310	1-311	1-312	1-313	1-314	1-315	1-316	1-317

注：1. 适用于挖深 5 m 以内，每超深 1 m，按上表定额增加系数 0.092，最大挖深为 15 m。

2. 适用于运距 4 km 以内，每超运 1 km，按下表定额增加：

电算编号	项目	单位	土及粉细砂							中粗砂		
			Ⅰ	Ⅱ	Ⅲ	Ⅳ	Ⅴ	Ⅵ	Ⅶ	松散	中密	紧密
160870	拖轮 功率 370 kW	艘时	12.79	9.94	9.94	10.51	10.51	11.14	11.14	11.14	12.47	12.47
161160	开底泥驳 非自航舱 容积 280 m³	艘时	12.79	9.94	9.94	10.51	10.51	11.14	11.14	11.14	12.47	12.47

3. 一次挖土方工程量在 5000 m³以内定额乘以系数 1.4；土方量在 10000 m³以内定额乘以系数 1.3；土方量在 15000 m³以内定额乘以系数 1.2。

1.28.4　2.0 m³抓斗式挖泥船

单位：10000 m³

电算编号		项目	单位	土及粉细砂							中粗砂		
				Ⅰ	Ⅱ	Ⅲ	Ⅳ	Ⅴ	Ⅵ	Ⅶ	松散	中密	紧密
人工	010011	工长	工时										
	010012	高级工	工时										
	010013	中级工	工时										
	010014	初级工	工时	246.45	222.41	204.13	235.52	276.23	311.08	355.93	326.95	355.93	502.78
	010010	合计	工时	246.45	222.41	204.13	235.52	276.23	311.08	355.93	326.95	355.93	502.78
机械	160310	抓斗挖泥船斗容 2 m³	艘时	56.60	51.09	46.87	54.10	63.43	71.43	81.75	75.08	81.75	115.47
	160870	拖轮功率 370 kW	艘时	56.60	51.09	46.87	54.10	63.43	71.43	81.75	75.08	81.75	115.47
	161160	开底泥驳 非自航舱 容积 280 m³	艘时	113.20	102.18	93.73	108.19	126.85	142.86	163.50	150.15	163.50	230.95
	161080	机动艇功率 30 kW	艘时	22.64	20.44	18.75	21.64	25.37	28.57	32.70	30.03	32.70	46.19
	200020	其他机械费	%	3.00	3.00	3.00	3.00	3.00	3.00	3.00	3.00	3.00	3.00
定额编号				1-318	1-319	1-320	1-321	1-322	1-323	1-324	1-325	1-326	1-327

注：1. 适用于挖深 5 m 以内，每超深 1 m，按上表定额增加系数 0.092，最大挖深为 20 m。

2. 适用于运距 4 km 以内，每超运 1 km，按下表定额增加：

电算编号	项目	单位	土及粉细砂							中粗砂		
			Ⅰ	Ⅱ	Ⅲ	Ⅳ	Ⅴ	Ⅵ	Ⅶ	松散	中密	紧密
160870	拖轮 功率 370 kW	艘时	12.79	9.94	9.94	10.51	10.51	11.14	11.14	11.14	12.47	12.47
161160	开底泥驳 非自航舱 容积 280 m³	艘时	12.79	9.94	9.94	10.51	10.51	11.14	11.14	11.14	12.47	12.47

3. 一次挖土方工程量在 5000 m³以内定额乘以系数 1.4；土方量在 10000 m³以内定额乘以系数 1.3；土方量在 15000 m³以内定额乘以系数 1.2。

1.29　绞吸式挖泥船

工作内容： 固定船位，挖、排泥（砂），移浮筒管，施工区内作业面移位等，配套船舶随挖泥船需要相应的定位、行驶等作业及其他各种辅助工作。

1.29.1　120 m³/h 绞吸式挖泥船

单位：10000 m³

电算编号		项目	单位	Ⅰ类土					
				排泥管线长度(km)					
				≤0.4	0.5	0.6	0.7	0.8	1.0
人工	010011	工长	工时						
	010012	高级工	工时						
	010013	中级工	工时	42.21	44.39	46.46	48.99	51.64	58.42
	010014	初级工	工时	63.48	66.59	69.81	73.60	77.40	87.52
	010010	合计	工时	105.69	110.98	116.27	122.59	129.04	145.94
机械	160060	油动挖泥绞吸式挖泥船 120 m³/h	艘时	66.68	70.02	73.35	77.35	81.35	92.02
	160340	挖泥船浮筒 ϕ300 mm×L5000 mm 排泥	组时	3000.60	3150.90	3300.75	3480.75	3660.75	4140.90
	160500	排泥管 ϕ300 mm×L4000 mm 排泥	根时	3792.43	6258.04	8939.53	11940.91	15202.28	23177.54
	160910	锚艇功率 88 kW	艘时	16.68	17.50	18.33	19.33	20.34	23.01
	161090	机动艇功率 88～90 kW	艘时	22.00	23.10	24.21	25.52	26.84	30.36
	200020	其他机械费	%	4.00	4.00	4.00	4.00	4.00	4.00
定额编号				1-328	1-329	1-330	1-331	1-332	1-333

续表

电算编号		项目	单位	Ⅱ类土					
				排泥管线长度(km)					
				≤0.4	0.5	0.6	0.7	0.8	1.0
人工	010011	工长	工时						
	010012	高级工	工时						
	010013	中级工	工时	46.35	48.65	51.06	53.71	56.58	63.94
	010014	初级工	工时	69.58	73.03	76.48	80.73	84.87	96.03
	010010	合计	工时	115.93	121.68	127.54	134.44	141.45	159.97
机械	160060	油动挖泥绞吸式挖泥船 120 m^3/h	艘时	73.11	76.77	80.42	84.81	89.20	100.89
	160340	挖泥船浮筒 ϕ300 mm×L5000 mm 排泥	组时	3289.95	3454.65	3618.90	3816.45	4014.00	4540.05
	160500	排泥管 ϕ300 mm×L4000 mm 排泥	根时	4158.13	6861.32	9801.19	13092.54	16669.25	25411.67
	160910	锚艇 功率 88 kW	艘时	18.28	19.19	20.11	21.20	22.30	25.22
	161090	机动艇功率 88～90 kW	艘时	24.12	25.34	26.53	27.99	29.43	33.29
	200020	其他机械费	%	4.00	4.00	4.00	4.00	4.00	4.00
定额编号				1-334	1-335	1-336	1-337	1-338	1-339

续表

电算编号		项目	单位	Ⅲ类土					
				排泥管线长度(km)					
				≤0.4	0.5	0.6	0.7	0.8	1.0
人工	010011	工长	工时						
	010012	高级工	工时						
	010013	中级工	工时	50.95	53.48	56.01	59.11	62.10	70.27
	010014	初级工	工时	76.48	80.27	84.07	88.67	93.27	105.46
	010010	合计	工时	127.43	133.75	140.08	147.78	155.37	175.73
机械	160060	油动挖泥绞吸式挖泥船 120 m^3/h	艘时	80.34	84.36	88.37	93.19	98.01	110.87
	160340	挖泥船浮筒 ϕ300 mm×L5000 mm 排泥	组时	3615.30	3796.20	3976.65	4193.55	4410.45	4989.15
	160500	排泥管 ϕ300 mm×L4000 mm 排泥	根时	4569.34	7539.68	10770.09	14386.21	18315.62	27925.38
	160910	锚艇 功率 88 kW	艘时	20.09	21.08	22.09	23.30	24.50	27.72
	161090	机动艇 功率 88～90 kW	艘时	26.51	27.84	29.16	30.76	32.34	36.59
	200020	其他机械费	%	4.00	4.00	4.00	4.00	4.00	4.00
定额编号				1-340	1-341	1-342	1-343	1-344	1-345

续表

电算编号		项目	单位	Ⅳ类土					
				排泥管线长度(km)					
				≤0.4	0.5	0.6	0.7	0.8	1.0
人工	010011	工长	工时						
	010012	高级工	工时						
	010013	中级工	工时	56.01	58.77	61.64	64.98	68.31	77.28
	010014	初级工	工时	84.07	88.32	92.46	97.52	102.58	116.04
	010010	合计	工时	140.08	147.09	154.10	162.50	170.89	193.32
机械	160060	油动挖泥绞吸式挖泥船 120 m^3/h	艘时	88.37	92.79	97.21	102.52	107.82	121.95
	160340	挖泥船浮筒 ϕ300 mm×L5000 mm 排泥	组时	3976.65	4175.55	4374.45	4613.40	4851.90	5487.75
	160500	排泥管 ϕ300 mm×L4000 mm 排泥	根时	5026.04	8293.11	11847.47	15826.53	20148.86	30716.16
	160910	锚艇 功率 88 kW	艘时	22.09	23.20	24.31	25.63	26.96	30.49
	161090	机动艇 功率 88～90 kW	艘时	29.16	30.62	32.07	33.84	35.58	40.24
	200020	其他机械费	%	4.00	4.00	4.00	4.00	4.00	4.00
定额编号				1-346	1-347	1-348	1-349	1-350	1-351

续表

电算编号		项目	单位	V类土					
				排泥管线长度(km)					
				≤0.4	0.5	0.6	0.7	0.8	1.0
人工	010011	工长	工时						
	010012	高级工	工时						
	010013	中级工	工时	67.28	70.61	73.95	77.97	82.11	92.81
	010014	初级工	工时	100.86	105.92	110.98	117.07	123.05	139.27
	010010	合计	工时	168.14	176.53	184.93	195.04	205.16	232.08
机械	160060	油动挖泥绞吸式挖泥船 120 m^3/h	艘时	106.05	111.35	116.66	123.01	129.38	146.34
	160340	挖泥船浮筒 ϕ300 mm×L5000 mm 排泥	组时	4772.25	5010.75	5249.70	5535.45	5822.10	6585.30
	160500	排泥管 ϕ300 mm×L4000 mm 排泥	根时	6031.59	9951.91	14217.94	18989.67	24177.89	36859.39
	160910	锚艇 功率 88 kW	艘时	26.51	27.83	29.16	30.76	32.34	36.59
	161090	机动艇 功率 88～90 kW	艘时	35.00	36.75	38.49	40.60	42.69	48.30
	200020	其他机械费	%	4.00	4.00	4.00	4.00	4.00	4.00
定额编号				1-352	1-353	1-354	1-355	1-356	1-357

续表

电算编号		项目	单位	Ⅵ类土					
				排泥管线长度(km)					
				≤0.4	0.5	0.6	0.7	0.8	1.0
人工	010011	工长	工时						
	010012	高级工	工时						
	010013	中级工	工时	87.63	92.00	96.55	101.66	106.84	120.98
	010014	初级工	工时	131.45	138.00	144.56	152.49	160.43	181.36
	010010	合计	工时	219.08	230.00	241.11	254.15	267.27	302.34
机械	160060	油动挖泥绞吸式挖泥船 120 m^3/h	艘时	138.18	145.10	152.01	160.30	168.59	190.69
	160340	挖泥船浮筒 ϕ300 mm×L5000 mm 排泥	组时	6218.10	6529.50	6840.45	7213.50	7586.55	8581.05
	160500	排泥管 ϕ300 mm×L4000 mm 排泥	根时	7858.99	12968.31	18526.22	24746.31	31505.26	48030.04
	160910	锚艇 功率 88 kW	艘时	34.55	36.27	38.00	40.08	42.15	47.68
	161090	机动艇功率 88～90 kW	艘时	45.60	47.88	50.15	52.90	55.63	62.92
	200020	其他机械费	%	4.00	4.00	4.00	4.00	4.00	4.00
定额编号				1-358	1-359	1-360	1-361	1-362	1-363

注： 1. 基本排高 6 m，每增(减)1 m，定额乘(除)以系数 1.02。

2. 最大挖深 5.5 m，基本挖深 3 m，每超深 1 m，定额增加系数 0.03。

3. 每增排 0.1 km，定额中人工、挖泥船乘以系数 1.06；排泥管相应增加；最大增排距离，不超过原船型最大排距。

续表

电算编号		项目	单位	松散中砂						松散粗砂		
				排泥管线长度(km)								
				≤0.4	0.5	0.6	0.7	0.8	0.9	≤0.4	0.5	0.6
人工	010011	工长	工时									
	010012	高级工	工时									
	010013	中级工	工时	67.39	72.80	80.16	87.63	97.06	106.49	78.89	94.65	118.34
	010014	初级工	工时	101.09	109.14	120.29	131.33	145.48	159.62	118.22	141.91	177.33
	010010	合计	工时	168.48	181.94	200.45	218.96	242.54	266.11	197.11	236.56	295.67
机械	160070	油动挖砂绞吸式挖泥船 120 m^3/h	艘时	117.86	127.29	140.26	153.21	169.71	186.21	137.91	165.49	206.87
	160350	挖泥船浮筒 ϕ300 mm×L5000 mm 排砂	组时	5303.70	5728.05	6311.70	6894.45	7636.95	8379.45	6205.95	7447.05	9309.15
	160510	排泥管 ϕ300 mm×L4000 mm 排砂	根时	6703.29	11376.54	17094.19	23651.79	31714.56	40849.82	7843.63	14790.67	25212.28
	160910	锚艇 功率 88 kW	艘时	29.47	31.83	35.07	38.31	42.43	46.56	34.47	41.38	51.72
	161090	机动艇 功率 88～90kW	艘时	38.89	42.00	46.29	50.56	56.01	61.45	45.51	54.61	68.27
	200020	其他机械费	%	3.00	3.00	3.00	3.00	3.00	3.00	3.00	3.00	3.00
定额编号				1-364	1-365	1-366	1-367	1-368	1-369	1-370	1-371	1-372

续表

电算编号		项目	单位	中密中砂						中密粗砂		
				排泥管线长度(km)								
				≤0.4	0.5	0.6	0.7	0.8	0.9	≤0.4	0.5	0.6
人工	010011	工长	工时									
	010012	高级工	工时									
	010013	中级工	工时	74.87	80.85	89.13	97.41	107.76	118.22	87.52	105.11	131.33
	010014	初级工	工时	112.24	121.33	133.63	145.94	161.69	177.45	131.45	157.67	197.11
	010010	合计	工时	187.11	202.18	222.76	243.35	269.45	295.67	218.97	262.78	328.44
机械	160070	油动挖砂绞吸式挖泥船 120 m^3/h	艘时	130.95	141.43	155.84	170.24	188.57	206.91	153.23	183.88	229.85
	160350	挖泥船浮筒 ϕ300 mm×L5000 mm 排砂	组时	5892.75	6364.35	7012.80	7660.80	8485.65	9310.95	6895.35	8274.60	10343.25
	160510	排泥管 ϕ300 mm×L4000 mm 排砂	根时	7447.78	12640.31	18993.00	26280.80	35239.02	45390.88	8714.96	16434.28	28012.97
	160910	锚艇 功率 88 kW	艘时	32.74	35.36	38.96	42.56	47.14	51.73	38.31	45.97	57.46
	161090	机动艇 功率 88～90 kW	艘时	43.22	46.67	51.43	56.18	62.23	68.28	50.56	60.68	75.85
	200020	其他机械费	%	3.00	3.00	3.00	3.00	3.00	3.00	3.00	3.00	3.00
定额编号				1-373	1-374	1-375	1-376	1-377	1-378	1-379	1-380	1-381

注： 1. 基本排高 4 m，每增(减)1 m，挖中砂定额乘(除)以系数 1.044，挖粗砂定额乘(除)以系数 1.18；挖粗砂定额最大排高为 6 m。

2. 最大挖深 5.5 m，基本挖深 3 m。每超深 1 m，定额增加系数 0.03。

3. 每增排 0.1 km，定额中人工、挖泥船乘以系数 1.07；排泥管相应增加；最大增排距离，不超过原船型最大排距。

1.29.2 200 m^3/h 绞吸式挖泥船

单位：10000 m^3

电算编号		项目	单位	Ⅰ类土							
				排泥管线长度(km)							
				≤0.5	0.6	0.7	0.8	0.9	1.0	1.1	1.3
人工	010011	工长	工时								
	010012	高级工	工时								
	010013	中级工	工时	27.49	28.75	30.13	31.86	33.47	35.31	37.49	43.01
	010014	初级工	工时	41.06	43.13	45.20	47.61	50.14	53.02	56.35	64.52
	010010	合计	工时	68.55	71.88	75.33	79.47	83.61	88.33	93.84	107.53
机械	160080	油动挖泥绞吸式挖泥船 200 m^3/h	艘时	34.86	36.60	38.35	40.43	42.52	44.96	47.75	54.72
	160360	挖泥船浮筒 ϕ400 mm×L7500 mm 排泥	组时	1743.00	1830.00	1917.50	2021.50	2126.00	2248.00	2387.50	2736.00
	160520	排泥管 ϕ400 mm×L6000 mm 排泥	根时	944.13	1784.25	2700.48	3722.93	4836.65	6088.33	7500.73	10966.80
	160830	拖轮 功率 176 kW	艘时	8.71	9.15	9.58	10.10	10.64	11.24	11.94	13.68
	160910	锚艇 功率 88 kW	艘时	10.45	10.98	11.51	12.13	12.75	13.49	14.33	16.42
	161090	机动艇 功率 88～90 kW	艘时	11.49	12.08	12.65	13.35	14.03	14.83	15.76	18.06
	200020	其他机械费	%	4.00	4.00	4.00	4.00	4.00	4.00	4.00	4.00
定额编号				1-382	1-383	1-384	1-385	1-386	1-387	1-388	1-389

续表

电算编号		项目	单位	Ⅱ类土							
				排泥管线长度(km)							
				≤0.5	0.6	0.7	0.8	0.9	1.0	1.1	1.3
人工	010011	工长	工时								
	010012	高级工	工时								
	010013	中级工	工时	30.02	31.63	33.01	34.85	36.69	38.76	41.06	47.15
	010014	初级工	工时	45.08	47.27	49.57	52.21	54.97	58.08	61.76	70.73
	010010	合计	工时	75.10	78.90	82.58	87.06	91.66	96.84	102.82	117.88
机械	160080	油动挖泥绞吸式挖泥船 200 m³/h	艘时	38.21	40.13	42.03	44.32	46.62	49.30	52.34	60.00
	160360	挖泥船浮筒 ϕ400 mm×L7500 mm 排泥	组时	1910.50	2006.50	2101.50	2216.00	2331.00	2465.00	2617.00	3000.00
	160520	排泥管 ϕ400 mm×L6000 mm 排泥	根时	1034.85	1956.34	2959.61	4081.13	5303.03	6676.04	8221.74	12025.00
	160830	拖轮 功率 176 kW	艘时	9.55	10.03	10.51	11.08	11.66	12.33	13.08	15.00
	160910	锚艇 功率 88 kW	艘时	11.46	12.03	12.62	13.30	13.99	14.79	15.71	17.99
	161090	机动艇 功率 88～90 kW	艘时	12.61	13.25	13.87	14.64	15.38	16.26	17.27	19.80
	200020	其他机械费	%	4.00	4.00	4.00	4.00	4.00	4.00	4.00	4.00
定额编号				1-390	1-391	1-392	1-393	1-394	1-395	1-396	1-397

续表

电算编号		项目	单位	Ⅲ类土							
				排泥管线长度(km)							
				≤0.5	0.6	0.7	0.8	0.9	1.0	1.1	1.3
人工	010011	工长	工时								
	010012	高级工	工时								
	010013	中级工	工时	33.01	34.62	36.23	38.30	40.25	42.67	45.20	51.87
	010014	初级工	工时	49.57	51.98	54.51	57.39	60.38	63.83	67.85	77.74
	010010	合计	工时	82.58	86.60	90.74	95.69	100.63	106.50	113.05	129.61
机械	160080	油动挖泥绞吸式挖泥船 200 m^3/h	艘时	41.99	44.09	46.20	48.71	51.23	54.17	57.53	65.93
	160360	挖泥船浮筒（每组） ϕ400 mm×L7500 mm 排泥	组时	2099.50	2204.50	2310.00	2435.50	2561.50	2708.50	2876.50	3296.50
	160520	排泥管（根） ϕ400 mm×L6000 mm 排泥	根时	1137.23	2149.39	3253.25	4485.38	5827.41	7335.52	9037.00	13213.47
	160830	拖轮 功率 176 kW	艘时	10.50	11.02	11.55	12.17	12.81	13.54	14.38	16.48
	160910	锚艇 功率 88 kW	艘时	12.60	13.23	13.86	14.62	15.37	16.25	17.26	19.78
	161090	机动艇 功率 88～90 kW	艘时	13.85	14.55	15.24	16.08	16.90	17.87	18.98	21.75
	200020	其他机械费	%	4.00	4.00	4.00	4.00	4.00	4.00	4.00	4.00
定额编号				1-398	1-399	1-400	1-401	1-402	1-403	1-404	1-405

续表

电算编号		项目	单位	Ⅳ类土							
				排泥管线长度(km)							
				≤0.5	0.6	0.7	0.8	0.9	1.0	1.1	1.3
人工	010011	工长	工时								
	010012	高级二	工时								
	010013	中级二	工时	36.23	38.18	39.91	42.21	44.28	46.81	49.68	56.93
	010014	初级二	工时	54.51	57.16	59.92	63.14	66.47	70.27	74.64	85.56
	010010	合计	工时	90.74	95.34	99.83	105.35	110.75	117.08	124.32	142.49
机械	160080	油动挖泥绞吸式挖泥船 200 m^3/h	艘时	46.20	48.50	50.82	53.58	56.35	59.59	63.28	72.52
	160360	挖泥船浮筒 ϕ400 mm×L7500 mm 排泥	组时	2310.00	2425.00	2541.00	2679.00	2817.50	2979.50	3164.00	3626.00
	160520	排泥管 ϕ400 mm×L6000 mm 排泥	根时	1251.25	2364.38	3578.58	4933.83	6409.81	8069.48	9940.23	14534.22
	160830	拖轮 功率 176 kW	艘时	11.55	12.12	12.70	13.39	14.09	14.90	15.82	18.13
	160910	锚艇 功率 88 kW	艘时	13.85	14.54	15.25	16.08	16.90	17.88	18.99	21.75
	161090	机动艇 功率 88～90 kW	艘时	15.24	16.01	16.77	17.69	18.59	19.66	20.88	23.93
	200020	其他机械费	%	4.00	4.00	4.00	4.00	4.00	4.00	4.00	4.00
定额编号				1-406	1-407	1-408	1-409	1-410	1-411	1-412	1-413

续表

电算编号		项目	单位	V类土							
				排泥管线长度(km)							
				≤0.5	0.6	0.7	0.8	0.9	1.0	1.1	1.3
人工	010011	工长	工时								
	010012	高级工	工时								
	010013	中级工	工时	43.59	45.43	47.96	50.60	53.25	56.24	59.69	68.43
	010014	初级工	工时	65.32	68.08	71.88	75.79	79.70	84.30	89.47	102.58
	010010	合计	工时	108.91	113.51	119.84	126.39	132.95	140.54	149.16	171.01
机械	160080	油动挖泥绞吸式挖泥船 200 m^3/h	艘时	55.43	58.21	60.98	64.29	67.63	71.50	75.93	87.02
	160360	挖泥船浮筒 ϕ400 mm×L7500 mm 排泥	组时	2771.50	2910.50	3049.00	3214.50	3381.50	3575.00	3796.50	4351.00
	160520	排泥管 ϕ400 mm×L6000 mm 排泥	根时	1501.23	2837.74	4294.01	5920.04	7692.91	9682.29	11927.34	17440.26
	160830	拖轮 功率 176 kW	艘时	13.85	14.54	15.24	16.07	16.91	17.88	18.98	21.75
	160910	锚艇 功率 88 kW	艘时	16.62	17.46	18.30	19.29	20.28	21.45	22.78	26.10
	161090	机动艇 功率 88～90 kW	艘时	18.28	19.21	20.13	21.23	22.31	23.59	25.06	28.72
	200020	其他机械费	%	4.00	4.00	4.00	4.00	4.00	4.00	4.00	4.00
定额编号				1-414	1-415	1-416	1-417	1-418	1-419	1-420	1-421

续表

电算编号		项目	单位	Ⅵ类土							
				排泥管线长度(km)							
				≤0.5	0.6	0.7	0.8	0.9	1.0	1.1	1.3
人工	010011	工长	工时								
	010012	高级工	工时								
	010013	中级工	工时	56.81	59.57	62.45	65.90	69.35	73.26	77.86	89.13
	010014	初级工	工时	85.10	89.47	93.73	98.79	103.85	109.83	116.61	133.75
	010010	合计	工时	141.91	149.04	156.18	164.69	173.20	183.09	194.47	222.88
机械	160080	油动挖泥绞吸式挖泥船 200 m^3/h	艘时	72.22	75.84	79.45	83.78	88.12	93.16	98.94	113.40
	160360	挖泥船浮筒 ϕ400 mm×L7500 mm 排泥	组时	3611.00	3792.00	3972.50	4189.00	4406.00	4658.00	4947.00	5670.00
	160520	排泥管 ϕ400 mm×L6000 mm 排泥	根时	1955.96	3697.20	5594.60	7714.74	10023.65	12615.42	15541.83	22727.25
	160830	拖轮 功率 176 kW	艘时	18.06	18.95	19.86	20.94	22.04	23.30	24.73	28.35
	160910	锚艇 功率 88 kW	艘时	21.67	22.74	23.84	25.14	26.43	27.95	29.69	34.01
	161090	机动艇 功率 83～90 kW	艘时	23.82	25.03	26.22	27.66	29.08	30.74	32.65	37.42
	200020	其他机械费	%	4.00	4.00	4.00	4.00	4.00	4.00	4.00	4.00
定额编号				1-422	1-423	1-424	1-425	1-426	1-427	1-428	1-429

续表

电算编号		项目	单位	Ⅶ类土							
				排泥管线长度(km)							
				≤0.5	0.6	0.7	0.8	0.9	1.0	1.1	1.3
人工	010011	工长	工时								
	010012	高级工	工时								
	010013	中级工	工时	79.47	83.61	87.52	92.23	97.06	102.70	109.02	124.89
	010014	初级工	工时	119.37	125.24	131.22	138.46	145.59	153.87	163.42	187.34
	010010	合计	工时	198.84	208.85	218.74	230.69	242.65	256.57	272.44	312.23
机械	160080	油动挖泥绞吸式挖泥船 200 m³/h	艘时	101.21	106.27	111.33	117.39	123.47	130.54	138.64	158.89
	160360	挖泥船浮筒 ϕ400 mm×L7500 mm 排泥	组时	5060.50	5313.50	5566.50	5869.50	6173.50	6527.00	6932.00	7944.50
	160520	排泥管 ϕ400 mm×L6000 mm 排泥	根时	2741.10	5180.66	7839.49	10809.66	14044.71	17677.29	21778.03	31844.20
	160830	拖轮 功率 176 kW	艘时	25.30	26.56	27.83	29.34	30.88	32.64	34.65	39.72
	160910	锚艇 功率 88 kW	艘时	30.35	31.87	33.41	35.23	37.04	39.17	41.60	47.66
	161090	机动艇 功率 88～90 kW	艘时	33.38	35.07	36.74	38.75	40.74	43.06	45.75	52.43
	200020	其他机械费	%	4.00	4.00	4.00	4.00	4.00	4.00	4.00	4.00
定额编号				1-430	1-431	1-432	1-433	1-434	1-435	1-436	1-437

注： 1. 基本排高 6 m，每增(减)1 m，定额乘(除)以系数 1.015。

2. 最大挖深 10 m，基本挖深 6 m，每超深 1 m，定额增加系数 0.03。

3. 每增排 0.1 km，定额中人工、挖泥船乘以系数 1.04，排泥管相应增加；最大增排距离，不超过原船型最大排距。

续表

电算编号		项目	单位	松散中砂						松散粗砂		
				排泥管线长度(km)								
				≤0.5	0.6	0.7	0.8	0.9	1.0	≤0.5	0.6	0.7
人工	010011	工长	工时									
	010012	高级工	工时									
	010013	中级工	工时	41.29	44.62	48.76	53.59	59.46	65.67	48.30	57.85	72.45
	010014	初级工	工时	61.87	66.82	73.03	80.50	89.13	98.44	72.45	86.94	108.56
	010010	合计	工时	103.16	111.44	121.79	134.09	148.59	164.11	120.75	144.79	181.01
机械	160090	油动挖砂绞吸式挖泥船 200 m^3/h	艘时	61.60	66.54	72.70	80.09	88.71	97.95	72.07	86.48	108.10
	160370	挖泥船浮筒 ϕ400 mm×L7500 mm 排砂	组时	3080.00	3327.00	3635.00	4004.50	4435.50	4897.50	3603.50	4324.00	5405.00
	160530	排泥管 ϕ400 mm×L6000 mm 排砂	根时	1668.33	3243.83	5119.29	7374.95	10090.76	13264.06	1951.90	4215.90	7612.04
	160830	拖轮 功率 176 kW	艘时	15.41	16.63	18.17	20.02	22.19	24.49	18.01	21.62	27.03
	160910	锚艇 功率 88 kW	艘时	18.49	19.96	21.82	24.03	26.62	29.39	21.62	25.95	32.42
	161090	机动艇 功率 88～90 kW	艘时	20.33	21.96	23.99	26.43	29.27	32.32	23.78	28.54	35.67
	200020	其他机械费	%	3.00	3.00	3.00	3.00	3.00	3.00	3.00	3.00	3.00
定额编号				1-438	1-439	1-440	1-441	1-442	1-443	1-444	1-445	1-446

续表

电算编号		项目	单位	中密中砂						中密粗砂		
				排泥管线长度(km)								
				≤0.5	0.6	0.7	0.8	0.9	1.0	≤0.5	0.6	0.7
人工	010011	工长	工时									
	010012	高级工	工时									
	010013	中级工	工时	45.89	49.57	54.05	59.57	66.13	72.91	53.59	64.29	80.50
	010014	初级工	工时	68.77	74.29	81.19	89.47	99.02	109.37	80.50	96.60	120.64
	010010	合计	工时	114.66	123.86	135.24	149.04	165.15	182.28	134.09	160.89	201.14
机械	160090	油动挖砂绞吸式挖泥船 200 m^3/h	艘时	68.45	73.93	80.77	88.99	98.57	108.84	80.07	96.09	120.11
	160370	挖泥船浮筒 ϕ400 mm×L7500 mm 排砂	组时	3422.50	3696.50	4038.50	4449.50	4928.50	5442.00	4003.50	4804.50	6005.50
	160530	排泥管 ϕ400 mm×L6000 mm 排砂	根时	1853.85	3604.09	5687.55	8194.50	11212.34	14738.75	2168.56	4684.39	8457.75
	160830	拖轮 功率 176 kW	艘时	17.12	18.48	20.19	22.25	24.65	27.21	20.01	24.02	30.02
	160910	锚艇 功率 88 kW	艘时	20.54	22.18	24.24	26.70	29.57	32.65	24.02	28.83	36.03
	161090	机动艇 功率 88～90 kW	艘时	22.59	24.40	26.66	29.37	32.53	35.92	26.42	31.71	39.63
	200020	其他机械费	%	3.00	3.00	3.00	3.00	3.00	3.00	3.00	3.00	3.00
定额编号				1-447	1-448	1-449	1-450	1-451	1-452	1-453	1-454	1-455

续表

电算编号		项目	单位	紧密中砂						紧密粗砂		
				排泥管线长度(km)								
				≤0.5	0.6	0.7	0.8	0.9	1.0	≤0.5	0.6	0.7
人工	010011	工长	工时									
	010012	高级工	工时									
	010013	中级工	工时	61.99	66.93	73.03	80.50	89.13	98.44	72.45	86.94	108.56
	010014	初级工	工时	92.81	100.28	109.60	120.75	133.75	147.66	108.56	130.30	162.96
	010010	合计	工时	154.80	167.21	182.63	201.25	222.88	246.10	181.01	217.24	271.52
机械	160090	油动挖砂绞吸式挖泥船 200 m³/h	艘时	92.41	99.81	109.05	120.14	133.08	146.93	108.10	129.72	162.14
	160370	挖泥船浮筒 ϕ400 mm×L7500 mm 排砂	组时	4620.50	4990.50	5452.50	6007.00	6654.00	7346.50	5405.00	6486.00	8107.00
	160530	排泥管 ϕ400 mm×L6000 mm 排砂	根时	2502.77	4865.74	7678.94	11062.89	15137.85	19896.77	2927.71	6323.85	11417.36
	160830	拖轮 功率 176 kW	艘时	23.11	24.95	27.25	30.03	33.28	36.74	27.02	32.42	40.53
	160910	锚艇 功率 88 kW	艘时	27.73	29.94	32.72	36.04	39.92	44.08	32.42	38.92	48.64
	161090	机动艇 功率 88～90 kW	艘时	30.50	32.94	35.99	39.64	43.91	48.48	35.67	42.82	53.51
	200020	其他机械费	%	3.00	3.00	3.00	3.00	3.00	3.00	3.00	3.00	3.00
定额编号				1-456	1-457	1-458	1-459	1-460	1-461	1-462	1-463	1-464

注： 1. 基本排高 4 m，每增(减)1 m，挖中砂定额乘(除)以系数 1.027，挖粗砂定额乘(除)以系数 1.10。

2. 最大挖深 10 m，基本挖深 6 m，每超深 1 m，定额增加系数 0.03。

3. 每增排 0.1 km，定额中人工、挖泥船乘以系数 1.05，排泥管相应增加；最大增排距离，不超过原船型最大排距。

1.30 绞吸式挖泥船陆上排泥管安装拆除

工作内容： 场地平整，上、下坡填筑土堆，支撑架设及拆除等。

单位:100 m 管长·次

电算编号		项目	单位	排泥管直径×单管长度(mm×mm)	
				300×4000	400×6000
人工	010011	工长	工时		
	010012	高级工	工时		
	010013	中级工	工时	10.35	13.80
	010014	初级工	工时	196.65	256.45
	010010	合计	工时	207.00	270.25
其他	200030	其他费用	%	2.40	2.40
定额编号				1-465	1-466

注： 适用于 50 m 内人力运输；运距每增加 50 m，定额中人工乘以系数 1.3。

1.31 开工展布及收工集合

工作内容： 1. 绞吸式挖泥船：定位，起锚、下锚，移船，接、折管线，船舶进退场等。

2. 抓斗式挖泥船：定位，起锚、下锚，移船、船舶进退场等。

3. 两栖式清淤机：陆上上、下坡，水中或淤泥中行走，进退场等。

单位：次

电算编号		项目	单位	绞吸式挖泥船		抓斗式挖泥船		两栖式清淤机	
				开工展布	收工集合	开工展布	收工集合	开工展布	收工集合
机械		挖泥船	艘时	29.46	14.73	12.05	12.05	4.82	4.82
		拖轮	艘时	14.73	14.73	12.05	12.05	4.82	4.82
		锚艇	艘时	29.46	14.73				
		机艇	艘时	29.46	14.73	12.05	12.05	4.82	4.82
定额编号				1-467	1-468	1-469	1-470	1-471	1-472

注： 绞吸式挖泥船 120 m^3/h 不计拖轮。

1.32 土方工程养护

养护内容：坑塘平整、雨淋沟填平及清杂等。

单位：100 m²

电算编号		项目名称	单位	土工建筑物
人工	010011	工长	工时	0.09
	010012	高级工	工时	
	010013	中级工	工时	
	010014	初级工	工时	4.46
	010010	合计	工时	4.55
材料	090070	粘土	m³	0.10
	090010	水	m³	0.50
	091190	铁锹	把	0.01
	091200	镰刀	把	0.20
	091220	手套	副	0.20
	091230	毛巾	条	0.10
	200010	其他材料费	%	5.00
机械	140350	胶轮车	台时	0.25
	200020	其他机械费	%	5.00
定额编号				1-473

注：就近取土，按养护面积计算，不包括道路、护坡、绿化等部分。

养护内容：杂物清理、排水疏通、局部损坏修补。

单位：100 m

电算编号		项目名称	单位	土沟
人工	010011	工长	工时	0.50
	010012	高级工	工时	
	010013	中级工	工时	
	010014	初级工	工时	24.95
	010010	合计	工时	25.45
其他	200030	其他费用	%	5.00
定额编号				1-474

2　砌石工程

说　明

一、本章包括砌石拆除，填筑砂石，干砌块石砌筑，防汛积石堆筑，灌砌块石，浆砌块石，浆砌砖，铺设自锁块，砌体粉面、勾缝，砌石工程养护和反滤设施养护。

二、本章定额中砌筑用混凝土、砂浆的材料用量按附录B相应的混凝土、砂浆配合比计算。施工现场混凝土、砂浆配合比与附录B不同时，定额不作调整。

三、浆灌砌块石定额中包括抹平缝的人工、材料。粉面、勾缝时，另行计列。

四、本章定额不包括排水、围堰及脚手架的费用。

2.1 砌石拆除

工作内容：拆除、清理、堆放。

2.1.1 人工拆除

单位：100 m^3砌体

电算编号		项目名称	单位	浆灌砌块石		干砌块石	预制块
				墩墙	护坡护底		
人工	010011	工长	工时				
	010012	高级工	工时				
	010013	中级工	工时				
	010014	初级工	工时	1571.25	1208.65	489.90	460.35
	010010	合计	工时	1571.25	1208.65	489.90	460.35
其他	200030	其他费用	%	0.50	0.50	0.50	0.50
定额编号				2-1	2-2	2-3	2-4

2.1.2 机械拆除

单位：100 m^3砌体

电算编号		项目名称	单位	浆灌砌块石		干砌块石	预制块
				墩墙	护坡护底		
人工	010011	工长	工时				
	010012	高级工	工时				
	010013	中级工	工时				
	010014	初级工	工时	40.22	30.94	22.66	20.36
	010010	合计	工时	40.22	30.94	22.66	20.36
机械	110060	液压单斗挖掘机斗容 1 m^3	台时	5.74	5.22	3.82	3.44
其他	200030	其他费用	%	2.00	2.00	2.00	2.00
定额编号				2-5	2-6	2-7	2-8

2.2 填筑砂石

工作内容： 1. 垫层：材料运输、铺垫砂石、夯实、整平。

2. 倒滤层：材料运输、筛选砂石、分层铺筑、夯实、整平。

单位：100 m³

电算编号		项目名称	单位	砂垫层			碎石垫层			倒滤层		
				平面	坡面	沟槽	平面	坡面	沟槽	平面	坡面	沟槽
人工	010011	工长	工时	22.31	24.54	24.99	28.98	31.88	32.46	42.09	46.30	47.14
	010012	高级工	工时									
	010013	中级工	工时	89.24	98.16	99.95	115.81	127.39	129.70	168.59	185.45	188.82
	010014	初级工	工时	334.42	367.86	374.55	434.01	477.41	486.09	632.16	695.37	708.01
	010010	合计	工时	445.97	490.56	499.49	578.80	636.68	648.25	842.84	927.12	943.97
材料	010050	黄砂	t	156.00	156.00	156.00				62.40	62.40	62.40
	010060	碎石	t				153.75	153.75	153.75	113.78	113.78	113.78
	200010	其他材料费	%	0.50	0.50	0.50	0.50	0.50	0.50	0.50	0.50	0.50
机械	140360	机动翻斗车 额定载质量 1 t	台时	25.31	25.31	25.31	42.79	42.79	42.79	41.77	41.77	41.77
定额编号				2-9	2-10	2-11	2-12	2-13	2-14	2-15	2-16	2-17

注： 若用碎砖或砂礓铺垫层，可用本节碎石垫层定额。

2.3 干砌块石砌筑

工作内容： 原砌体面清理、材料运输、选修石料、砌筑填缝。

单位：100 m³

电算编号		项目名称	单位	基础	护底	平面护坡	曲面护坡	侧沟	填腹石
人工	010011	工长	工时	30.25	36.69	33.24	39.68	42.09	27.50
	010012	高级工	工时	60.38	73.26	66.36	79.24	84.30	54.89
	010013	中级工	工时	231.27	293.02	265.54	316.94	336.95	210.25
	010014	初级工	工时	282.10	329.59	298.66	356.50	379.16	256.45
	010010	合计	工时	604.00	732.56	663.80	792.36	842.50	549.09
材料	010080	块石	t	195.70	195.70	195.70	195.70	195.70	195.70
	200010	其他材料费	%	0.50	0.50	0.50	0.50	0.50	0.50
机械	140360	机动翻斗车 额定载质量 1 t	台时	43.36	46.25	43.36	43.36	43.36	43.36
定额编号				2-18	2-19	2-20	2-21	2-22	2-23

注： 基础砌石厚度按 0.6 m 以上，护底、护坡、侧沟的砌石厚度按 0.3～0.4 m 制定。

2.4 防汛积石堆筑

工作内容： 场地清理、整平、材料运输、选修石料、堆筑。

单位：100 m³

电算编号		项目名称	单位	防汛积石
人工	010011	工长	工时	28.23
	010012	高级工	工时	56.35
	010013	中级工	工时	215.86
	010014	初级工	工时	263.29
	010010	合计	工时	563.73
材料	010080	块石	t	195.70
	200010	其他材料费	%	0.50
机械	140360	机动翻斗车　额定载质量 1 t	台时	43.36
定额编号				2-24

2.5 灌砌块石砌筑

工作内容： *原砌体面清理、材料运输、选修面石、角石、刷洗、立架挂线、配拌运砂浆和混凝土、砌筑、浇灌混凝土、抹填平缝、养护。*

单位：100 m^3

电算编号		项目名称	单位	基础	护底	平面护坡	曲面护坡	闸桥墩墙	直线型挡土墙	曲线型挡土墙
人工	010011	工长	工时	17.71	24.27	23.69	25.88	31.05	25.76	29.33
	010012	高级工	工时	44.39	60.61	59.11	64.63	77.51	64.52	73.14
	010013	中级工	工时	355.24	484.73	472.77	517.27	620.43	516.12	585.47
	010014	初级工	工时	470.70	642.16	626.29	685.40	822.14	683.79	775.68
	010010	合计	工时	888.04	1211.77	1181.86	1293.18	1551.13	1290.19	1463.62
材料	010080	块石	t	182.52	179.71	179.71	179.71	171.29	171.29	171.29
		混凝土	m^3	36.05	35.73	35.73	35.73	24.91	24.91	24.91
		砂浆（砌筑）	m^3					14.40	14.44	14.44
	010631	砂浆 M30（抹缝）	m^3		1.35	1.35	1.35	0.90	0.86	0.86
	090010	水	m^3	16.87	30.00	32.92	32.92	22.25	13.43	13.43
	200010	其他材料费	%	0.50	0.50	0.50	0.50	0.50	0.50	0.50
机械	130020	混凝土搅拌机出料容积 0.4 m^3	台时	4.64	4.59	4.59	4.59	3.20	3.20	3.20
	120180	灰浆搅拌机拌筒容积 0.4 m^3	台时		0.37	0.37	0.37	4.45	4.45	4.45
	140360	机动翻斗车 额定载质量 1 t	台时	44.18	47.14	43.99	43.99	47.00	43.75	43.75
	140350	胶轮车	台时	68.09	72.03	69.71	69.71	76.57	73.84	73.84
定额编号				2-25	2-26	2-27	2-28	2-29	2-30	2-31

注： *基础砌石厚度按 0.6 m 以上，护底 0.3～0.5 m、护坡 0.3～0.4 m，闸桥墩墙及挡土墙定额按厚度大于 0.6 m，高度 10 m 以内制定。*

2.6 浆砌块石砌筑

工作内容： 原砌体面清理、材料运输、选修面石、角石、刷洗，立架挂线，配拌运砂浆、砌筑、抹填平缝，养护。

单位：100 m³

电算编号		项目名称	单位	基础	护底	平面护坡	曲面护坡	闸桥墩墙 B<60cm	直线型挡土墙	曲线型挡土墙	明渠	防浪墙	格埂台阶	排水沟
人工	010011	工长	工时	19.93	27.27	26.57	29.02	34.96	29.02	32.86	32.93	37.61	31.05	31.97
	010012	高级工	工时	79.65	108.99	106.19	115.98	139.73	115.98	131.35	131.83	150.65	124.20	128.00
	010013	中级工	工时	398.15	544.84	530.87	579.76	698.51	579.76	656.60	659.41	753.25	621.00	640.21
	010014	初级工	工时	497.59	680.92	663.46	724.57	872.97	724.57	820.59	824.29	941.51	776.37	800.29
	010010	合计	工时	995.32	1362.02	1327.09	1449.33	1746.17	1449.33	1641.40	1648.46	1883.02	1552.62	1600.47
材料	010080	块石	t	186.29	182.81	182.81	182.81	174.10	174.10	174.10	176.90	174.10	176.90	176.90
		砂浆（砌筑）	m³	34.47	34.10	34.10	34.10	37.47	37.47	37.47	36.31	36.59	37.03	36.31
	010631	砂浆 M30（抹缝）	m³		2.60	2.60	2.60	1.73	1.66	1.66	1.80	2.65	1.08	1.80
	090010	水	m³	27.89	49.55	54.32	54.32	36.70	22.02	22.02	36.83	46.11	36.83	36.83
	200010	其他材料费	%	0.50	0.50	0.50	0.50	0.50	0.50	0.50	0.50	0.50	0.50	0.50
机械	120180	灰浆搅拌机 拌筒容积 0.4 m³	台时	6.93	7.38	7.38	7.38	11.36	11.36	11.36	11.03	11.36	11.03	11.03
	140360	机动翻斗车 额定载质量 1 t	台时	45.45	48.35	45.45	45.45	48.35	44.97	44.97	45.70	45.42	45.66	45.70
	140350	胶轮车	台时	61.54	65.00	62.93	62.93	69.15	66.38	66.38	66.65	68.51	66.74	66.65
定额编号				2-32	2-33	2-34	2-35	2-36	2-37	2-38	2-39	2-40	2-41	2-42

2.7 浆砌砖

工作内容：材料运输、选材、砖块窨潮，拱架模板制作、安装、拆除，配拌运砂浆和混凝土砌筑，抹填平缝、养护。

单位：100 m³

电算编号		项目名称	单位	砖基础	砖墩墙	砖拱圈	台阶	沟渠		压顶		混凝土砌块墙
								一砖	半砖	一砖	半砖	
人工	010011	工长	工时	14.84	19.67	33.81	17.66	17.81	17.66	16.18	16.47	22.26
	010012	高级工	工时	59.46	78.78	135.36	70.76	71.35	70.76	64.81	66.00	89.19
	010013	中级工	工时	297.51	393.76	676.66	354.04	357.01	354.04	324.29	330.24	446.27
	010014	初级工	工时	372.03	492.32	845.83	442.72	446.44	442.72	405.51	412.95	558.05
	010010	合计	工时	743.84	984.5	1691.7	885.18	892.61	885.18	810.79	825.66	1115.77
材料		砂浆（砌筑）	m³	26.40	26.40	26.40	26.40	23.24	21.53	23.10	19.38	8.00
	010090	标准砖	千块	52.36	52.36	52.36	52.36	54.15	55.64	54.54	56.91	
	010766	混凝土砖（砌块）	m³									99.36
	020040	板枋材 三等、木垫板	m³			3.18						
	020020	原木 二、三等	m³			1.70						
	030171	铁钉 综合	kg			19.40						
	030173	马钉、卡钉、道钉 250 mm×350	kg			18.20						
	030180	铁件、预埋铁件	kg			97.97						
	090010	水	m³	11.49	31.59	30.54	11.49	11.88	12.21	11.97	12.49	11.49
	200010	其他材料费	%	0.50	0.50	0.50	0.50	0.50	0.50	0.50	0.50	0.50
机械	130020	混凝土搅拌机 出料容积 0.4 m³	台时									
	120180	灰浆搅拌机 拌筒容积 0.4 m³	台时	7.65	7.65	7.65	7.65	6.74	6.24	6.69	5.62	2.22
	140360	机动翻斗车 额定载质量 1 t	台时	26.70	26.70	27.86	26.70	27.61	28.37	27.81	29.02	26.70
	140350	胶轮车	台时	39.26	39.26	39.26	39.26	34.57	32.02	34.35	28.82	11.38
定额编号				2-43	2-44	2-45	2-46	2-47	2-48	2-49	2-50	2-51

注：1. 拱圈跨度按 5.0 m 内制定，定额不包括拱架的支撑排架。
2. 砌砖定额不包括粉面工料。

2.8 铺设自锁块

工作内容： 原砌体面清理、修整，找平、砌筑。

单位：100 m^3

电算编号		项目名称	单位	护坡	
				平面	曲面
人工	010011	工长	工时	10.35	11.85
	010012	高级工	工时		
	010013	中级工	工时	155.83	177.56
	010014	初级工	工时	353.17	402.50
	010010	合计	工时	519.35	591.91
材料	010765	混凝土自锁块	m^3	[102.00]	[102.00]
	200010	其他材料费	%	0.50	0.50
定额编号				2-52	2-53

2.9 砌体粉面、勾缝

工作内容： 粉面：材料运输、清理、拌运砂浆、基面冲洗、抹灰、罩面、压光、养护。
勾缝：材料运输、拌运砂浆、剔缝、清理、冲洗、勾缝、养护。

单位：100 m^2

电算编号		项目名称	单位	砌体砂浆粉面（厚 2 cm）			每增减 1 cm 厚			块石砌体勾缝		砖砌体勾缝
				平面	立面	拱面	平面	立面	拱面	勾平阴缝	勾凸缝	
人工	010011	工长	工时	1.50	2.07	3.80				0.81	2.87	2.84
	010012	高级工	工时									
	010013	中级工	工时	33.35	47.61	88.44	11.10	15.41	27.74	15.18	53.74	53.13
	010014	初级工	工时	40.83	56.47	99.59	18.40	18.40	65.14	21.97	77.77	76.90
	010010	合计	工时	75.68	106.15	191.83	29.50	33.81	92.88	37.96	134.38	132.87
材料		砂浆	m^3	2.10	2.30	2.50	1.00	1.00	1.00	0.37	0.48	1.30
	200010	其他材料费	%	8.00	8.00	8.00				4.00	4.00	4.00
机械	120180	灰浆搅拌机 拌筒容积 0.4 m^3	台时	0.39	0.42	0.46	0.20	0.20	0.20	0.07	0.09	0.25
	140360	机动翻斗车 额定载质量 1 t	台时	0.95	1.00	1.12	0.47	0.47	0.47	0.18	0.23	0.63
定额编号				2-54	2-55	2-56	2-57	2-58	2-59	2-60	2-61	2-62

注： 斜面角度大于 30°时，按立面计算。

2.10 砌石工程养护

2.10.1 护坡、墩墙养护

养护内容： 1. 护坡表面保洁、清杂、局部勾缝、修补，凹陷整平。

2. 浆砌石挡浪墙、挡土墙、岸翼墙、溢洪道及闸墩等的清理、勾缝、局部修理和伸缩缝局部处理等。

单位：100 m^2

电算编号		项目名称	单位	干砌石护坡	浆砌石护坡	砌石墩墙
人工	010011	工长	工时	0.28	0.08	0.06
	010012	高级工	工时	0.55	0.21	0.15
	010013	中级工	工时	2.21	1.69	1.17
	010014	初级工	工时	2.49	2.24	1.55
	010010	合计	工时	5.53	4.22	2.93
材料	010080	块石	t	0.05	0.02	
	010060	碎石	t	0.03	0.02	
	010030	水泥 42.5 级	t		0.01	0.01
	010050	黄砂	t		0.03	0.03
	090010	水	m^3		0.01	0.01
	090350	草袋	只		1.00	1.00
	091210	凿子	只		0.20	0.20
	050030	沥青	kg			0.20
	050050	沥青油毡	m^2			0.25
	050051	油毡	m^2		0.10	
	091240	扫帚	把	0.05	0.05	
	091190	铁锹	把	0.01	0.01	
	091250	簸箕	只	0.05	0.05	
	091220	手套	副	0.20	0.20	
	091230	毛巾	条	0.10	0.10	
	200010	其他材料费	%	5.00	5.00	5.00
机械	140350	胶轮车	台时	0.75	0.75	0.75
其他	200030	其他费用	%	5.00	5.00	5.00
定额编号				2-63	2-64	2-65

注： 按养护面积计算，有消浪结构的护坡定额乘以系数 1.2。

2.10.2 堆石养护

养护内容： 防汛积石、丁坝、顺坝等堆石结构整理、清杂。

单位：100 m³

电算编号		项目名称	单位	堆石工程	
				防汛积石	控导工程
人工	010011	工长	工时	0.08	0.16
	010012	高级工	工时	0.16	0.33
	010013	中级工	工时	0.62	1.24
	010014	初级工	工时	0.76	1.53
	010010	合计	工时	1.62	3.26
其他	200030	其他费用	%	10.00	10.00
定额编号				2-66	2-67

注： 按所养护堆石结构的总体积计算。

2.10.3 排水沟、电缆沟养护

养护内容： 1. 排水沟：杂物清理、排水沟及其盖板局部损坏修补；

2. 电缆沟：杂物清理、排水疏通，电缆沟及其盖板、支架局部损坏修补。

单位：100 m

电算编号		项目名称	单位	砖砌排水沟	砌石排水沟	砖砌电缆沟
人工	010011	工长	工时	0.23	0.20	0.26
	010012	高级工	工时	0.59	0.78	0.65
	010013	中级工	工时	4.68	3.90	5.20
	010014	初级工	工时	6.20	4.88	6.89
	010010	合计	工时	11.7	9.76	13
材料	010060	碎石	t	0.02	0.02	0.02
	010030	水泥 42.5 级	t	0.04	0.04	0.04
	010050	黄砂	t	0.12	0.12	0.12
	010090	标准砖	千块	0.05		0.05
	090010	水	m³	0.06	0.06	0.06
	030180	铁件、预埋铁件	kg			2.00
	030010	钢筋	kg			2.00
	091210	凿子	只		0.20	
	200010	其他材料费	%	5.00	5.00	5.00
机械	140350	胶轮车	台时	0.75	0.75	0.75
其他	200030	其他费用	%	5.00	5.00	5.00
定额编号				2-68	2-69	2-70

注： 按断面净尺寸 50 cm×60 cm 制定，超过时定额按断面积比扩大；排水明沟乘以系数 0.8。

2.11 反滤设施养护

养护内容：反滤设施整理、清杂。

单位：100 m^3

电算编号		项目名称	单位	反滤设施养护
人工	010011	工长	工时	0.16
	010012	高级工	工时	
	010013	中级工	工时	0.65
	010014	初级工	工时	2.44
	010010	合计	工时	3.25
材料	010060	碎石	t	0.20
	090080	土工布	m^2	1.00
机械	140350	胶轮车	台时	1.00
其他	200030	其他费用	%	10.00
定额编号				2-71

3 混凝土工程

说　明

一、本章包括混凝土凿毛，混凝土拆除，混凝土面砂浆修复，环氧厚浆喷涂混凝土表面，环氧砂浆修补混凝土表面，丙乳砂浆修补混凝土，混凝土表面喷浆，闸门槽二期混凝土，混凝土护坡修补，混凝土护底修补，混凝土水下补缺，U 型槽，预制混凝土平板、栏杆制作，预制混凝土构件安装，预制混凝土管制作，混凝土及钢筋混凝土涵管铺设，模袋混凝土，透水混凝土，人工拌制混凝土，搅拌机拌制混凝土，人工运混凝土，胶轮车运混凝土，机动翻斗车运混凝土，环氧树脂贴橡皮，止水，钢筋制作安装，人工装、胶轮车运石渣及混凝土渣，人工装、机动翻斗车运石渣及混凝土渣和混凝土工程养护 29 节。

二、主要工作内容：

1. 混凝土拌制包括材料场内运输、配料、加外加剂、搅拌、出料、清洗及辅助工作。

2. 混凝土运输包括装料、运输、卸料、空回、冲洗、清理及辅助工作。

3. 现浇混凝土定额一般包括冲（凿）毛、冲洗、清理、铺水泥砂浆、平仓浇筑、振捣、养护、工作面运输及辅助工作。不包括模板制作、安装、拆除，混凝土拌制，水平和垂直运输。

4. 预制混凝土包括预制场冲洗、清理，模板制作、安装、拆除、修整，配料、拌制、运输、浇筑、养护，材料及成品场内运输、堆放及辅助工作。

三、混凝土拌制、运输量按半成品方计，现浇混凝土和预制构件工程量按成品方计。

四、定额材料栏中的混凝土、砂浆量为完成单位产品所需要的半成品量，已包括凿毛、干缩、施工损耗、运输损耗及接缝砂浆等。半成品的单价根据混凝土、砂浆的设计要求，按附录 B 中配合比计算。

定额材料栏中的水为仓面冲洗及混凝土养护用水。

五、本章定额按现场拌制混凝土制定。使用预拌混凝土，按所在地建设部门发布的指导价格调整计算。

六、混凝土中掺加防裂纤维，材料费用按设计计列，定额中人工、机械不作调整。

七、止水紫铜片按厚 1.2 mm，密度 8.9 g/cm^3，损耗率为 5%制定。

八、钢筋工程量按设计计算，其断头、搭接及施工操作损耗已包含在定额内。施工架立筋另行计列。

3.1 混凝土凿毛

工作内容：取送钎、打麻面、换钎、凿毛深度 3 cm 以内。

单位：100 m²

电算编号		项目	单位	水平面（俯）				水平面（仰）				垂直面				门槽
				有筋		无筋		有筋		无筋		有筋		无筋		
				人工	风镐	人工	风镐	人工	风镐	人工	风镐	人工	风镐	人工	风镐	
人工	010011	工长	工时													
	010012	高级工	工时													
	010013	中级工	工时													
	010014	初级工	工时	254.15	157.95	195.00	120.90	352.95	204.75	300.95	174.85	320.45	195.00	273.65	166.40	492.05
	010010	合计	工时	254.15	157.95	195.00	120.90	352.95	204.75	300.95	174.85	320.45	195.00	273.65	166.40	492.05
机械	110520	手持式风镐（铲）	台时		57.00		35.50		79.00		48.00		75.00		46.00	37.50
其他	200030	其他费用	%	4.93	5.31	6.43	7.39	3.80	4.00	4.45	5.21	3.91	4.20	4.58	5.47	2.31
定额编号				3-1	3-2	3-3	3-4	3-5	3-6	3-7	3-8	3-9	3-10	3-11	3-12	3-13

3.2 混凝土拆除

3.2.1 人工及风镐拆除

工作内容：凿除、清渣、就近堆放、冲洗。

单位：100 m^3

电算编号		项目	单位	人工拆除		风镐拆除	
				无筋	有筋	无筋	有筋
人工	010011	工长	工时			25.30	32.90
	010012	高级工	工时				
	010013	中级工	工时				
	010014	初级工	工时	4002.00	6127.20	1426.60	1854.50
	010010	合计	工时	4002.00	6127.20	1451.90	1887.40
材料	070020	合金钻头	个			23.81	30.95
	070011	空心钢钎	kg			43.61	56.69
	090010	水	m^3			24.76	32.19
	200010	其他材料费	%	5.00	5.00	2.00	2.00
机械	110500	手持式风钻	台时			143.06	185.98
	110520	手持式风镐（铲）	台时			35.76	46.49
	200020	其他机械费	%			2.00	2.00
定额编号				3-14	3-15	3-16	3-17

3.2.2 液压风镐拆除

工作内容：破碎、撬移、解小、翻渣、清面。

单位：100 m^3

电算编号		项目	单位	液压风镐拆除	
				无筋	有筋
人工	010011	工长	工时		
	010012	高级工	工时		
	010013	中级工	工时		
	010014	初级工	工时	13.80	17.94
	010010	合计	工时	13.80	17.94
机械	110060	单斗挖掘机 液压 斗容 1 m^3	台时	34.35	44.66
其他	200030	其他费用	%	5.00	5.00
定额编号				3-18	3-19

3.3　混凝土面砂浆修复

工作内容：混凝土面清理、凿毛、清仓、清洗；砂浆拌和、抹面、收浆养护。

单位：100 m²

电算编号		项目	单位	平面		立面	
				基本厚度 2 cm	每增厚 1 cm	基本厚度 2 cm	每增厚 1 cm
人工	010011	工长	工时	3.60		5.20	
	010012	高级工	工时	25.00		35.80	
	010013	中级工	工时	21.30	14.00	30.70	20.50
	010014	初级工	工时	209.60	15.70	294.90	22.60
	010010	合计	工时	259.50	29.70	366.60	43.10
材料		砂浆	m³	2.10	1.05	2.18	1.09
	090010	水	m³	1.00		1.00	
	200010	其他材料费	%	5.00		5.00	
机械	140350	胶轮车	台时	4.61	0.86	4.63	1.02
定额编号				3-20	3-21	3-22	3-23

注：洞内作业，人工乘以系数 1.2。

3.4　环氧厚浆喷涂混凝土表面

工作内容：1. 混凝土表面人工处理：清理混凝土表面杂物，用钢丝刷清理表面污迹，用水冲洗干净、晾干。2. 环氧厚浆喷涂：清理表面浮尘，准备机具、配料、涂（喷）装、机具清洗。

单位：100 m²

电算编号		项目	单位	混凝土表面人工清理	环氧厚浆喷涂	
					人工涂装	机械喷涂
人工	010011	工长	工时		2.34	0.90
	010012	高级工	工时		13.26	5.08
	010013	中级工	工时		46.80	17.94
	010014	初级工	工时	195.00	93.60	35.88
	010010	合计	工时	195.00	156.00	59.80
材料	060230	环氧厚浆	kg		70.00	60.00
机械	170011	电动移动式空压机 0.9 m³/min	台时			15.50
	180770	高压无气喷漆机	台时			15.50
其他	200030	其他费用	%	15.00	3.00	4.30
定额编号				3-24	3-25	3-26

注：1. 人工涂装仰面，定额扩大 10%。

2. 人工涂装一次连续作业面积 50 m²以下，定额中人工乘以系数 1.1，机械喷涂一次连续作业面积 100 m²以下，定额中人工乘以系数 1.1、机械乘以系数 1.2。

3. 涂层厚度按 250 μm 计。

3.5 环氧砂浆修补混凝土表面

工作内容：修补面凿毛加糙，清洗，环氧砂浆配料，混凝土表面修补及养护。

单位：10 m³

电算编号		项目	单位	环氧砂浆修补混凝土表面	
				平面	立面
人工	010011	工长	工时	26.60	35.64
	010012	高级工	工时	150.72	201.97
	010013	中级工	工时	531.96	712.83
	010014	初级工	工时	1063.92	1425.65
	010010	合计	工时	1773.20	2376.09
材料	080840	环氧树脂	kg	4074.90	4074.90
	060270	丙酮	kg	1874.50	1874.50
	060241	乙二胺	kg	448.30	448.30
	060280	二丁酯	kg	448.30	448.30
	010030	水泥 42.5 级	t	4.10	4.10
	010050	黄砂	t	12.30	12.30
	200010	其他材料费	%	0.40	0.40
定额编号				3-27	3-28

3.6 丙乳砂浆修补混凝土

工作内容：待处理面凿毛、人工清理、打磨、清洗、胶泥砂浆拌和、丙乳水泥浆打底、丙乳砂浆抹面、丙乳水泥浆收光。

单位：100 m²

电算编号		项目	单位	有防渗要求	
				平面	立面
人工	010011	工长	工时	3.60	5.20
	010012	高级工	工时	25.00	35.80
	010013	中级工	工时	97.20	125.20
	010014	初级工	工时	191.10	257.80
	010010	合计	工时	316.90	424.00
材料	060260	丙烯酸酯共聚乳液	kg	324.40	324.40
	010030	水泥 42.5 级	t	1.20	1.20
	010050	黄砂	t	1.14	1.14
	060270	丙酮	kg	5.45	5.45
	090010	水	m³	0.47	0.47
	200010	其他材料费	%	7.00	7.00
机械	140350	胶轮车	台时	4.41	4.41
定额编号				3-29	3-30

注：修补厚度按 3 cm 考虑，如与实际不合，材料耗量允许换算。

3.7 混凝土面喷浆

工作内容： 凿毛、冲洗、配料、喷浆、修饰、养护。

单位：100 m²

电算编号		项目	单位	有钢筋					无钢筋				
				厚度 (cm)									
				1	2	3	4	5	1	2	3	4	5
人工	010011	工长	工时	5.75	5.75	6.90	6.90	6.90	4.60	5.75	5.75	6.90	6.90
	010012	高级工	工时	8.05	9.20	9.20	10.35	10.35	8.05	8.05	9.20	9.20	10.35
	010013	中级工	工时	42.55	46.00	48.30	51.75	55.20	39.10	42.55	44.85	48.30	50.60
	010014	初级工	工时	85.10	90.85	96.60	102.35	109.25	78.20	83.95	89.70	95.45	101.20
	010010	合计	工时	141.45	151.80	161.00	171.35	181.70	129.95	140.30	149.50	159.85	169.05
材料	010020	水泥 P.C32.5 级	t	0.73	1.45	2.18	2.91	3.64	0.73	1.45	2.18	2.91	3.64
	010050	黄砂	t	1.64	3.27	4.91	6.54	8.18	1.64	3.27	4.91	6.54	8.18
	090010	水	m³	3.00	3.00	4.00	4.00	5.00	3.00	3.00	4.00	4.00	5.00
	090500	防水粉	kg	37.00	73.00	109.00	146.00	182.00	37.00	73.00	109.00	146.00	182.00
	200010	其他材料费	%	10.00	5.00	4.00	3.00	2.00	10.00	5.00	4.00	3.00	2.00
机械	130100	喷浆机 75 L	台时	6.70	8.14	9.48	10.92	12.36	5.97	7.31	8.65	9.99	11.23
	130150	风（砂）水枪耗风量 6 m³/min	台时	6.08	6.08	6.08	6.08	6.08	4.22	4.22	4.22	4.22	4.22
	110520	手持式风镐（铲）	台时	25.75	25.75	25.75	25.75	25.75	25.75	25.75	25.75	25.75	25.75
	200020	其他机械费	%	1.00	1.00	1.00	1.00	1.00	1.00	1.00	1.00	1.00	1.00
定额编号				3-31	3-32	3-33	3-34	3-35	3-36	3-37	3-38	3-39	3-40

注： 如不用防水粉，则不计其消耗费。

3.8　闸门槽二期混凝土

工作内容： 凿毛、冲洗、配料、拌和、浇筑、养护。

单位：100 m^3

电算编号		项目	单位	闸门槽二期混凝土
人工	010011	工长	工时	81.08
	010012	高级工	工时	270.37
	010013	中级工	工时	1540.77
	010014	初级工	工时	810.98
	010010	合计	工时	2703.20
材料		混凝土	m^3	103.00
	090010	水	m^3	140.00
	200010	其他材料费	%	1.00
机械	130110	插入式振捣器功率 1.1 kW	台时	93.36
	130150	风（砂）水枪耗风量 6 m^3/min	台时	16.48
	200020	其他机械费	%	11.00
其他		混凝土拌制	m^3	103.00
		混凝土运输	m^3	103.00
定额编号				3-41

3.9　混凝土护坡修补

工作内容： 整修基面夯实，现浇混凝土护坡包括混凝土的配料、拌和、浇筑、养护。预制混凝土护坡包括预制块的模板制作、安装、拆除、修理，混凝土及砂浆拌和、浇筑、养护，预制块及材料场内运输、堆放，预制块的砌筑、勾缝。

单位：10 m^3

电算编号		项目	单位	现浇混凝土	预制混凝土	
					预制	砌筑
人工	010011	工长	工时	6.11	7.36	5.11
	010012	高级工	工时	10.69	12.89	8.95
	010013	中级工	工时	70.27	84.68	58.81
	010014	初级工	工时	65.68	79.15	54.98
	010010	合计	工时	152.75	184.08	127.85
材料		混凝土	m^3	10.80	10.71	0.76
	030210	组合钢模板	kg	10.21		
	030230	钢模支撑	kg	4.31		
		混凝土预制块	m^3			[9.69]
		砂浆	m^3			0.22
	030211	定型钢模板	kg		9.65	
	030180	铁件、预埋铁件	kg		1.87	
	090010	水	m^3	12.60	9.45	
	200010	其他材料费	%	1.00		

续表

电算编号		项目	单位	现浇混凝土	预制混凝土	
					预制	砌筑
机械	130020	混凝土搅拌机 出料容积 0.4 m^3	台时	1.25	21.60	0.10
	130130	插入式振捣器 功率 2.2 kW	台时	4.05		
	140360	机动翻斗车 额定载质量 1 t	台时	10.15	1.00	0.75
	140350	胶轮车	台时	6.40	12.55	24.40
	130140	平板式振捣器 功率 2.2 kW	台时		4.05	
其他	200030	其他费用	%	0.79	0.79	
定额编号				3-42	3-43	3-44

注：预制混凝土砌筑定额中已包括预制块运输（运距 300 m）。实际运距不同时，每增（减）50 m，增（减）初级工 1.95 工时，胶轮车 1.50 台时。

3.10 混凝土护底修补

工作内容：基面整修、夯实，模板及支撑的制作、安装拆除、修整及配合浇筑，混凝土的配料、拌制、浇捣、养护。

单位：10 m^3

电算编号		项目	单位	护底
人工	010011	工长	工时	3.78
	010012	高级工	工时	6.61
	010013	中级工	工时	43.41
	010014	初级工	工时	40.58
	010010	合计	工时	94.38
材料		混凝土	m^3	10.80
	020020	原木二、三等	m^3	0.01
	030210	组合钢模板	kg	0.72
	030230	钢模支撑	kg	0.73
	030220	零星卡具	kg	0.28
	030290	扣件	只	0.41
	030173	马钉、卡钉、道钉	kg	0.02
	030171	铁钉综合	kg	0.03
	090010	水	m^3	9.45
	200010	其他材料费	%	1.20
机械	130020	混凝土搅拌机 出料容积 0.4 m^3	台时	1.25
	130130	插入式振捣器 功率 2.2 kW	台时	2.50
	140360	机动翻斗车 额定载质量 1 t	台时	12.85
	140350	胶轮车	台时	2.15
其他	200030	其他费用	%	0.79
定额编号				3-45

3.11 混凝土水下补缺

工作内容： 基面处理、混凝土浇筑、材料运输、场地清理等。

单位：10 m³

电算编号		项目	单位	混凝土水下补缺
人工	010011	工长	工时	8.24
	010012	高级工	工时	14.42
	010013	中级工	工时	94.75
	010014	初级工	工时	88.57
	010010	合计	工时	205.98
材料		混凝土	m³	11.11
	030050	镀锌钢管综合	kg	1.29
	200010	其他材料费	%	0.50
机械	180860	潜水组	台时	52.80
	200020	其他机械费	%	3.00
定额编号				3-46

3.12 U 型槽

工作内容： 槽基清理、槽座修整，砂浆拌制，砂浆垫层铺设，槽体现场搬运，就位安装，槽背回填，砂浆嵌缝、抹平，槽沿压顶等。

单位：100 节

电算编号		项目	单位	U 型槽制成品规格（每节长 50 cm）						
				U30	U40	U50	U60	U80	U100	U120
人工	010011	工长	工时	2.70	3.40	4.10	4.70	5.30	6.30	7.60
	010012	高级工	工时	20.80	26.10	31.30	35.80	40.40	48.00	58.20
	010013	中级工	工时	21.40	26.90	32.20	36.90	41.50	49.30	59.90
	010014	初级工	工时	37.00	44.80	52.40	60.40	71.10	84.50	102.60
	010010	合计	工时	81.90	101.20	120.00	137.80	158.30	188.10	228.30
材料		U 型槽	节	[102.00]	[102.00]	[102.00]	[102.00]	[102.00]	[102.00]	[102.00]
		砂浆	m³	0.49	0.80	0.98	1.18	2.53	3.94	4.70
	010050	黄砂	t	3.78	4.40	4.98	5.81	7.20	8.97	10.61
	090010	水	m³	1.39	1.61	1.83	2.13	2.64	3.29	3.89
	200010	其他材料费	%	1.00	1.00	1.00	1.00	1.00	1.00	1.00
定额编号				3-47	3-48	3-49	3-50	3-51	3-52	3-53

3.13 预制混凝土平板、栏杆制作

工作内容： 1. 钢、木模制作、拼装、安装、拆除、修理。
2. 混凝土配料、拌和、浇筑、养护。
3. 材料及成品件场内运输、堆放。

单位：100 m³

电算编号		项目	单位	平板	扶手栏杆
人工	010011	工长	工时	136.85	249.55
	010012	高级工	工时	443.90	811.90
	010013	中级工	工时	1708.90	3121.10
	010014	初级工	工时	1127.00	2058.50
	010010	合计	工时	3416.65	6241.05
材料		混凝土	m³	102.00	102.00
	020040	板枋材三等、木垫板	m³	1.01	5.61
	030210	组合钢模板	kg	224.11	
	030180	铁件、预埋铁件	kg	44.29	
	030171	铁钉 综合	kg	3.35	27.80
	090010	水	m³	274.00	140.00
	200010	其他材料费	%	2.50	2.30
机械	130020	混凝土搅拌机出料容积 0.4 m³	台时	12.05	18.54
	130140	平板式振捣器功率 2.2 kW	台时	44.50	
	140360	机动翻斗车 额定载质量 1 t	台时	50.35	50.35
	140350	胶轮车	台时	59.41	61.96
定额编号				3-54	3-55

3.14 预制混凝土构件安装

工作内容： 预制构件场内运输、吊装、校正，焊接固定，混凝土、砂浆拌制，生熟料运输，填缝灌浆等。

单位：100 m^3

电算编号		项目	单位	沟盖板系船（钩）块等小型构件	栏杆、花板、扶手
人工	010011	工长	工时	85.10	98.90
	010012	高级工	工时	382.95	446.20
	010013	中级工	工时	1147.70	1337.45
	010014	初级工	工时	509.45	594.55
	010010	合计	工时	2125.20	2477.10
材料		混凝土预制构件	m^3	[101.50]	[101.50]
		砂浆	m^3	2.00	9.20
	020040	板枋材三等、木垫板	m^3	0.20	
	030250	钢垫板 综合	kg	〈264.00〉	
	030120	镀锌铁丝 8#	kg	6.00	
	040040	电焊条 ϕ4 mm	kg	〈153.00〉	
	200010	其他材料费	%	30.40	2.53
机械	180050	交流电焊机 25～30 kVA	台时	〈120.51〉	
	140360	机动翻斗车 额定载质量 1 t	台时		9.37
	140070	载重汽车 额定载质量 10 t 柴油型	台时	10.30	
	150240	汽车起重机 起重量 5 t 汽油型	台时	76.22	
	200020	其他机械费	%	0.33	20.00
定额编号				3-56	3-57

注： 沟盖板、系船（钩）块等小型构件，如有焊接要求时，增加〈 〉以内的材料、机械；地面沟盖板和其他构件安装扣去吊装机械台班。

3.15 预制混凝土管制作

工作内容： 1. 钢、木模制作、拼装、安装、拆除、修理。
2. 混凝土配料、拌和、浇筑、养护。
3. 材料及成品件场内运输堆放。

单位:100 m³

电算编号		项目	单位	混凝土管（内径：m）≤1.0
人工	010011	工长	工时	425.50
	010012	高级工	工时	1381.15
	010013	中级工	工时	5313.00
	010014	初级工	工时	3506.35
	010010	合计	工时	10626.00
材料		混凝土	m³	103.00
	020040	板枋材 三等、木垫板	m³	3.33
	030211	定型钢模板	kg	257.35
	030430	螺栓带帽	kg	20.71
	030180	铁件、预埋铁件	kg	149.82
	030171	铁钉 综合	kg	40.70
	090010	水	m³	150.00
	200010	其他材料费	%	2.90
机械	130020	混凝土搅拌机　出料容积 0.4 m³	台时	18.54
	140360	机动翻斗车　额定载质量 1 t	台时	50.84
	140350	胶轮车	台时	62.71
定额编号				3-58

3.16 混凝土及钢筋混凝土涵管铺设

工作内容： 管道场内运输、清理、铺设、拌运砂浆、接口（管径 50 cm 以上的加抹里口）、养护、管道试水。

单位：100 m 管道

电算编号		项目	单位	管径（cm）				
				20	40	60	80	100
人工	010011	工长	工时	3.45	6.90	13.00	18.17	25.88
	010012	高级工	工时	29.44	59.00	110.06	154.33	220.34
	010013	中级工	工时	30.36	60.72	113.28	158.82	226.90
	010014	初级工	工时	23.46	46.81	87.40	122.48	175.03
	010010	合计	工时	86.71	173.43	323.74	453.80	648.15
材料		混凝土管	m	[102.00]	[102.00]	[102.00]	[101.00]	[101.00]
		砂 浆	m³	0.31	0.63	1.13	1.69	2.40
	200010	其他材料费	%	3.60	3.30	2.90	2.70	2.40
机械	140350	胶轮车	台时	7.00	12.57	30.33	39.29	61.29
定额编号				3-59	3-60	3-61	3-62	3-63

3.17 模袋混凝土

工作内容：1. 陆上：清理平整，铺设模袋，混凝土拌和及充灌。

2. 水下：清理平整，潜水员配合控制、铺设模袋，混凝土拌和及充灌。

单位：100 m³

电算编号		项目	单位	陆上			水深 10 m 以内		
				混凝土厚度（cm）			混凝土厚度（cm）		
				15	20	30	20	30	40
人工	010011	工长	工时	38.99	32.09	25.42	40.25	37.15	34.04
	010012	高级工	工时	90.85	74.98	59.34	93.84	86.60	79.35
	010013	中级工	工时	649.18	535.44	423.89	669.99	618.47	566.95
	010014	初级工	工时	519.34	428.38	339.14	536.02	494.73	453.56
	010010	合计	工时	1298.36	1070.89	847.79	1340.10	1236.95	1133.90
材料		混凝土	m³	103.00	103.00	103.00	104.00	104.00	104.00
	090110	混凝土模袋	m²	1444.00	1082.00	721.00	1103.00	735.00	546.00
	200010	其他材料费	%	1.00	1.00	1.00	2.00	2.00	2.00
机械	130020	混凝土搅拌机出料容积 0.4 m³	台时	23.83	23.83	23.83	24.06	24.06	24.06
	130230	混凝土输送泵输送量 30 m³/h	台时	13.71	13.16	12.80	14.40	14.02	13.82
	140350	胶轮车	台时	109.89	109.89	109.89	109.89	109.89	109.89
	200020	其他机械费	%	1.00	1.00	1.00	8.00	8.00	8.00
定额编号				3-64	3-65	3-66	3-67	3-68	3-69

3.18 透水混凝土

工作内容：混凝土配料、拌和、运输、摊铺。

单位：100 m³

电算编号		项目	单位	透水混凝土
人工	010011	工长	工时	65.09
	010012	高级工	工时	309.01
	010013	中级工	工时	357.77
	010014	初级工	工时	894.59
	010010	合计	工时	1626.46
材料		混凝土	m³	103.00
	200010	其他材料费	%	0.50
机械	130010	混凝土搅拌机出料容积 0.25 m³	台时	35.33
	140343	沥青混凝土摊铺机 TX150	台时	34.81
	140360	机动翻斗车 额定载质量 1 t	台时	39.35
	150570	卷扬机 起重量 5 t 单筒慢速	台时	27.55
	130140	平板式振捣器 功率 2.2 kW	台时	34.81
	200020	其他机械费	%	0.50
定额编号				3-70

3.19 人工拌制混凝土

工作内容：场内配送水泥、骨料、加水、加外加剂、搅拌。

单位：100 m^3

电算编号		项目	单位	人工拌制混凝土
人工	010011	工长	工时	
	010012	高级工	工时	
	010013	中级工	工时	109.48
	010014	初级工	工时	802.47
	010010	合计	工时	911.95
其他	200030	其他费用	%	2.00
定额编号				3-71

3.20 搅拌机拌制混凝土

工作内容：场内配运水泥、骨料、投料、加水、加外加剂、搅拌、出料、清洗。

单位：100 m^3

电算编号		项目	单位	搅拌机拌制混凝土
人工	010011	工长	工时	
	010012	高级工	工时	
	010013	中级工	工时	140.88
	010014	初级工	工时	186.76
	010010	合计	工时	327.64
机械	130020	混凝土搅拌机出料容积 0.4 m^3	台时	18.54
	140350	胶轮车	台时	85.49
其他	200030	其他费用	%	2.00
定额编号				3-72

3.21 人工运混凝土

工作内容：装料、运输、卸料、清洗。

单位：100 m³

电算编号		项目	单位	运距(m)					增运 10 m
				≤10	20	30	40	50	
人工	010011	工长	工时						
	010012	高级工	工时						
	010013	中级工	工时						
	010014	初级工	工时	202.40	253.00	302.45	351.90	402.50	46.58
	010010	合计	工时	202.40	253.00	302.45	351.90	402.50	46.58
其他	200030	其他费用	%	4.00	4.00	4.00	4.00	4.00	4.00
定额编号				3-73	3-74	3-75	3-76	3-77	3-78

3.22 胶轮车运混凝土

工作内容：装料、运输、卸料、清洗。

单位：100 m³

电算编号		项目	单位	运距（m）			每增运 10 m
				≤10	50	100	
人工	010011	工长	工时				
	010012	高级工	工时				
	010013	中级工	工时				
	010014	初级工	工时	62.33	85.56	114.54	6.44
	010010	合计	工时	62.33	85.56	114.54	6.44
机械	140350	胶轮车	台时	42.02	57.68	77.25	4.38
其他	200030	其他费用	%	6.00	6.00	6.00	
定额编号				3-79	3-80	3-81	3-82

3.23　机动翻斗车运混凝土

工作内容：装料、运输、卸料、空回。

单位：100 m³

电算编号		项目	单位	运距（m）					增运 100 m
				≤100	200	300	400	500	
人工	010011	工长	工时						
	010012	高级工	工时						
	010013	中级工	工时	41.98	41.98	41.98	41.98	41.98	
	010014	初级工	工时	34.39	34.39	34.39	34.39	34.39	
	010010	合计	工时	76.37	76.37	76.37	76.37	76.37	
机械	140360	机动翻斗车　额定载质量 1 t	台时	19.93	23.28	26.42	29.30	32.14	2.73
其他	200030	其他费用	%	5.00	5.00	5.00	5.00	5.00	
定额编号				3-83	3-84	3-85	3-86	3-87	3-88

3.24　环氧树脂贴橡皮

工作内容：处理面人工凿毛或刷毛、清洗橡皮、配制环氧树脂、涂刷、粘贴、检查修补。

单位：10 m

电算编号		项目	单位	环氧树脂贴橡皮
人工	010011	工长	工时	0.90
	010012	高级工	工时	10.30
	010013	中级工	工时	14.60
	010014	初级工	工时	8.20
	010010	合计	工时	34.00
材料	080231	平板橡胶	m	10.20
	080840	环氧树脂	kg	12.90
	060240	无水乙二胺	kg	1.30
	060250	邻苯二甲酸二丁酯	kg	2.60
	200010	其他材料费	%	11.00
定额编号				3-89

3.25 止水

工作内容： 1. 紫铜片：退火、剪切、压制、安装、焊接、除灰浆、除锈、平整及材料场内运输。2. 塑料、橡胶止水带：下料、制作、安装、接头加工、除灰浆及材料场内运输。3. 沥青油毛毡卷：热熔沥青、制作安装沥青油毛毡卷及材料场内运输。4. 灌填沥青：现场热熔沥青、灌填沥青及材料场内运输。

电算编号		项目	单位	紫铜片（100 m）				塑料止水带（100 m）	橡胶止水带（100 m）	ϕ10 cm 沥青油毛毡卷（100 m）	灌填沥青（m³）
				宽度（cm）							
				20	30	40	每增宽 10 cm				
人工	010011	工长	工时	19.52	23.59	23.67		8.51	8.98	18.86	10.65
	010012	高级工	工时	78.09	94.35	94.67	0.08	59.69	36.00	75.44	42.61
	010013	中级工	工时	117.13	141.52	142.00	0.12	51.06	53.85	113.17	63.91
	010014	初级工	工时	175.61	212.28	213.00	0.17	51.06	80.78	169.75	95.80
	010010	合计	工时	390.35	471.74	473.34	0.37	170.32	179.61	377.22	212.97
材料	050010	紫铜片	kg	224.70	337.05	449.40	112.35				
	050020	塑料止水带	m					103.00			
	050080	橡胶止水带	m						110.00		
	050050	沥青油毡	m²							206.00	
	050030	沥青	kg							715.00	1212.00
	040090	氧气	m³	6.32	9.47	12.63	3.16				
	040100	乙炔气	m³	2.75	4.12	5.49	1.37				
	030202	铜丝	kg	5.54	8.32	11.09	2.77				
	060130	煤（烟煤）	kg							194.50	330.00
	060140	木柴	kg							16.20	27.50
	200010	其他材料费	%	0.50	0.35	0.25		1.00	0.45	3.42	3.57
机械	140350	胶轮车	台时	0.62	0.93	1.30	0.31		0.33	1.44	2.18
	180080	气焊设备 容量 0.8 m³	台时	65.51	71.26	76.94	5.69				
定额编号				3-90	3-91	3-92	3-93	3-94	3-95	3-96	3-97

注： 水下止水更换所需措施费另计。

3.26 钢筋制作安装

工作内容：回直、敲直、除锈、切断、弯制、绑扎、焊接及加工场地至施工场地的运输。

单位：10 t

电算编号		项目	单位	钢筋制作安装
人工	010011	工长	工时	106.49
	010012	高级工	工时	298.20
	010013	中级工	工时	372.83
	010014	初级工	工时	287.62
	010010	合计	工时	1065.14
材料	030010	钢筋	kg	10200.00
	040040	电焊条 ϕ4 mm	kg	31.10
	030125	镀锌铁丝 20#	kg	45.20
	200010	其他材料费	%	1.00
机械	150570	卷扬机 起重量 5 t 单筒慢速	台时	4.43
	180110	钢筋切断机 功率 7 kW	台时	6.03
	180100	钢筋弯曲机 ϕ6 mm～ϕ40 mm	台时	16.33
	180050	交流电焊机 25～30 kVA	台时	24.36
	180070	对焊机 电阻型 75 kVA	台时	17.25
	130150	风（砂）水枪 耗风量 6 m³/min	台时	23.28
	140350	胶轮车	台时	16.17
定额编号				3-98

3.27 人工装、胶轮车运石渣及混凝土渣

工作内容：撬移、解小、扒渣、清底、装渣、运渣、卸渣、空回、平场等。

单位：100 m³

电算编号		项目	单位	运距（m）				每增运 50 m
				≤50	100	150	200	
人工	010011	工长	工时					
	010012	高级工	工时					
	010013	中级工	工时					
	010014	初级工	工时	375.82	419.41	461.04	501.75	37.72
	010010	合计	工时	375.82	419.41	461.04	501.75	37.72
机械	140350	胶轮车	台时	92.04	131.02	168.3	202.7	33.78
其他	200030	其他费用	%	2.00	2.00	2.00	2.00	
定额编号				3-99	3-100	3-101	3-102	3-103

注：适用于露天运石渣，若洞内胶轮车运石渣，定额中人工、机械乘以系数 1.25，若洞内外连续，洞外运距按增运定额计列。

3.28 人工装、机动翻斗车运石渣及混凝土渣

工作内容： 撬移、解小、扒渣、清底、装渣、运渣、卸渣、空回、平场等。

单位：100 m³

电算编号		项目	单位	运距（m）					每增运
				≤100	200	300	400	500	100 m
人工	010011	工长	工时						
	010012	高级工	工时						
	010013	中级工	工时						
	010014	初级工	工时	240.93	240.93	240.93	240.93	240.93	
	010010	合计	工时	240.93	240.93	240.93	240.93	240.93	
机械	140360	机动翻斗车　额定载质量 1 t	台时	63.77	67.98	71.85	75.51	79.01	3.22
其他	200030	其他费用	%	2.00	2.00	2.00	2.00	2.00	
定额编号				3-104	3-105	3-106	3-107	3-108	3-109

3.29 混凝土工程养护

养护内容： 表面清理、局部损坏修补、局部防碳化处理及伸缩缝局部处理等。

单位：100 m²

电算编号		项目名称	单位	混凝土工程
人工	010011	工长	工时	0.03
	010012	高级工	工时	0.33
	010013	中级工	工时	0.26
	010014	初级工	工时	2.60
	010010	合计	工时	3.22
材料	010030	水泥 42.5 级	t	0.01
	010050	黄砂	t	0.03
	010060	碎石	t	0.02
	060230	环氧厚浆	kg	0.10
	090010	水	m³	0.01
	090350	草袋	只	2.00
	050050	沥青油毡	m²	0.10
	050030	沥青	kg	0.20
	091210	凿子	只	0.20
	200010	其他材料费	%	5.00
机械	140350	胶轮车	台时	1.00
其他	200030	其他费用	%	5.00
定额编号				3-110

注： 按养护面积计算。

养护内容： 1. 排水沟：杂物清理、排水沟及其盖板局部损坏修补；

2. 电缆沟：杂物清理、排水疏通，电缆沟及其盖板、支架局部损坏修补。

单位：100 m

电算编号		项目名称	单位	排水沟	电缆沟
人工	010011	工长	工时	0.16	0.20
	010012	高级工	工时		
	010013	中级工	工时	2.34	2.93
	010014	初级工	工时	5.30	6.63
	010010	合计	工时	7.80	9.76
材料	010060	碎石	t	0.03	0.03
	010030	水泥 42.5 级	t	0.03	0.03
	010050	黄砂	t	0.06	0.06
	090010	水	m^3	0.06	0.06
	030180	铁件、预埋铁件	kg		2.00
	030010	钢筋	kg		2.00
	091210	凿子	只	0.20	0.20
	200010	其他材料费	%	5.00	5.00
机械	140350	胶轮车	台时	0.75	0.75
其他	200030	其他费用	%	5.00	5.00
定额编号				3-111	3-112

注： 按断面净尺寸 50×60 cm 制定，超过时定额按断面积比扩大；排水明沟乘以系数 0.8。

4　其他工程

说　明

一、本章包括防渗工程、工程防护、植物防护、道路工程、房屋、保洁、其他工程 7 节。

二、土质划分：

1. 深层水泥搅拌桩防渗墙、高压摆喷灌浆地层分类见下表。

地层名称	特征	备注
黏土	塑性指数＞17，人工回填压实或天然的黏土层，包含黏土含石	包括≤50%含石量的地层
砂壤土	1＜塑性指数≤17，人工回填压实或天然的砂壤土层，包含土砂、壤土、砂土互层、壤土含石和砂土	包括≤50%含石量的地层
淤泥	包含天然孔隙比＞1.5 的淤泥和 1＜天然孔隙比≤1.5 的黏土和亚黏土	包括≤50%含石量的地层
粉细砂	d_{50}≤0.25 mm，塑性指数≤1，包含粉砂、粉细砂含石	包括≤50%含石量的地层
中粗砂	d_{50}＞0.25 mm，并且≤2 mm，包含中粗砂含石	包括≤50%含石量的地层
砾石	粒径 2 mm～20 mm 的颗粒占全重 50%的地层，包含砂砾石和砂砾	

2. 振动沉模防渗板墙地层土质分为 3 类：

Ⅰ类土：稍密以下的粉土、粉砂，流塑粉质黏土、壤土。

Ⅱ类土：中密粉土、粉砂，稍密以下的中、细砂，软塑粉质黏土、壤土，流塑黏土。

Ⅲ类土：密实的粉土、粉砂，中密的中、细砂，稍密以下的粗砂，软塑～可塑的粉质黏土、壤土、软塑黏土。

三、拆砌砖体标准砖的墙厚按下表计算。

墙厚	半砖	1 砖	$1\frac{1}{2}$砖	2 砖
计算厚度（mm）	115	240	365	490

4.1 防渗工程

4.1.1 深层水泥搅拌桩防渗墙

4.1.1.1 单头、双头、三头搅拌桩机

工作内容：机具就位、搅拌下沉、拌制水泥浆、提升搅拌机、喷浆、重复搅拌、移位。

单位：100 m²墙体面积

电算编号		项目名称	单位	单头搅拌桩机				双头搅拌桩机				三头搅拌桩机			
				地层			水泥掺量每增加1%	地层			水泥掺量每增加1%	地层			水泥掺量每增加1%
				砂壤土	粉细砂	中粗砂		砂壤土	粉细砂	中粗砂		砂壤土	粉细砂	中粗砂	
人工	010011	工长	工时	14.95	36.80	27.60		12.65	31.05	24.15		11.50	26.45	19.55	
	010012	高级工	工时	31.05	72.45	55.20		26.45	62.10	47.15		21.85	52.90	40.25	
	010013	中级工	工时	46.00	109.25	83.95		39.10	92.00	71.30		33.35	78.20	59.80	
	010014	初级工	工时	60.95	146.05	111.55		51.75	123.05	94.30		43.70	104.65	80.50	
	010010	合计	工时	152.95	364.55	278.30		129.95	308.20	236.90		110.40	262.20	200.10	
材料	010030	水泥 42.5 级	t	11.17	11.17	11.17	0.93	10.54	10.54	10.54	0.88	9.94	9.94	9.94	0.83
	020040	板枋材三等、木垫板	m³	0.05	0.05	0.05		0.04	0.04	0.04		0.04	0.04	0.04	
	090850	喷射管	m	0.90	0.90	0.90		0.78	0.78	0.78		0.67	0.67	0.67	
	090480	高压胶管	m	4.80	4.80	4.80		4.00	4.00	4.00		3.20	3.20	3.20	
	090481	普通胶管	m	4.80	4.80	4.80		4.00	4.00	4.00		3.20	3.20	3.20	
	090010	水	m³	16.75	16.75	16.75	1.40	15.81	15.81	15.81	1.32	14.92	14.92	14.92	1.24
	200010	其他材料费	%	5.00	5.00	5.00		5.00	5.00	5.00		5.00	5.00	5.00	

续表

电算编号		项目名称	单位	单头搅拌桩机				双头搅拌桩机				三头搅拌桩机			
				地层			水泥掺量每增加1%	地层			水泥掺量每增加1%	地层			水泥掺量每增加1%
				砂壤土	粉细砂	中粗砂		砂壤土	粉细砂	中粗砂		砂壤土	粉细砂	中粗砂	
机械	120310	深层搅拌桩机单轴	台时	19.65	46.58	35.65									
	120300	深层搅拌桩机双轴	台时					12.94	30.66	23.46					
	120320	多头搅拌桩机 BJS-15B	台时									9.91	23.48	17.97	
	120180	灰浆搅拌机拌筒容积 0.4 m^3	台时	19.65	46.58	35.65		12.94	30.66	23.46		9.91	23.48	17.97	
	120220	灰浆泵功率 4 kW	台时	19.65	46.58	35.65		12.94	30.66	23.46		9.91	23.48	17.97	
	120150	灌浆自动记录仪	台时	19.65	46.58	35.65		12.94	30.66	23.46		9.91	23.48	17.97	
	200020	其他机械费	%	5.00	5.00	5.00		5.00	5.00	5.00		5.00	5.00	5.00	
定额编号				4-1	4-2	4-3	4-4	4-5	4-6	4-7	4-8	4-9	4-10	4-11	4-12

注：1. 适用于孔深 15 m、墙厚 0.3 m、水泥掺量 12%。墙厚不同，定额乘以下列系数：

	单头搅拌桩机					双头搅拌桩机					三头搅拌桩机				
墙厚（m）	0.22	0.26	0.30	0.34	0.38	0.18	0.22	0.26	0.30	0.34	0.14	0.18	0.22	0.26	0.30
系数	0.91	0.95	1.00	1.07	1.16	0.86	0.90	0.94	1.00	1.08	0.71	0.74	0.79	0.87	1.00

2. 孔深 15～25 m 时，改用 ZCJ-25 型多头搅拌桩机。

4.1.1.2　五头搅拌桩机组（试行）

工作内容：机具就位、拌制水泥浆、搅拌桩机挖掘、下沉、供气、供浆、提升、移机。

单位：100 m²墙体面积

电算编号		项 目 名 称	单位	地层			水泥掺量每增加 1%
				砂壤土	粉细砂	中粗砂	
人工	010011	工长	工时	6.21	7.82	8.86	
	010012	高级工	工时	6.21	7.82	8.86	
	010013	中级工	工时	12.42	15.53	17.60	
	010014	初级工	工时	18.63	23.35	26.45	
	010010	合计	工时	43.47	54.52	61.77	
材料	010030	水泥 42.5 级	t	7.45	7.45	7.45	0.62
	090850	喷射管	m	0.53	0.53	0.53	
	020040	板枋材 三等、木垫板	m³	0.03	0.03	0.03	
	090480	高压胶管	m	2.53	2.53	2.53	
	090481	普通胶管	m	2.53	2.53	2.53	
	090010	水	m³	11.35	11.35	11.35	0.93
	200010	其他材料费	%	5.00	5.00	5.00	
机械	120331	五头搅拌桩机组	台时	5.56	6.95	7.90	
	120180	灰浆搅拌机 拌筒容积 0.4 m³	台时	5.56	6.95	7.90	
	120220	灰浆泵 功率 4 kW	台时	11.12	13.91	15.80	
	200020	其他机械费	%	5.00	5.00	5.00	
定额编号				4-13	4-14	4-15	4-16

注：适用于墙厚 0.22 m，水泥掺量 12%。墙厚不同，定额乘以下列系数：

	五头搅拌桩机组				
墙厚（m）	0.14	0.18	0.22	0.26	0.30
系数	0.86	0.93	1.00	1.06	1.14

4.1.2 振动沉模防渗板墙

工作内容：机具就位，施打，提升模板，砂浆拌和、运输和浇筑。

单位：100 m²面积

电算编号		项目名称	单位	墙厚 0.10 m			墙厚 0.15 m			墙厚 0.20 m		
				土质级别			土质级别			土质级别		
				Ⅰ	Ⅱ	Ⅲ	Ⅰ	Ⅱ	Ⅲ	Ⅰ	Ⅱ	Ⅲ
人工	010011	工长	工时	8.05	9.20	10.35	8.05	10.35	11.50	9.20	10.35	12.65
	010012	高级工	工时	16.10	18.40	20.70	17.25	19.55	23.00	19.55	21.85	25.30
	010013	中级工	工时	41.40	44.85	49.45	51.75	56.35	60.95	62.10	65.55	71.30
	010014	初级工	工时	55.20	59.80	65.55	70.15	74.75	82.80	82.80	88.55	96.60
	010010	合计	工时	120.75	132.25	146.05	147.20	161.00	178.25	173.65	186.30	205.85
材料		砂浆	m³	13.00	13.00	13.00	18.75	18.75	18.75	24.00	24.00	24.00
	020040	板枋材 三等、木垫板	m³	0.20	0.20	0.20	0.20	0.20	0.20	0.20	0.20	0.20
	090480	高压胶管	m	4.00	4.00	4.00	4.50	4.50	4.50	5.00	5.00	5.00
	090481	普通胶管	m	6.00	6.00	6.00	6.50	6.50	6.50	7.00	7.00	7.00
	090010	水	m³	9.00	10.36	12.16	10.00	11.50	13.50	11.00	12.66	14.86
	200010	其他材料费	%	3.00	3.00	3.00	3.00	3.00	3.00	3.00	3.00	3.00
机械	120440	振动沉模设备（每组）	台时	7.73	8.89	10.43	8.58	9.87	11.59	9.45	10.87	12.75
	130050	强制式混凝土搅拌机出料容积 0.50 m³	台时	2.41	2.41	2.41	3.48	3.48	3.48	4.45	4.45	4.45
	130230	混凝土输送泵 输送量 30 m³/h	台时	1.11	1.11	1.11	1.61	1.61	1.61	2.06	2.06	2.06
	120450	柱塞水泵 功率 10 kW	台时	4.64	5.34	6.26	5.15	5.92	6.95	5.67	6.52	7.65
	120220	灰浆泵 功率 4 kW	台时	2.78	2.78	2.78	4.02	4.02	4.02	5.15	5.15	5.15
	150280	汽车起重机 起重量 16 t 柴油型	台时	1.16	1.33	1.57	1.29	1.48	1.74	1.42	1.63	1.92
	140350	胶轮车	台时	11.11	11.11	11.11	16.03	16.03	16.03	20.52	20.52	20.52
	200020	其他机械费	%	5.00	5.00	5.00	5.00	5.00	5.00	5.00	5.00	5.00
定额编号				4-17	4-18	4-19	4-20	4-21	4-22	4-23	4-24	4-25

注： 1. 砂浆按设计配合比计算。

2. 不同孔深时，人工、机械分别乘以下系数：

	孔深（m）	≤10	≤15	≤20
010011～010014	人工	1.00	1.14	1.30
120440	振动沉模设备（每组）	1.00	1.20	1.40
120450	柱塞水泵 功率 10 kW	1.00	1.20	1.40
150280	汽车起重机 起重量 16 t 柴油型	1.00	1.50	2.00

4.1.3 锥探黏土灌浆

工作内容：机具就位、布孔、锥孔、制浆、灌浆、堵孔、转移等。

单位：100 m

电算编号		项目名称	单位	单位孔深干料灌入量（m^3/m）		
				≤0.035	0.05	＞0.07
人工	010011	工长	工时			
	010012	高级工	工时			
	010013	中级工	工时	4.60	6.90	12.65
	010014	初级工	工时	27.60	39.10	71.30
	010010	合计	工时	32.20	46.00	83.95
材料	090070	黏土	m^3	2.18	5.46	9.81
	090481	普通胶管	m	0.10	0.20	0.40
	200010	其他材料费	%	5.00	5.00	5.00
机械	120170	打锥机 QZ-10	台时	1.23	0.90	0.58
	120200	泥浆泵 HB80/10 型 3PN	台时	1.68	2.59	4.91
	120160	泥浆搅拌机	台时	1.68	2.59	4.91
	170230	离心水泵 单级 功率 5 kW	台时	1.68	2.59	4.91
	140350	胶轮车	台时	1.68	2.59	4.91
定额编号				4-26	4-27	4-28

4.1.4 劈裂灌浆

工作内容：1. 钻孔：（1）泥浆固壁钻进：固定孔位，准备，泥浆制备、运送、固壁，钻孔，记录，孔位转移。（2）套管固壁钻进：固定孔位，准备，钻孔，下套管，记录，拔套管，孔位转移。

2. 灌浆：检查钻孔、制浆、灌浆、劈裂观测、冒浆处理、记录、复灌、封孔、孔位转移。

单位：100 m

电算编号		项目名称	单位	钻孔		灌浆							
				泥浆固壁钻进	套管固壁钻进	灌黏土浆				灌水泥黏土浆			
						单位孔深干料灌入量（t/m）							
						0.5	1.0	1.5	2.0	0.5	1.0	1.5	2.0
人工	010011	工长	工时	26.45	40.25	49.45	63.25	90.85	127.65	49.45	63.25	90.85	127.65
	010012	高级工	工时	26.45	40.25	79.35	100.05	146.05	204.70	79.35	100.05	146.05	204.70
	010013	中级工	工时	37.95	56.35	300.15	377.20	546.25	768.20	300.15	377.20	546.25	768.20
	010014	初级工	工时	447.35	670.45	569.25	715.30	1038.45	1459.35	512.90	644.00	934.95	1313.30
	010010	合计	工时	538.20	807.30	998.20	1255.80	1821.60	2559.90	941.85	1184.50	1718.10	2413.85
材料	010030	水泥 42.5 级	t							14.20	27.40	40.70	53.90
	090010	水	m^3	800.00		138.00	171.00	239.00	306.00	138.00	171.00	239.00	306.00
	090070	粘土	m^3	9.44		27.78	50.56	82.22	114.44	21.11	37.78	61.67	86.11
	070020	合金钻头	个	1.50	2.50								
	070021	合金片	kg	0.20	0.40								
	030800	岩芯管	m	1.50	8.00								
	070100	钻杆	m	1.50	2.00								
	030810	钻杆接头	个	1.40	1.90								
	090860	水玻璃 1.38～1.48 mm	kg			300.00	450.00	750.00	1050.00				
	200010	其他材料费	%	14.00	13.00	13.00	11.00	9.00	8.00	11.00	9.00	7.00	6.00

续表

电算编号		项目名称	单位	钻孔		灌浆							
				泥浆固壁钻进	套管固壁钻进	灌黏土浆				灌水泥黏土浆			
						单位孔深干料灌入量（t/m）							
						0.5	1.0	1.5	2.0	0.5	1.0	1.5	2.0
机械	120010	地质钻机 150 型	台时	51.50	77.25								
	120190	灌浆泵中低压泥浆	台时	51.50		32.96	48.41	80.34	113.30	32.96	48.41	80.34	113.30
	120160	泥浆搅拌机	台时	12.36		31.93	57.68	94.76	131.84	31.93	57.68	94.76	131.84
	140350	胶轮车	台时			50.47	98.88	146.26	181.28	120.51	231.75	344.02	456.29
	200020	其他机械费	%	5.00	5.00	5.00	5.00	5.00	5.00	5.00	5.00	5.00	5.00
定额编号				4-29	4-30	4-31	4-32	4-33	4-34	4-35	4-36	4-37	4-38

4.1.5 高压摆喷灌浆

工作内容： 1. 钻孔：固定孔位，准备，泥浆制备、运送，固壁，钻孔，记录，孔位转移。2. 灌浆：高喷台车就位，安装孔口，安装管路，浆液制备、喷射灌浆，管路冲洗，台车移开，回灌。

单位：100 m

电算编号		项 目 名 称	单位	钻孔	灌浆	
				地层类别		
				黏土、砂	黏土	砂
人工	010011	工长	工时	11.50	26.68	20.13
	010012	高级工	工时	11.50	26.68	20.13
	010013	中级工	工时	23.00	53.36	39.91
	010014	初级工	工时	92.00	106.72	80.16
	010010	合计	工时	138.00	213.44	160.33
材料	010030	水泥 42.5 级	t		40.00	46.70
	090070	黏土	m^3	10.00		
	090010	水	m^3	600.00	600.00	700.00
	070020	合金钻头	个	0.67		
	070021	合金片	kg	0.17		
	030800	岩芯管	m	0.67		
	070100	钻杆	m	0.83		
	030810	钻杆接头	个	0.80		
	020040	板枋材 三等、木垫板	m^3		0.09	0.09
	090850	喷射管	m		1.04	0.87
	040050	电焊条 综合	kg		2.90	2.90
	090480	高压胶管	m		4.60	3.48
	090481	普通胶管	m		4.60	4.06
	200010	其他材料费	%	13.00	5.00	5.00
机械	120010	地质钻机 150 型	台时	20.60		
	120160	泥浆搅拌机	台时	20.60		
	120230	高压水泵 功率 75 kW	台时		23.90	17.92
	170020	空压机 电动 移动式 3 m^3/min	台时		23.90	17.92
	120240	搅灌机 WJG-80	台时		23.90	17.92
	120200	泥浆泵 HB80/10 型 3PN	台时	20.60	23.90	17.92
	120250	高喷台车	台时		23.90	17.92
	180050	交流电焊机 25～30 kVA	台时		12.36	12.36
	140350	胶轮车	台时		346.08	403.76
	200020	其他机械费	%	5.00	3.00	3.00
定额编号				4-39	4-40	4-41

注： 1. 适用于无水头情况下，三管法施工。有水头情况下喷灌，除按设计要求增加速凝剂外，定额中人工、机械（不含电焊机）乘以系数 1.05。

2. 本定额按灌纯水泥浆制定，如设计采用其他浆液或掺合料（如粉煤灰），浆液材料应调整。

3. 高压定喷、旋喷定额可按高压摆喷定额分别乘系数 0.75、1.25。

4. 孔口装置即旋、定、摆、提升装置。

4.1.6 高分子聚合物多孔桩沉桩

工作内容： 导槽开挖、回填；制作、安装、拆卸、移动及固定桩架；高分子聚合物多孔桩装卸、吊运；夹桩及定位；沉桩；清理现场。

单位：100 m²

电算编号		项目名称	单位	沉桩
人工	010011	工长	工时	9.00
	010012	高级工	工时	18.00
	010013	中级工	工时	9.00
	010014	初级工	工时	18.00
	010010	合计	工时	54.00
材料		高分子聚合物多孔桩	m²	[101.00]
机械	120530	履带式震动打桩机	台时	9.00
	110060	单斗挖掘机液压斗容 1 m³	台时	1.24
	150300	汽车起重机起重量 25 t 柴油型	台时	2.66
其他	200030	其他费用	%	5.00
定额编号				4-42

注： 1. 定额中未考虑打桩工作平台，如现场需要可以套用水利预算相应定额。

2. 聚合物板桩截面宽度≥650 mm，截面宽度每减小 100 mm，定额中人工、机械含量增加 25%。

3. 桩长 4 m，每增（减）1 m，定额中人工、机械含量增（减）15%。

4.2 工程防护

4.2.1 塑料薄膜铺设

工作内容： 场内运输，铺设，搭接。

单位：100 m²

电算编号		项目	单位	平铺	斜铺		
					边坡		
					1:2.5	1:2	1:1.5
人工	010011	工长	工时	1.15	1.15	1.15	1.15
	010012	高级工	工时				
	010013	中级工	工时	1.15	1.15	1.15	2.30
	010014	初级工	工时	6.90	8.05	9.20	10.35
	010010	合计	工时	9.20	10.35	11.50	13.80
材料	090420	塑料薄膜	m²	113.00	113.00	113.00	113.00
	200010	其他材料费	%	1.00	1.00	1.00	1.00
定额编号				4-43	4-44	4-45	4-46

4.2.2 复合柔毡铺设

工作内容：场内运输，铺设，粘结。

单位：100 m²

电算编号		项目	单位	粘结平铺	粘结斜铺		
					边坡		
					1:2.5	1:2	1:1.5
人工	010011	工长	工时	1.15	1.15	1.15	1.15
	010012	高级工	工时				
	010013	中级工	工时	5.75	6.90	8.05	8.05
	010014	初级工	工时	20.70	24.15	25.30	29.90
	010010	合计	工时	27.60	32.20	34.50	39.10
材料	090430	复合柔毡 XD-103	m²	105.00	115.00	120.00	125.00
	090440	粘胶剂 XD-103	kg	5.00	5.50	6.00	6.30
	200010	其他材料费	%	4.00	4.00	4.00	4.00
定额编号				4-47	4-48	4-49	4-50

注：斜铺各子目已包括防滑齿、固埋沟的柔毡铺设。

4.2.3 土工布铺设

工作内容：场内运输，铺设，接缝(针缝)。

单位：100 m²

电算编号		项目	单位	平铺	斜铺		
					边坡		
					1:2.5	1:2	1:1.5
人工	010011	工长	工时	1.15	1.15	1.15	1.15
	010012	高级工	工时				
	010013	中级工	工时	2.30	2.30	3.45	3.45
	010014	初级工	工时	11.50	13.80	13.80	16.10
	010010	合计	工时	14.95	17.25	18.40	20.70
材料	090080	土工布	m²	107.00	107.00	107.00	107.00
	200010	其他材料费	%	2.00	2.00	2.00	2.00
定额编号				4-51	4-52	4-53	4-54

注：本节定额按 300 g/m² 土工布拟定。如土工布规格为 150 g/m²、200 g/m²、400 g/m²时，定额中人工分别乘系数 0.7、0.8、1.2。

4.2.4 土工膜铺设

工作内容：场内运输，铺设，粘结，岸边及底部连接。

单位：100 m²

电算编号		项目	单位	粘结平铺	粘结斜铺		
					边坡		
					1:2.5	1:2	1:1.5
人工	010011	工长	工时	1.15	1.15	1.15	1.15
	010012	高级工	工时				
	010013	中级工	工时	9.20	10.35	11.50	12.65
	010014	初级工	工时	23.00	27.60	28.75	33.35
	010010	合计	工时	33.35	39.10	41.40	47.15
材料	090090	复合土工膜	m²	106.00	106.00	106.00	106.00
	090450	工程胶	kg	2.00	2.00	2.00	2.00
	200010	其他材料费	%	4.00	4.00	4.00	4.00
定额编号				4-55	4-56	4-57	4-58

4.2.5 抛石护岸及碎卵石垫层

工作内容：1. 船上抛填：定位、起仓、搬运、抛填石料。

2. 陆上抛铺：块石搬运、抛填、整平等。

单位:100 m³

电算编号		项目	单位	抛石护岸				抛填水下垫层			
				水上抛石		陆上抛石		碎石垫层		卵石垫层	
				铁驳	木船水泥船	堤脚滩地	护坡	铁驳	木船水泥船	铁驳	木船水泥船
人工	010011	工长	工时	8.28	6.33	4.14	4.26	10.70	8.97	11.62	9.55
	010012	高级工	工时								
	010013	中级工	工时								
	010014	初级工	工时	404.34	311.31	405.49	416.65	525.32	438.04	566.26	465.87
	010010	合计	工时	412.62	317.64	409.63	420.91	536.02	447.01	577.88	475.42
材料	010080	块石	t	170.00	170.00	176.80	176.80				
	010060	碎石	t					150.80	150.80		
	010070	卵石	t							171.70	171.70
机械	161200	钢质趸船载重量 350 t	艘时	1.09	1.09			1.09	1.09	1.09	1.09
	160900	锚艇功率 35 kW	艘时	1.07	1.07			1.07	1.07	1.07	1.07
	160820	拖轮功率 147 kW	艘时	0.52	0.52			0.52	0.52	0.52	0.52
定额编号				4-59	4-60	4-61	4-62	4-63	4-64	4-65	4-66

4.3 植物防护

4.3.1 直播种草

工作内容： 种子处理、人工撒播草籽、不覆土或用耙、耱、石磙子碾等方法覆土。

单位：10000 m²

电算编号		项目	单位	撒播	
				不覆土	覆土
人工	010011	工长	工时	0.46	1.84
	010012	高级工	工时		
	010013	中级工	工时		
	010014	初级工	工时	16.33	65.21
	010010	合计	工时	16.79	67.05
材料		种子	kg	（55.00）	（50.00）
	200010	其他材料费	%	3.00	5.00
定额编号				4-67	4-68

4.3.2 草皮铺种

工作内容： 清理边坡、搬运草皮、铺草皮、拍紧、钉木橛子、浇水、清理。

单位：100 m²

电算编号		项目	单位	满铺
人工	010011	工长	工时	1.27
	010012	高级工	工时	
	010013	中级工	工时	
	010014	初级工	工时	47.04
	010010	合计	工时	48.31
材料		草皮	m^2	（110.00）
	090010	水	m^3	5.25
	200010	其他材料费	%	3.00
定额编号				4-69

4.3.3 植苗造林

工作内容：挖坑、栽植、浇水、覆土保墒、清理。

单位：100 株

电算编号		项目	单位	乔木			灌木	
				地径（cm）	胸径（cm）		冠丛高（cm）	
				≤1	≤8	≤12	≤100	≤200
人工	010011	工长	工时	0.35	2.19	5.64	0.58	1.38
	010012	高级工	工时					
	010013	中级工	工时					
	010014	初级工	工时	14.15	79.35	202.06	21.74	50.03
	010010	合计	工时	14.50	81.54	207.70	22.32	51.41
材料		乔木	株	（102.00）	（102.00）	（102.00）	（102.00）	（102.00）
	090010	水	m^3	1.00	6.00	12.00	1.50	3.00
	200010	其他材料费	%	4.00	2.00	2.00	4.00	5.00
定额编号				4-70	4-71	4-72	4-73	4-74

4.3.4 栽植灌木

工作内容：挖坑、栽植、浇水、覆土保墒、整形、清理。

单位：100 株

电算编号		项目	单位	土球直径(cm)		
				20	30	50
				挖坑直径×坑深(cm×cm)		
				40×30	50×40	70×50
人工	010011	工长	工时	0.69	1.38	2.88
	010012	高级工	工时			
	010013	中级工	工时			
	010014	初级工	工时	26.11	50.03	104.31
	010010	合计	工时	26.80	51.41	107.19
材料		灌木(带土球)	株	（102.00）	（102.00）	（102.00）
	090010	水	m^3	2.00	2.00	6.00
定额编号				4-75	4-76	4-77

4.3.5 栽植乔木

工作内容：挖坑、栽植、浇水、覆土保墒、整形、清理。

单位：100株

电算编号		项目	单位	土球直径(cm)		
				20	30	50
				挖坑直径×坑深(cm×cm)		
				40×30	50×40	70×50
人工	010011	工长	工时	0.69	1.38	2.76
	010012	高级工	工时			
	010013	中级工	工时			
	010014	初级工	工时	26.11	50.03	97.75
	010010	合计	工时	26.80	51.41	100.51
材料		乔木(带土球)	株	（102.00）	（102.00）	（102.00）
	090010	水	m^3	2.00	2.00	6.00
定额编号				4-78	4-79	4-80

4.3.6 栽植绿篱

工作内容：开沟、排苗、回土、筑水堰、浇水、覆土、整形、清理。

单位：100延米

电算编号		项目	单位	单排		双排	
				绿篱高(cm)			
				80	120	60	100
				挖沟槽宽×槽深(cm×cm)			
				35×30	45×35	35×30	50×40
人工	010011	工长	工时	1.38	2.07	1.50	2.76
	010012	高级工	工时				
	010013	中级工	工时				
	010014	初级工	工时	47.73	73.83	52.10	98.79
	010010	合计	工时	49.11	75.90	53.60	101.55
材料		绿篱	m	（102.00）	（102.00）	（102.00）	（102.00）
	090010	水	m^3	2.00	3.20	2.00	3.20
定额编号				4-81	4-82	4-83	4-84

4.3.7 树木支撑

工作内容：制桩、运桩、打桩、绑扎。

单位：100株

电算编号		项目	单位	树棍桩			
				三脚桩	一字桩	长单桩	短单桩
人工	010011	工长	工时	0.81	0.81	0.58	0.23
	010012	高级工	工时				
	010013	中级工	工时				
	010014	初级工	工时	29.67	29.67	19.78	9.89
	010010	合计	工时	30.48	30.48	20.36	10.12
材料	090280	树棍 长 2.2 m 左右	根			100.00	
	090290	树棍 长 1.2 m 左右	根	300.00	300.00		100.00
	030121	镀锌铁丝 12#	kg	10.00	10.00	5.00	5.00
定额编号				4-85	4-86	4-87	4-88

4.3.8 树干绑扎草绳

工作内容：搬运、绕干、余料清理。

单位：100 m 绑扎树长

电算编号		项目	单位	草绳绕树干胸径（cm）		
				≤6	≤10	＞12
人工	010011	工长	工时	0.46	0.58	0.58
	010012	高级工	工时			
	010013	中级工	工时			
	010014	初级工	工时	16.56	19.78	21.39
	010010	合计	工时	17.02	20.36	21.97
材料	090300	草绳	kg	135.00	200.00	235.00
定额编号				4-89	4-90	4-91

4.3.9 苗木起挖

工作内容：起挖、包扎、出塘、搬运集中、回土填塘、清理场地。

电算编号		项目	单位	起挖乔木（带土球）			起挖灌木（带土球）			起挖绿篱	
				土球直径（cm）			土球直径（cm）			高度在 120 cm 内每米 2 棵	
				≤80	≤100	≤120	≤30	≤50	≤60	单排	双排
				10 株						10 m	
人工	010011	工长	工时	1.59	2.62	3.77	0.11	0.41	0.75	0.16	0.25
	010012	高级工	工时								
	010013	中级工	工时								
	010014	初级工	工时	51.48	84.83	121.81	3.63	13.41	24.14	5.29	7.98
	010010	合计	工时	53.07	87.45	125.58	3.74	13.82	24.89	5.45	8.23
材料	090300	草绳	kg	70.00	100.00	150.00	5.00	15.00	25.00	20.00	40.00
机械	150250	柴油型汽车起重机 起重量 8 t	台时		0.64	1.03					
定额编号				4-92	4-93	4-94	4-95	4-96	4-97	4-98	4-99

4.3.10 植物养护

工作内容：1. 除草：松土、除草、配置药液、喷洒、清理现场。2. 除爬藤植物：清除爬在树上的植物、拔除植物根部、清理现场。3. 草坪维护与补损：挑除杂草、轧草修边、草屑清除、病虫害防治、施肥、灌溉、环境清理、缺损补损等。4. 人工施肥：人工运肥、敲碎结块、人工施肥、清洁工具。5. 喷药治虫：配置药液、喷洒、清洁工具。6. 修枝：修剪、整理、装卸运输、地勤安全、清理场地。7. 树木补缺：老树根清除、挖洞、浇水、树木入土、培土、养护、清理场地。

电算编号		项目	单位	除草		除爬藤植物	草坪		人工施肥	喷药治虫	树木修枝（cm）			常绿树修枝（cm）			树木补缺	
				人工	药物	人工	维护	补损			≤10	≤20	＞20	≤10	≤20	＞20	落叶树	常绿树
				100m²					kg	kg	棵							
人工	010011	工长	工时	0.10	0.10	0.10	0.28	2.40		0.10								
	010012	高级工	工时															
	010013	中级工	工时															
	010014	初级工	工时	3.00	0.70	5.50	13.96	118.60	0.10	3.60	0.30	0.60	0.90	0.40	0.80	1.30	0.70	1.00
	010010	合计	工时	3.10	0.80	5.60	14.24	121.00	0.10	3.70	0.30	0.60	0.90	0.40	0.80	1.30	0.70	1.00
材料	091281	药剂	kg		0.20		0.70	0.61		1.00								
	090260	肥料	kg				25.00	29.78	1.00									
	090010	水	m³				1.70	12.67		0.85								
		树苗	棵														(1.02)	(1.02)
		草皮	m²					（110.00）										
	200010	其他材料费	%		10.00			10.00	10.00	10.00							5.00	5.00
机械	140330	洒水车 容量 4 m³	台时				0.53											
	140040	汽油型载重汽车 额定载质量 5 t	台时				0.27											
	180870	割草机 5 匹	台时				0.85											
定额编号				4-100	4-101	4-102	4-103	4-104	4-105	4-106	4-107	4-108	4-109	4-110	4-111	4-112	4-113	4-114

4.4 道路工程

4.4.1 堤（坝）顶旧路面拆除

工作内容： 拆除、清底、废料清理、堆放。

单位：100 m²

电算编号		项目	单位	泥结石路面		沥青路面		混凝土路面	
				厚 10 cm	每增 1 cm	厚 10 cm	每增 1 cm	厚 15 cm	每增 1 cm
人工	010011	工长	工时	1.00	0.10	1.35	0.13	2.99	0.20
	010012	高级工	工时						
	010013	中级工	工时						
	010014	初级工	工时	23.92	2.35	32.32	3.16	71.70	4.77
	010010	合计	工时	24.92	2.45	33.67	3.29	74.69	4.97
材料	070011	空心钢钎	kg	2.18		2.95		6.95	
机械	110520	手持式风镐（铲）	台时	6.24	0.59	8.45	0.85	19.89	1.30
其他	200030	其他费用	%	1.17		1.78		2.39	
定额编号				4-115	4-116	4-117	4-118	4-119	4-120

4.4.2 道路路基

工作内容： 1. 石灰土：放线、消解石灰及筛石灰、本土加工、配料拌和、摊铺、洒水、整平压实、养生。2. 二灰结石：清底、摊铺碾压、清理、养生。3. 砂、手摆石：挖路槽、培路肩、基础材料的铺压等。4. 道碴：放线、摊铺、嵌缝、洒水、碾压找平。5. 碎石：放线、清理路槽、摊铺、找平、洒水、碾压。6. 水稳碎石：旧路面除尘、局部拉毛、摊铺碾压、清理、养生。

单位：1000 m²

电算编号		项目	单位	石灰土	二灰结石	砂	道碴	碎石	手摆块石	水稳碎石
				压实厚度（cm）						
				15	20	10	10	10	16	15
人工	010011	工长	工时	24.83	9.83	6.79	8.94	8.52	13.80	11.34
	010012	高级工	工时							
	010013	中级工	工时	471.77	186.73	128.69	169.94	161.79	262.20	215.38
	010014	初级工	工时	744.90	294.84	203.21	268.32	255.45	412.85	340.08
	010010	合计	工时	1241.50	491.40	338.69	447.20	425.76	688.85	566.80
材料	010660	二灰结石	t		450.10					
	090520	生石灰	t	25.50						
	090070	黏土	m³	170.80						
	010050	黄砂	t			196.50				
	010060	碎石	t				250.90	215.40	61.50	
	010080	块石	t						277.10	
	090010	水	m³	26.50	40.80		30.00	7.00		19.00
		稳定土混合料	m³							(355.00)
	200010	其他材料费	%	5.00	5.00	0.50	5.00	5.00	0.50	5.00

续表

电算编号		项目	单位	石灰土	二灰结石	砂	道碴	碎石	手摆块石	水稳碎石
				压实厚度（cm）						
				15	20	10	10	10	16	15
机械	110430	内燃压路机 工作质量 6～8 t	台时				2.50	2.50		1.00
	110450	内燃压路机 工作质量 12～15 t	台时	12.00	15.00	6.18	10.00	10.50	9.06	9.00
	200020	其他机械费	%			1.00			1.00	
定额编号				4-121	4-122	4-123	4-124	4-125	4-126	4-127

注： 1. 石灰土中的石灰掺量为 10%；含灰量每增 2%，生石灰乘以系数 1.25；每减 2%，生石灰乘以系数 0.8。

2. 每增（减）1 cm 厚，按下表增（减）定额数量。

单位：1000 m²

	电算编号	项目	单位	石灰土	二灰结石	砂	道砟	碎石	手摆块石	水稳碎石
人工	010011	工长	工时	1.53	0.79	0.81	1.17	0.72	1.00	1.30
	010012	高级工	工时							
	010013	中级工	工时	29.15	14.99	14.38	22.23	13.59	16.00	24.70
	010014	初级工	工时	46.02	23.67	22.77	35.10	21.45	25.00	39.00
	010010	合计	工时	76.70	39.45	37.96	58.50	35.76	42.00	65.00
材料	010660	二灰结石	t		22.51					
	090520	生石灰	t	1.70						
	090070	黏土	m³	11.40						
	010050	黄砂	t			19.50				
	010060	碎石	t				25.00	21.60	3.84	
	010080	块石	t						17.32	
	090010	水	m³	1.70	5.58		3.00			1.00
		稳定土混合料	m³							(23.70)
	200010	其他材料费	%	5.00	5.00		5.00	5.00		5.00
机械	110430	内燃压路机 工作质量 6～8 t	台时				1.00	1.00		
	110450	内燃压路机 工作质量 12～15 t	台时	0.80	1.05		1.50	1.50		
定额编号				4-128	4-129	4-130	4-131	4-132	4-133	4-134

4.4.3 路面维修

工作内容： 1. 泥结碎石路面：破损面的清除、挖路槽、培路肩、辅料、灌浆碾压、磨耗层及散铺封面砂。

2. 混凝土路面：破损面的清除、挖路槽、培路肩、木槽制安拆、混凝土配料、拌和、浇筑、振捣、抹面或拉毛、养护、灌注沥青伸缩缝等。

3. 沥青碎石路面：破损面的清除、沥青加热、洒布、铺料、碾压、铺保护层。

4. 沥青混凝土路面：破损面的清除，清扫路基、保护侧缘石、摊铺、新旧路面边缘顺接、夯边、碾压、清理等。

单位：100 m^2

电算编号		项目	单位	泥结碎石路面		混凝土路面		沥青碎石路面		沥青混凝土 路面	
				压实厚 10 cm	每增减 1 cm	压实厚 20 cm	每增减 1 cm	压实厚 8 cm	每增减 1 cm	压实厚 6 cm	每增减 1 cm
人工	010011	工长	工时	1.26	0.08	4.55	0.19	0.95		0.86	0.10
	010012	高级工	工时								
	010013	中级工	工时	23.86	1.49	86.48	3.67	18.01		16.43	1.98
	010014	初级工	工时	37.67	2.35	136.54	5.80	28.43		25.94	3.12
	010010	合计	工时	62.79	3.92	227.57	9.66	47.39		43.23	5.20
材料		混凝土	m^3			21.64	1.08				
	010670	沥青混凝土	t							15.20	2.50
	010050	黄砂	t	4.30							
	010060	碎石	t	18.50	1.85			20.16			
	010100	石屑	t	1.84	0.18			1.89			
	090010	水	m^3	4.20	0.32	25.08	0.02				
	090070	黏土	m^3	3.76	0.31						
	020040	板枋材 三等、木	m^3			0.03					
	050030	沥青	kg			16.99	0.85	241.50	31.50		
	060081	重油	kg					0.76	0.09		
	060130	煤（烟煤）	kg			4.63	0.23				
	010090	标准砖	千块					0.13			
	060140	木柴	kg			0.39	0.02				
	200010	其他材料费	%	0.27		0.45		2.00		10.00	10.00

续表

电算编号		项目	单位	泥结碎石路面		混凝土路面		沥青碎石路面		沥青混凝土路面	
				压实厚 10 cm	每增减 1 cm	压实厚 20 cm	每增减 1 cm	压实厚 8 cm	每增减 1 cm	压实厚 6 cm	每增减 1 cm
机械	120180	灰浆搅拌机 拌筒 容积 0.4 m^3	台时			6.18	0.33				
	130140	平板式振捣器 功率 2.2 kW	台时			15.47					
	140350	胶轮车	台时			21.58					
	110430	内燃压路机 工作质量 6～8 t	台时	0.33						0.60	
	110450	内燃压路机 工作质量 12～15 t	台时	1.24				4.36	0.46	1.90	0.15
	110481	手扶振动压实机 工作质量 1 t	台时							0.75	
	140340	沥青洒布车 容量 3.5 m^3	台时					0.13			
	200020	其他机械费	%					5.00			
定额编号				4-135	4-136	4-137	4-138	4-139	4-140	4-141	4-142

4.5 房屋

4.5.1 拆砌砖体

工作内容： 拆砌工程：拆除、分检、新砌；临时支顶加固、拆除、拆后杂物清理、归堆等。

电算编号		项目	单位	1/2 砖墙拆砌	1 砖墙拆砌		1½砖墙拆砌		2 砖墙拆砌		零星砌体拆砌	柱门拆砌	
					外墙	内墙	外墙	内墙	外墙	内墙		全部拆砌	部分拆砌
				10 m²	10 m²		10 m²		10 m²		m³	个	个
人工	010011	工长	工时	1.10	2.10	1.90	3.10	2.80	4.10	3.90	1.20	0.30	0.10
	010012	高级工	工时										
	010013	中级工	工时	10.90	21.00	19.30	30.50	28.30	41.20	38.60	11.90	2.50	1.10
	010014	初级工	工时	15.30	29.40	27.10	42.70	39.60	57.60	54.10	16.60	3.50	1.60
	010010	合计	工时	27.30	52.50	48.30	76.30	70.70	102.90	96.60	29.70	6.30	2.80
材料		砂浆	m³	0.27	0.64	0.68	0.97	1.09	1.46	1.53	0.28	1.46	0.54
	010774	中麻刀白灰	m³									0.12	0.05
	010090	标准砖	千块	0.23	0.40	0.39	0.60	0.59	0.79	0.78	0.55	0.37	0.13
	200010	其他材料费	%	2.00	2.00	2.00	2.00	2.00	2.00	2.00	2.00	2.00	2.00
定额编号				4-143	4-144	4-145	4-146	4-147	4-148	4-149	4-150	4-151	4-152

注： 墙体拆除定额中已综合了各种砂浆强度。

4.5.2 门窗更换及零配件维修更换

工作内容： 1. 木质门窗、金属门窗更换：拆卸、安装整樘门窗。2. 门窗换纱：拆除旧纱、起钉、清理槽口及扇拆装等。3. 木质防火门：安装门扇，装配五金零件。

电算编号		项目	单位	门窗更换				零配件维修更换				
				木质门窗	金属门窗	门窗换纱	木制防火门	制作玻璃压条	装门锁	零星配玻璃		
										木门窗		钢门窗
										油灰	木压条	
				10樘	樘	m²	10 m²门扇面积	10 m	把	10 m²		
人工	010011	工长	工时	1.10	0.10	0.10	1.01	0.01	0.04	0.84	0.93	1.12
	010012	高级工	工时		0.40	0.40						
	010013	中级工	工时	11.20	1.70	1.40	10.30	0.14	0.46	8.58	9.44	11.44
	010014	初级工	工时	15.70	1.20	1.10	14.43	0.20	0.64	12.03	13.23	16.04
	010010	合计	工时	28.00	3.40	3.00	25.74	0.35	1.14	21.45	23.60	28.60
材料		木质门窗（成品）	樘	（10.00）								
		金属门窗（成品）	樘		（1.00）							
		木制防火门（成品）	m²				（10.10）					
		门锁	把						（1.00）			
		玻璃	m²							（12.00	（12.00）	（12.00
	020060	木材综合	m³					0.001				
	030182	铁脚	个		0.26							
	030851	纱窗	m²			1.18						
	020072	木压条 10×10 mm	m								130.00	
	060211	油灰	kg							9.70		16.30
	030171	铁钉 综合	kg							0.06	0.02	
	200010	其他材料费	%	1.00	0.50	0.50	0.50			2.00	0.50	1.50
	200030	其他费用	%					3.50				
定额编号				4-153	4-154	4-155	4-156	4-157	4-158	4-159	4-160	4-161

注： 1. 玻璃压条制作包括刨光；安装门锁，原眼利用者，人工乘系数 0.5。

2. 配玻璃按实际装载玻璃面积计算，如采用压花或磨砂玻璃价格可以换算，人工不变。

4.5.3　墙面、天棚面层整修

工作内容：抹灰整修：装饰面层的铲除和修补。1. 装饰面层铲除：铲除装饰面层、清运铲除的垃圾等。2. 修补装饰面层：筛砂、调运砂浆、基层处理、抹灰、找平、罩面、压光、抹护角。水刷石、干粘石：基层处理、打底嵌条、筛洗石渣、配色、抹灰找平、粘石、起条等。3. 镶贴各种块料面层：基层处理、抹垫层、打底、选砖、磨砖、套规格、浸水、打眼穿丝、镶贴面层、擦缝、上蜡等。4. 内墙涂料：清扫表面，铲除油污；填补裂缝，批腻子并磨平，刷涂料。5. 外墙涂料：清扫表面，铲除油污，补嵌面层；填补裂缝，局部找腻子并磨平，刷涂料；配色调浆，刷二至三遍。

4.5.3.1　墙面装饰

单位：10 m²

电算编号		项目	单位	墙面装饰面层								内墙涂料			外墙涂料		
				白灰砂浆	水泥砂浆	水刷石	干粘石	马赛克	瓷砖	面砖	大理石	抹灰墙面		旧墙面局部批腻子二遍	光面	毛面	苯丙外墙涂料
												二遍	三遍				
人工	010011	工长	工时	0.90	1.10	2.30	2.10	4.40	3.20	3.90	3.60	0.12	0.15	0.11	0.50	0.72	0.18
	010012	高级工	工时														
	010013	中级工	工时	9.10	11.10	22.50	21.20	43.70	31.60	38.60	36.30	1.20	1.52	1.14	5.02	7.15	1.81
	010014	初级工	工时	12.70	15.50	31.50	29.60	61.20	44.20	54.10	50.80	1.68	2.12	1.60	7.03	10.01	2.53
	010010	合计	工时	22.70	27.70	56.30	52.90	109.30	79.00	96.60	90.70	3.00	3.79	2.85	12.55	17.88	4.52
材料		砂浆	m³	0.24	0.24	0.19	0.26	0.19	0.20	0.22	0.52						
	010780	107 胶水泥浆	m³				0.01										
	010082	白石子	t				0.80										
	010041	白水泥	kg					25.90	15.60		15.60				3.00	3.00	
	030150	钢丝 ϕ1.6 mm	kg								3.45						
	030180	铁件、预埋铁件	kg								3.45						
		白瓷砖	m²						(10.25)								
		大理石板	m²								(10.20)						
		锦砖(马赛克)	m²					(10.25)									

续表

电算编号		项目	单位	墙面装饰面层								内墙涂料			外墙涂料		
				白灰砂浆	水泥砂浆	水刷石	干粘石	马赛克	瓷砖	面砖	大理石	抹灰墙面		旧墙面局部批腻子二遍	光面	毛面	苯丙外墙涂料
												二遍	三遍				
材料		面砖(各种规格)	m²							(10.25)							
	060120	煤油	kg								4.32						
	091031	外墙乳胶漆	kg												2.38	4.00	
	091032	封闭乳胶底漆	kg												1.12	1.12	
	091021	苯丙涂料封底漆	kg														1.79
	091020	苯丙乳胶漆	kg														4.20
	090447	801 胶	kg												2.00	4.00	
		内墙涂料	kg									(4.04)	(4.85)	(4.04)			
	090700	砂纸	张									0.63	0.84	0.21			
	200010	其他材料费	%	1.00	1.00	1.00	1.00	1.00	1.00	1.00	1.00	14.00	10.00	5.00	1.00	1.00	5.00
定额编号				4-162	4-163	4-164	4-165	4-166	4-167	4-168	4-169	4-170	4-171	4-172	4-173	4-174	4-175

注： 1. 内墙涂料：(1)机械喷刷，人工乘系数 0.90，其他不变；(2)天棚刷涂料，人工乘系数 1.20，其余不变。

2. 外墙涂料：设计如不批白水泥腻子，应扣除定额中白水泥及 801 胶，人工扣除工长 0.14 工时，中级工 1.40 工时，初级工 1.97 工时。

4.5.3.2 天棚面层

单位：10 m^2

电算编号		项目	单位	天棚装饰		
				混凝土天棚	板条天棚	钢板网天棚
人工	010011	工长	工时	0.70	0.60	0.70
	010012	高级工	工时			
	010013	中级工	工时	6.70	5.50	6.80
	010014	初级工	工时	9.40	7.80	9.50
	010010	合计	工时	16.80	13.90	17.00
材料		砂浆	m^3	0.10	0.12	0.14
	200010	其他材料费	%	1.00	1.00	1.00
定额编号				4-176	4-177	4-178

4.5.4 楼地面整修

工作内容： 1. 修补块料面层：面砖的刨起、清运垃圾、清理基层、修补垫层、新墁块料面层等；修补预制磨石、擦蜡、打蜡、成品保护等。
2. 铲除空鼓、酥裂部分，清运垃圾，清理基层，新作整体面层地面、养护等。
3. 修补台明、台阶：剔除空鼓、开裂部位的灰皮，清运垃圾、清理基层、补垫砂浆等。

单位：见表

电算编号		项目	单位	块料面层						水泥砂浆面层	
				锦砖	瓷砖	地面砖	缸砖	预制磨石板	大理石板	水泥地面	台阶、台明
				10 m²							10 m
人工	010011	工长	工时	2.20	1.70	1.30	2.00	2.40	1.50	0.50	0.50
	010012	高级工	工时	7.00	5.30	4.10	6.30	7.40	4.60	1.50	1.40
	010013	中级工	工时	26.90	20.20	15.80	24.20	28.20	17.80	5.70	5.40
	010014	初级工	工时	19.90	14.90	11.70	17.90	20.90	13.20	4.20	4.00
	010010	合计	工时	56.00	42.10	32.90	50.40	58.90	37.10	11.90	11.30
材料		砂浆	m³	0.23	0.20	0.24	0.24	0.35	0.35	0.23	0.38
	010041	白水泥	kg	5.20	49.70						
	010030	水泥 42.5 级	t			0.05		0.05			
		白瓷砖	m²		(10.50)						
		大理石板	m²						(10.50)		
		地面砖	m²			(10.50)					
		缸砖	m²				(10.50)				
		锦砖	m²	(10.50)							
		清水泥磨石板	m²					(10.50)			
	010090	标准砖	千块								0.0102
	200010	其他材料费	%	1.00	1.00	1.00	1.00	2.00	2.00	1.00	1.00
定额编号				4-179	4-180	4-181	4-182	4-183	4-184	4-185	4-186

注： 各种块料面层项目均包括地面周围抹水泥砂浆的人工、材料。

4.5.5 其他整修

工作内容：1. 各项整修定额：原有部件归位、加楔钉固、修整劈裂、粘接、油漆、场内运输、清理等。2. 各项拆换、修换定额：拆除、配制、安装损坏的部件，油漆场内运输、清理等。3. 顶棚加固：临时支顶、添换呆杆、龙骨及棚内积土杂物的清理，场内运输、清理等。4. 拆除、配制、安装损坏的大、小地楞，踏步，踢板等。场内运输、场地清理等。5. 拆除、配制、安装损坏的栏杆、柱，三角木、油漆等。场内运输、场地清理等。

4.5.5.1 护墙板、木地板、天棚整修

单位：10 m²

电算编号		项目	单位	护墙板修换	踢脚板拆换	天棚零星修补		木地板	
					10 m	钢板网	板条	整修	拆换
人工	010011	工长	工时	1.20	0.30	0.90	0.90	0.20	1.60
	010012	高级工	工时						
	010013	中级工	工时	11.80	3.40	9.40	9.40	1.70	16.10
	010014	初级工	工时	16.50	4.80	13.20	13.20	2.40	22.50
	010010	合计	工时	29.50	8.50	23.50	23.50	4.30	40.20
材料	030031	钢板网	m²			10.60			
	030174	扣钉	kg			0.20			
	030170	木螺钉综合	10个		5.00				
	030171	铁钉 综合	kg	0.90	0.10	1.30	1.50	0.10	1.30
	060181	防腐油	kg	0.80	0.30				
	020071	板条	百根			1.40	2.60		
	020040	板枋材 三等、木垫	m³	0.15	0.10	0.10	0.10	0.10	0.30
	200010	其他材料费	%	2.00	2.00	1.00	2.00	2.00	2.00
定额编号				4-187	4-188	4-189	4-190	4-191	4-192

4.5.5.2 地楞、楼梯、踏步整修

电算编号		项目	单位	附换		楼梯拆换		整修	
				大地楞	小地楞	踏步	踢板	踏步、踢板	锯木地板
				10 m		步			10 m
人工	010011	工长	工时	0.70	0.20				0.30
	010012	高级工	工时						
	010013	中级工	工时	6.70	2.00	0.40	0.30	0.10	3.40
	010014	初级工	工时	9.40	2.80	0.60	0.50	0.20	4.80
	010010	合计	工时	16.80	5.00	1.00	0.80	0.30	8.50
材料	030171	铁钉 综合	kg	0.60	0.40	0.03	0.01	0.02	0.70
	060181	防腐油	kg	1.80	1.40				
	090441	乳胶	kg			0.01	0.01		1.10
	020040	板枋材三等、木垫	m^3	0.20	0.10	0.02	0.01		0.10
	200010	其他材料费	%	2.00	2.00	2.00	2.00	2.00	2.00
定额编号				4-193	4-194	4-195	4-196	4-197	4-198

4.5.5.3 栏杆、柱、扶手整修

电算编号		项目	单位	换修		木楼梯扶手修理
				栏杆、柱	三角木	
				10 根	10 个	10 m
人工	010011	工长	工时	0.60	0.30	0.60
	010012	高级工	工时			
	010013	中级工	工时	5.70	3.40	5.70
	010014	初级工	工时	8.00	4.80	8.00
	010010	合计	工时	14.30	8.50	14.30
材料	030171	铁钉 综合	kg	0.10	0.10	
	090441	乳胶	kg	0.10		
	020040	板枋材三等、木垫	m^3	0.10	0.10	
	200010	其他材料费	%	2.00	2.00	
定额编号				4-199	4-200	4-201

4.5.6　屋面

4.5.6.1　修补屋面

工作内容： 1. 抽换瓦件：拆换瓦件、归安固定瓦件等。2. 落水管疏通：清扫冲洗屋面下水箅子、水斗、落水管、清运杂土等。3. 落水管更换：拆除并清理旧管、切（配）新管，粘接管道、管件和卡安装；拆除并清理旧水斗、安装新水斗。

单位：10 m

电算编号		项目	单位	抽换瓦件				落水管疏通		落水管更换	
				黏土瓦	石棉瓦	玻璃钢瓦	瓦垄铁	楼房	平房	PVC 落水管	PVC 水斗
				10 m							10 只
人工	010011	工长	工时	0.10	0.70	0.70	0.50	0.10	0.10	0.27	0.18
	010012	高级工	工时								
	010013	中级工	工时	0.70	6.70	6.70	4.70	0.50	0.30	2.75	1.83
	010014	初级工	工时	1.00	9.40	9.40	6.60	0.50	0.30	3.84	2.56
	010010	合计	工时	1.80	16.80	16.80	11.80	1.10	0.70	6.86	4.57
材料		瓦垄铁	m^2				(17.00)				
		玻璃钢瓦	块			(10.40)					
		石棉瓦	张		(10.40)						
		黏土瓦	块	(10.50)							
		PVC 落水管	m							(10.53)	
		塑料抱箍（PVC）	副							(10.29)	(10.20)
		PVC 水斗	只								(10.20)
		弯头（45°）综合	只							(0.57)	
		PVC 束接 综合	只							(2.74)	(10.20)
	090881	瓦垄铁钉带垫圈	个				41.00				
	090882	瓦铁螺钉带铁、毡垫圈	kg		41.00	41.00					
	090445	粘结剂	kg							0.18	0.27
	200010	其他材料费	%	0.50	0.50	0.50	0.50				6.00
	200030	其他费用	%							1.00	
定额编号				4-202	4-203	4-204	4-205	4-206	4-207	4-208	4-209

4.5.6.2 屋面挑顶、土瓦屋面翻修

工作内容： 1. 屋面挑修：折除屋面、添配瓦件、传瓦、盖瓦、做脊、做瓦头等。

2. 翻修：在房上折瓦、卸瓦、添瓦重盖、出垃圾；检漏做瓦头、泛水、粉土瓦等。

3. 土瓦屋脊：抹灰、粉平、出垃圾、传瓦、盖瓦等。

电算编号		项目	单位	屋面挑顶	土瓦屋面	
				黏土瓦顶	翻盖	检漏
				10 m²		处
人工	010011	工长	工时	0.30	0.50	0.60
	010012	高级工	工时			
	010013	中级工	工时	3.40	4.50	5.60
	010014	初级工	工时	4.80	6.30	7.80
	010010	合计	工时	8.50	11.30	14.00
材料		砂浆	m³		0.20	
		黏土瓦	块	(43.8)		
		土瓦	块		(360)	(10.00)
	200010	其他材料费	%	1.00	1.00	1.00
定额编号				4-210	4-211	4-212

注： 土瓦屋面检漏以脚路延长米每 4 m 以内为一处，在 4 m 以内有两个点以上者，则每一个点相应增加初级工 0.35 工时，换新土瓦 10 块；若超过 4 m 以外时，则每 4 m 作增加一处计算。

4.5.6.3 土瓦泛水、斜沟、屋脊修补

工作内容： 折瓦，卸瓦，卷材铺设，添瓦重盖，出垃圾等。

单位：10 m

电算编号		项目	单位	土瓦泛水		粉土瓦出线	土瓦斜沟翻做	土瓦屋脊检修
				翻做	修补	翻做		
人工	010011	工长	工时	0.30	0.10	0.40	0.50	0.10
	010012	高级工	工时					
	010013	中级工	工时	3.40	0.70	4.20	5.00	1.40
	010014	初级工	工时	4.80	0.90	5.90	7.00	2.00
	010010	合计	工时	8.50	1.70	10.50	12.50	3.50
材料		砂浆	m³			0.20		
	010790	纸筋灰	m³	0.10	0.10			0.10
		土瓦	块	(40.00)		(100)	(200)	(30.00)
	050050	沥青油毡 300 g～400 g，每卷 20 m²	m²				11.00	
	200010	其他材料费	%	1.00		1.00	1.00	1.00
定额编号				4-213	4-214	4-215	4-216	4-217

4.5.7 保温层

4.5.7.1 干铺保温层、浆铺加气混凝土块

工作内容：清理基层、弹线找泛水、筛选保温材料、生熟料拌和、找平或拍平、养护等。

电算编号		项目	单位	干铺保温层						浆铺加气混凝土块
				加气混凝土块	加气混凝土碎块	珍珠岩	沥青珍珠岩块	水泥蛭石块	EPS 保温板	
				10m³					10m²	10m³
人工	010011	工长	工时	1.30	1.70	3.10	1.70	1.70	0.20	2.20
	010012	高级工	工时							
	010013	中级工	工时	13.30	16.50	30.90	16.50	16.50	2.00	21.70
	010014	初级工	工时	18.60	23.10	43.30	23.00	23.00	2.80	30.40
	010010	合计	工时	33.20	41.30	77.30	41.20	41.20	5.00	54.30
材料		混合砂浆 M2.5	m³							3.3
		加气混凝土块	m³	(10.80)						(10.80)
		加气混凝土碎块	m³		(10.80)					
		珍珠岩	m³			(10.50)				
		沥青珍珠岩	m³				(10.20)			
		水泥蛭石块	m³					(10.20)		
		聚苯乙烯泡沫板δ50	m²						(11.00)	
	200010	其他材料费	%	2.00	2.00	2.00	2.00	2.00	2.00	2
定额编号				4-218	4-219	4-220	4-221	4-222	4-223	4-224

4.5.7.2 干铺沥青矿渣棉、现浇水泥珍珠岩、1:8 水泥炉渣、架空隔热层

工作内容：架空隔热层包括：清理垃圾、砌砖墩、铺块料面层、勾缝等。

电算编号		项目	单位	干铺沥青矿渣棉	现浇水泥珍珠岩	1:8 水泥炉渣	架空隔热层混凝土板面
				10 m^2	10 m^3		10 m^2
人工	010011	工长	工时	0.10	4.30	3.80	0.60
	010012	高级工	工时				
	010013	中级工	工时	1.20	42.60	37.80	6.20
	010014	初级工	工时	1.60	59.60	52.90	8.70
	010010	合计	工时	2.90	106.50	94.50	15.50
材料		砂浆	m^3				0.04
		沥青矿渣棉毡	m^2	(21.40)			
		水泥珍珠岩 1:8	m^3		(10.50)		
		水泥炉渣 1:8	m^3			(10.30)	
	091060	沥青玛蹄脂	m^3				0.01
	010090	标准砖	千块				0.092
	091050	架空隔热板	m^3				0.35
	200010	其他材料费	%	2.00	2.00	2.00	2.00
定额编号				4-225	4-226	4-227	4-228

4.5.8　防水修补

工作内容：拆除清理破损部位的防水层及基层等，搭拆锅台、熬沥青、基层刷冷底子油，裁、扫、铺贴防水卷材，涂刷沥青、铺贴压实、固定填压槎、煮油麻、堵缝、灌缝等。

4.5.8.1　屋面防水翻修

单位：10 m²

电算编号		项目	单位	沥青油毡屋面					
				木屋面板上		混凝土板上			
				一毡二油	二毡三油	三毡四油	二毡三油	每增减一毡一油	单刷一油
						带绿豆砂			
人工	010011	工长	工时	0.20	0.30	0.50	0.50	0.10	0.10
	010012	高级工	工时						
	010013	中级工	工时	2.10	2.80	5.20	4.70	1.30	0.90
	010014	初级工	工时	2.90	3.90	7.30	6.60	1.80	1.20
	010010	合计	工时	5.20	7.00	13.00	11.80	3.20	2.20
材料	010051	绿豆砂	t			0.16	0.16		
	060130	煤（烟煤）	kg	6.50	10.00	12.70	11.30	2.90	3.60
	050030	沥青	kg	39.20	57.60	88.80	75.00	20.10	33.70
	050050	沥青油毡	m²	11.20	22.40	33.60	22.40	11.20	
	060140	木柴	kg	12.40	18.60	27.90	23.80	8.00	6.20
	200010	其他材料费	%	1.00	1.00	1.00	1.00	1.00	1.00
定额编号				4-229	4-230	4-231	4-232	4-233	4-234

4.5.8.2 墙、地面、天沟、檐沟防水

电算编号		项　目	单位	沥青油毡					
				墙、地面			天沟、檐沟修补	伸缩缝修补	伸缩缝堵建筑油膏
				一毡二油	二毡三油	单刷一油			
				10 m²				10 m	
人工	010011	工长	工时	0.40	0.60	0.10	0.20	0.40	0.30
	010012	高级工	工时						
	010013	中级工	工时	4.30	6.40	1.00	2.30	3.70	3.40
	010014	初级工	工时	6.10	8.90	1.50	3.30	5.20	4.80
	010010	合计	工时	10.80	15.90	2.60	5.80	9.30	8.50
材料	060130	煤（烟煤）	kg	7.20	11.10	3.60	9.00	9.50	
	091070	建筑油膏	kg						20.70
	060290	胶油	kg						0.70
	050030	沥青	kg	39.80	57.30	19.70	46.40	11.50	
	050050	沥青油毡	m²	11.60	23.20		21.50	6.30	
	091080	油麻丝	kg					5.50	
	060140	木柴	kg	12.40	18.60	6.20	18.20	18.60	
	200010	其他材料费	%	1.00	1.00	1.00		1.00	
定额编号				4-235	4-236	4-237	4-238	4-239	4-240

4.5.8.3 新型防水材料

工作内容： 1. 三元乙丙、氯丁橡胶防水卷材、SBS改性沥青防水卷材：清理基层、配制涂刷底胶、裁、扫、铺贴卷材防水层，涂刷防护层等。
2. 聚氨酯涂膜防水：清理基层、配制涂刷底胶，涂刷涂膜防水层、刷防护层等。

单位：10 m²

电算编号		项目	单位	屋面				天沟、檐沟			
				三元乙丙	氯丁橡胶	聚氨酯涂膜	SBS改性沥青防水卷材	三元乙丙	氯丁橡胶	聚氨酯涂膜	SBS改性沥青防水卷材
人工	010011	工长	工时	0.40	0.40	0.80	0.21	0.40	0.40	0.90	0.21
	010012	高级工	工时								
	010013	中级工	工时	3.60	3.60	8.40	1.87	3.80	3.80	9.10	1.98
	010014	初级工	工时	5.00	5.00	11.80	2.60	5.40	5.40	12.70	2.81
	010010	合计	工时	9.00	9.00	21.00	4.68	9.60	9.60	22.70	5.00
材料	090442	404胶	kg	4.20				5.80			
	090443	409胶粘剂	kg		5.30				6.80		
	090444	丁基粘结剂	kg					1.30			
	060300	二甲苯	kg	2.20	2.20	1.30		2.20	2.20	1.30	
	091090	基础处理剂	kg	2.10	2.10			2.40	2.40		
	091100	聚氨酯嵌缝膏	kg	0.60				0.20	0.30		
	091110	聚氨酯甲料	kg		0.30	11.30				12.60	
	091120	聚氨酯乙料	kg			16.20				18.10	
	091130	浅色保护涂料	kg	2.00	2.10			2.00	2.00		
	090445	粘结剂	kg	1.30							
	091140	三元乙丙橡胶卷材	m²	11.30				11.30			
	091150	氯丁橡胶卷材	m²		11.30				11.30		
	091160	SBS聚酯胎乙烯膜卷材	m²				12.81				12.81
	090446	改性沥青粘结剂	kg				13.38				13.38
	091170	APP及SBS基层处理剂	kg				3.64				4.16
	091180	SBS封口油膏	kg				0.64				0.64
	030251	钢压条	kg				0.53				0.53
	030171	铁钉 综合	kg								
	200010	其他材料费	%	1.00	1.00	1.00	0.50		1.00		
定额编号				4-241	4-242	4-243	4-244	4-245	4-246	4-247	4-248

4.5.9 钢管脚手架

工作内容： 清场、挖坑、立杆、绑扎、铺板、维护、拆除。

单位：100 m²

电算编号		项目	单位	单排	双排	满堂	
						基本层 5.2 m	增加层 1.2 m
人工	010011	工长	工时	2.00	2.80	2.90	1.40
	010012	高级工	工时	7.80	11.30	11.70	5.80
	010013	中级工	工时	11.70	17.00	17.60	8.70
	010014	初级工	工时	17.60	25.50	26.40	13.00
	010010	合计	工时	39.10	56.60	58.60	28.90
材料	030280	钢管 搭脚手架用	kg	21.06	37.06	23.58	7.86
	030290	扣件	只	3.16	6.30	2.02	0.67
	020040	板枋材三等、木垫板	m³	0.12	0.12		
	200010	其他材料费	%	15.00	15.00	15.00	
机械	140040	汽油型载重汽车　额定载质量 5 t	台时	0.41	0.41	0.21	0.07
定额编号				4-249	4-250	4-251	4-252

注： 单、双排脚手架按垂直投影面积计算，满堂脚手架按水平投影面积计算。

4.6 保洁

工作内容： 1. 水域保洁：水上清捞垃圾、保持水面清洁、垃圾卸至指定地点。

2. 陆域保洁：清扫管理范围内道路、清除绿化中的垃圾、保持景观内台椅等的清洁等。

电算编号		项目	单位	水域保洁	陆域保洁
				万 m²·次	万 m²·次
人工	010011	工长	工时	0.10	0.10
	010012	高级工	工时		
	010013	中级工	工时		
	010014	初级工	工时	1.50	6.20
	010010	合计	工时	1.60	6.30
机械	161270	木船 载重量 10～20 t	台时	0.81	
	161060	机动艇 功率 18 kW	台时	0.33	
	140010	汽油型载重汽车　额定载质量 2 t	台时	0.13	
		垃圾数量	t	(0.24)	
	200020	其他机械费	%	5.00	
其他	200030	其他费用	%		5.00
定额编号				4-253	4-254

注： 括号内的垃圾数量是需要将清捞的垃圾外运，计算外运费用时的参考数量；如遇水域垃圾较多，参照垃圾数量比例扩大人工、机械消耗量。

4.7 其他工程

4.7.1 袋装土围堰

工作内容：就地取土、装袋、封口、堆筑、拆除、清理堰体。

单位：100 m³堰体方

电算编号		项目	单位	编织袋土
人工	010011	工长	工时	18.52
	010012	高级工	工时	
	010013	中级工	工时	
	010014	初级工	工时	905.63
	010010	合计	工时	924.15
材料		黏土	m³	（118.00）
	090360	编织袋	只	2099.00
	200010	其他材料费	%	1.00
定额编号				4-255

注：1. 按就地取土、拆除制定，如需外运可参照土方运输定额另计运输费用。

2. 围堰拆除用工占围堰筑拆用工各工种的40%。

4.7.2 轻型井点

工作内容：1. 井点安装：包括井点装配，地面试管、铺总管，安装、拆除水泵，钻机安装、拆除，钻孔沉管，灌砂封口，连接、试抽。

2. 井点拆除：包括拔管、拆管、灌砂、清洗整理、堆放。

3. 井点使用：包括抽水，井管堵漏。

电算编号		项目	单位	安装	拆除	使用
				套		套天
人工	010011	工长	工时	6.21	4.26	1.15
	010012	高级工	工时	21.05	14.61	3.80
	010013	中级工	工时	69.23	48.19	12.54
	010014	初级工	工时	27.26	18.98	4.95
	010010	合计	工时	123.80	86.04	22.44
材料	090460	轻型井点总管 ϕ100 mm	m	0.06		0.04
	090470	轻型井点井管 ϕ40 mm×L7 m	m	1.10		0.83
	010050	黄砂	t	5.15		
	090480	高压胶管	m	8.50		
	090010	水	m³	90.90		
	200010	其他材料费	%	0.10		11.30

续表

电算编号		项目	单位	安装	拆除	使用
				套		套天
机械	110490	钻机 XJ-100 轻便	台时	14.68		
	150540	卷扬机起重量 0.5 t 单筒快速	台时		6.18	
	170370	射流井点泵最大抽吸深度 9.5 m	台时			24.72
	170230	离心水泵单级功率 5～10 kW	台时	10.00	2.00	
定额编号				4-256	4-257	4-258

4.7.3 栏杆维修

工作内容： 1. 钢筋混凝土花板栏杆：破损栏杆的拆除和清理，钢筋制作、安装，混凝土拌和、运输、浇筑、养护，构件运输、安装，砂浆抹面，配料涂料，涂刷，场内运输，清理场地等。2. 钢筋混凝土柱钢栏杆：破损栏杆的拆除和清理、放样、配料、切割、煨制、焊接、堆放；定位、固定、现浇混凝土栏杆、沿石、安装钢栏杆扶手；除锈、涂刷底漆一度、面漆二度；场内运输、清理场地。3. 不锈钢栏杆：拆除破损栏杆、放样、配料、切割、煨制、焊接、场内运输、清理场地。

单位：10 m

电算编号		项目	单位	钢筋混凝土花板栏杆	钢筋混凝土柱钢栏杆	不锈钢栏杆
人工	010011	工长	工时	7.90	10.80	1.30
	010012	高级工	工时	24.80	33.80	4.00
	010013	中级工	工时	95.00	129.90	15.50
	010014	初级工	工时	70.30	96.10	11.40
	010010	合计	工时	198.0	270.60	32.20
材料		混凝土	m^3	1.17	0.71	
		砂浆	m^3	0.11		
	020030	板枋材 一、二等	m^3	0.08	0.04	
	030010	钢筋	kg	167.00	151.30	
	030240	型钢 综合	kg		350.00	
	030060	钢管 综合	kg		103.60	
	030062	不锈钢管Φ31.8×1.0	m			56.93
	030063	不锈钢管Φ60×1.0	m			10.60
	030064	不锈钢管Φ89×1.5	m			10.60
	030351	不锈钢法兰盘Φ59	只			57.71
	030171	铁钉 综合	kg	22.40	27.00	
	030130	铅丝Φ1.5 mm	kg	0.46	0.77	
	060010	油漆 综合	kg		3.20	
	040100	乙炔气	m^3		1.86	
	040090	氧气	m^3		5.19	
	040050	电焊条 综合	kg		7.20	
	040140	不锈钢焊丝	kg			1.27
	200010	其他材料费	%	2.00	2.00	5.00

续表

电算编号		项目	单位	钢筋混凝土花板栏杆	钢筋混凝土柱钢栏杆	不锈钢栏杆
机械	130140	振捣器 平板式 功率 2.2 kW	台时	1.30		
	130110	振捣器 插入式 功率 1.1 kW	台时	1.30	8.45	
	180110	钢筋切断机 功率 7 kW	台时	0.49	0.50	
	180141	管子切断机 φ60 mm	台时			7.50
	180490	氩弧焊机 ≤500 A	台时			1.24
	180050	电焊机 交流 25 kVA～30 kVA	台时		9.10	1.05
	200020	其他机械费	%	1.00	1.00	2.00
定额编号				4-259	4-260	4-261

备注： 石材栏杆维修参照钢筋混凝土花板栏杆子目套用，石材另计，人工乘以系数 0.4，砂浆乘以系数 1.0，其余材料、机械不计。

4.7.4 白蚁防治

工作内容： 1. 堤坝白蚁检查与灭治：投药、检查、查找死巢、打标记桩等。

2. 毒土层防治：坡面整平压实、投药、压实、覆盖植草。

电算编号		项目	单位	堤坝白蚁检查与灭治			毒土层防治
				蚁害程度			
				严重	中度	轻度	
				100 m²/年			100 m²
人工	010011	工长	工时	2.20	1.80	1.60	0.61
	010012	高级工	工时	1.36	1.33	0.97	1.20
	010013	中级工	工时	1.00	0.90	0.56	3.25
	010014	初级工	工时	0.80	0.50	0.30	4.91
	010010	合计	工时	5.36	4.53	3.43	9.97
材料	091270	引诱材料	kg	1.26	0.84	0.56	
	091271	饵剂	袋	18.00	12.00	8.00	
	091272	标记装	根	4.00	3.00	3.00	
	091280	10%吡虫啉悬浮剂	kg				5.00
	090010	水	m³				0.10
机械	180800	自动喷药车	台时				0.70
	140010	载重汽车 额定载质量 2 t 汽油型	台时	1.36	1.33	0.97	
	200030	其他费用	%	15.00	16.00	16.00	5.00
定额编号				4-262	4-263	4-264	4-265

注： 1. 蚁害程度划分：

（1）严重蚁害：每 100 m² 白蚁活动迹象 2 处以上，在灭制范围内有多处分群孔，定为有严重蚁害。

（2）中度蚁害：每 100 m² 白蚁活动迹象 2 处以内，在灭制范围内有少量分群孔，定为有中度蚁害。

（3）轻度蚁害：每 100 m² 有零星白蚁活动迹象，部分地段无白蚁活动迹象，定为有轻度蚁害。

2. 毒土层防治按投药 50 g/m² 编制，若投药量变化按实际用量调整，水按相应投药量的 20 倍调整。

5　工程测量

说　明

一、本章包括控制测量、地形测量、水下地形测量、河道断面测量、测压管水位观测、垂直位移观测、水平位移观测和水下探摸8节。

二、困难类别划分

1. 控制测量、地形测量困难类别划分见表1，当按困难类别表确定的困难类别不同时，按其中高的确定。

表1　地面测量困难类别表

类别		简单	中等	复杂
一般地区	地形	地起伏小或比高≤20 m	起伏大但有规律,或比高≤80 m的丘陵地	起伏变化很大或比高>80 m的山地
	通视	良好，隐蔽地区面积≤20%	一般，隐蔽地区面积≤40%	困难，隐蔽地区面积≤60%
	通行	较好，植物低矮，比高较小的梯田地区	一般，植物较高，比高较大的梯田，容易通过的沼泽或稻田地区	困难，密集的树林或荆棘灌木丛林、竹林，难以通行的水网、稻田、沼泽、沙漠地，岭谷险峻、地形切割剧烈、攀登艰难的山区
	地物	稀少	较少	较多
建筑群区		有一般地区特征，细部坐标点每格≤5；建筑物占图面积≤30%	有一般地区特征，细部坐标点每格≤8；建筑物占图面积≤50%	有一般地区特征，细部坐标点每格>8；建筑物占图面积>50%

2. 水下地形测量、河道断面测量、水下探摸难度划分见表2，当按困难类别表确定的困难类别不同时，按其中高的确定。

表2　水域测量困难类别表

类别	简单	中等	复杂
测线长度	≤300 m	≤500 m	>500 m
水深	水深≤5 m，无摸浅工作	水深≤15 m，或浅滩、礁石较多，有摸浅工作	水深>15 m，或在河泊封冻期作业，浅滩、礁石很多，摸浅工作多

续表

类别	简单	中等	复杂
通视	岸边开阔，通视良好	岸边芦苇、灌木较少，或有少量建筑物、堆积物，有低于1.5 m的围墙及防汛堤，有部分防护林带	岸边有成片较密的芦苇、灌木，或建筑物、堆积物较多，有高于1.5 m的围墙及防汛堤，有较密集的防护林带
障碍	无来往船只	来往船只较少或测区内有个别停留的船、竹排、木排	船只来往频繁或测区内停泊的船、竹排、木排较多
水流	平水，无潮汐影响	流速在0.5 m/s以内，无潮汐影响	流速在0.5 m/s以上，有潮汐影响

3. 测压管水位观测困难类别划分见表3。

表3　测压管水位观测困难类别表

类别	简单	中等	复杂
测压管布置及交通状况	测压管集中布置，无车或很少有车辆往来	测压管集中布置，车辆往来频繁	测压管分立布置，车辆往来频繁
		测压管分立布置，无车或很少有车辆来往	

4. 垂直位移观测、水平位移观测困难分类划分见表4，当按困难类别表确定的困难类别不同时，按其中高的确定。

表4　位移观测困难分类表

类别	简单	中等	复杂
地形	地形及建筑物施测面平坦	地形较复杂，相邻建筑物相邻测点高差＜3 m，施测面倾斜程度1∶5≤坡度＜1∶3	地形复杂，相邻建筑物相邻测点高差≥3 m，建筑物施测面倾斜坡度≥1∶3
通行通视	通行通视良好	通行通视条件较差，在通常一镜的距离内，需增加站数	通行通视条件差，在一个建筑物上有障碍阻挡不能直接通行，测量需绕道，需增加测量线段
障碍	流动障碍较少	流动障碍较多，基本无振动	流动障碍多，往来频繁，且有振动
测站	施测难度较小，单站可带中视点超过2个	施测难度较大，单站可带中视点少于2个（作为转点的除外）	施测难度大，单站无中视点

三、适用本章定额的工作范围和计算规定：

1. 控制测量：

（1）本定额为沿海、内河通用定额。

（2）一级控制：包括一级导线控制和一级GPS控制。

（3）二级控制：包括二级导线控制和二级 GPS 控制。

（4）图根控制：包括导线图根控制和 GPS 图根控制。

（5）新设控制点的岛屿，每点按定额增加 2%计算。

（6）选用旧点观测时，按定额的 50%计算。

（7）工作基点考证线路小于 1 km 按 1 km 计；线路小于 0.2 km，套用垂直位移观测相应等级子目。

2. 地形测量：

（1）测量区域比高超过 800 m 时，按确定的难度类别的定额工时、仪器台时数各增加 10%计算。

（2）图面上宽度小于等于 10 cm 的带状地形测量，按本定额外业部分增加 20%计算。

（3）图比 1∶500：测量面积小于 0.3 km^2时，按 0.3 km^2计算。

（4）图比 1∶1000：测量面积小于 0.5 km^2时，按 0.5 km^2计算。

（5）图比 1∶2000：测量面积小于 1 km^2时，按 1 km^2计算。

3. 水下地形测量：

（1）定额中测深杆(锤)水深测量不分地区，统一按定额计算。

（2）图比 1∶500：测量面积小于 0.3 km^2时，按 0.3 km^2计算。

（3）图比 1∶1000：测量面积小于 0.5 km^2时，按 0.5 km^2计算。

（4）图比 1∶2000：测量面积小于 1 km^2时，按 1 km^2计算。

4. 河道断面测量：

（1）本定额综合考虑了江苏省常用的断面测量方法。

（2）采用断面法测量工程上下游连接段河道水下地形时，套用本定额，其他水下地形测量套用相应定额。

（3）大断面测量断面桩以外的岸上测量部分套用相应的高程观测或地形测量定额。

5. 测压管水位观测：

（1）本定额适用水工建筑物无压测压管水位的人工观测，不适用测压管自动监测。

（2）沿海与感潮河段按 24 小时人工连续观测编制。

（3）有压测压管可参照相应简单类别定额。

5.1　控制测量

外业工作内容：1. 平面控制测量：仪器检验、觇标检查加固、投影、归心计算，测天顶距和水平角，量高、测距和气象要素测定，测量手簿检查。2. 高程控制测量：仪器和标尺检查、高程观测、测量手簿计算和检查，编制高程表等。

内业工作内容：1. 平面控制测量：整理外业工作数据，检查外业手簿及各项计算资料，计算三角形闭合差，测角中误差，起始边长度及方位投影计算；观测值归算至椭球面，高斯平面改正数计算，平差解算和精度评定；编制成果表、绘制标石类型图，控制网技术总结，整理装订计算手簿等。2. 高程控制测量：检查外业资料，编制资料分析登记表，水准标尺改正，编制高程表，计算近似高程，绘制拼环图，外业观测成果精度分析；平差、精度计算、编制点名点号对照表、重合点高程比较表，绘制标石类型图、水准网图，编制成果表，编写技术总结，整理装订等。

5.1.1　导线观测 一级

单位：点

电算编号			项目	单位	困难类别		
					简单	中等	复杂
外业	人工	010011	工长	工时	13.98	16.08	18.50
		010012	高级工	工时	13.98	16.08	18.50
		010013	中级工	工时	27.97	32.16	36.99
		010014	初级工	工时	13.98	16.08	18.50
		010010	合计	工时	69.91	80.40	92.49
	机械	190910	全站仪±(2 mm+2 ppm×d)；2″	台时	13.04	15.04	17.28
		200020	其他机械费	%	20.00	20.00	20.00
内业	人工	010012	高级工	工时	23.04	24.16	25.36
	机械		器材摊销费	元	102.86	108.00	113.40
定额编号					5-1	5-2	5-3

5.1.2　导线观测 二级

单位：点

电算编号			项目	单位	困难类别		
					简单	中等	复杂
外业	人工	010011	工长	工时	11.17	12.85	14.77
		010012	高级工	工时	11.17	12.85	14.77
		010013	中级工	工时	22.34	25.70	29.54
		010014	初级工	工时	11.17	12.85	14.77
		010010	合计	工时	55.85	64.25	73.85
	机械	190910	全站仪±(2 mm+2 ppm×d)；2″	台时	10.40	12.00	13.84
		200020	其他机械费	%	20.00	20.00	20.00

续表

电算编号			项目	单位	困难类别		
					简单	中等	复杂
内业	人工	010012	高级工	工时	18.40	19.28	20.24
	机械		器材摊销费	元	82.29	86.40	90.72
定额编号					5-4	5-5	5-6

5.1.3 导线观测 图根

单位：点

电算编号			项目	单位	困难类别		
					简单	中等	复杂
外业	人工	010011	工长	工时	8.06	9.28	10.67
		010012	高级工	工时	8.06	9.28	10.67
		010013	中级工	工时	16.13	18.56	21.34
		010014	初级工	工时	8.06	9.28	10.67
		010010	合计	工时	40.31	46.40	53.35
	机械	190910	全站仪±(2 mm+2 ppm×d)；2 "	台时	7.52	8.64	9.92
		200020	其他机械费	%	20.00	20.00	20.00
内 业	人工	010012	高级工	工时	13.28	13.92	14.64
	机械		器材摊销费	元	65.83	69.12	72.58
定额编号					5-7	5-8	5-9

5.1.4 GPS 观测 一级

单位：点

电算编号			项目	单位	困难类别		
					简单	中等	复杂
外业	人工	010011	工长	工时	12.26	14.10	16.21
		010012	高级工	工时	12.26	14.10	16.21
		010013	中级工	工时	24.51	28.19	32.42
		010014	初级工	工时	12.26	14.10	16.21
		010010	合计	工时	61.29	70.49	81.05
	机械	190900	定位系统 RTK-GPS±(5 mm+1 ppm)	台时	9.04	10.40	12.00
		200020	其他机械费	%	20.00	20.00	20.00
内业	人工	010012	高级工	工时	20.08	21.12	22.16
	机械		器材摊销费	元	217.14	228.00	239.40
定额编号					5-10	5-11	5-12

5.1.5 GPS观测 二级

单位：点

电算编号			项目	单位	困难类别		
					简单	中等	复杂
外业	人工	010011	工长	工时	10.32	11.87	13.65
		010012	高级工	工时	10.32	11.87	13.65
		010013	中级工	工时	20.64	23.74	27.30
		010014	初级工	工时	10.32	11.87	13.65
		010010	合计	工时	51.60	59.35	68.25
	机械	190900	定位系统 RTK-GPS±(5 mm+1 ppm)	台时	7.52	8.64	10.00
		200020	其他机械费	%	20.00	20.00	20.00
内业	人工	010012	高级工	工时	16.96	17.84	18.72
	机械		器材摊销费	元	169.75	178.24	187.15
定额编号					5-13	5-14	5-15

5.1.6 GPS观测 图根

单位：点

电算编号			项目	单位	困难类别		
					简单	中等	复杂
外业	人工	010011	工长	工时	6.35	7.30	8.38
		010012	高级工	工时	6.35	7.30	8.38
		010013	中级工	工时	12.70	14.59	16.77
		010014	初级工	工时	6.35	7.30	8.38
		010010	合计	工时	31.75	36.49	41.91
	机械	190900	定位系统 RTK-GPS±(5 mm+1 ppm)	台时	7.12	8.16	9.36
		200020	其他机械费	%	20.00	20.00	20.00
内业	人工	010012	高级工	工时	10.40	10.96	11.52
	机械		器材摊销费	元	93.75	98.44	103.36
定额编号					5-16	5-17	5-18

5.1.7 高程观测 一等水准

单位：km

电算编号			项目	单位	困难类别		
					简单	中等	复杂
外业	人工	010011	工长	工时	7.54	8.64	9.94
		010012	高级工	工时	7.54	8.64	9.94
		010013	中级工	工时	15.05	17.28	19.90
		010014	初级工	工时	7.54	8.64	9.94
		010010	合计	工时	37.67	43.20	49.72
	机械	190930	水准仪±0.3 mm	台时	7.49	8.64	9.98
内业	人工	010012	高级工	工时	12.48	13.06	13.63
	机械		器材摊销费	元	127.92	134.32	141.04
定额编号					5-19	5-20	5-21

5.1.8 高程观测 二等水准

单位：km

电算编号			项目	单位	困难类别		
					简单	中等	复杂
外业	人工	010011	工长	工时	6.28	7.20	8.28
		010012	高级工	工时	6.28	7.20	8.28
		010013	中级工	工时	12.54	14.40	16.58
		010014	初级工	工时	6.28	7.20	8.28
		010010	合计	工时	31.38	36.00	41.42
	机械	190930	水准仪±0.3 mm	台时	6.24	7.20	8.32
内业	人工	010012	高级工	工时	10.40	10.88	11.36
	机械		器材摊销费	元	106.60	111.93	117.53
定额编号					5-22	5-23	5-24

5.1.9 高程观测 三等水准

单位：km

电算编号			项目	单位	困难类别		
					简单	中等	复杂
外业	人工	010011	工长	工时	3.14	3.60	4.14
		010012	高级工	工时	3.14	3.60	4.14
		010013	中级工	工时	6.27	7.20	8.29
		010014	初级工	工时	3.14	3.60	4.14
		010010	合计	工时	15.69	18.00	20.71
	机械	190931	水准仪±0.7 mm	台时	3.12	3.60	4.16

续表

电算编号			项目	单位	困难类别		
					简单	中等	复杂
内业	人工	010012	高级工	工时	5.20	5.44	5.68
	机械		器材摊销费	元	82.00	86.10	90.41
定额编号					5-25	5-26	5-27

5.1.10 高程观测 四等水准

单位：km

电算编号			项目	单位	困难类别		
					简单	中等	复杂
外业	人工	010011	工长	工时	1.87	2.16	2.48
		010012	高级工	工时	1.87	2.16	2.48
		010013	中级工	工时	3.74	4.32	4.96
		010014	初级工	工时	1.87	2.16	2.48
		010010	合计	工时	9.35	10.80	12.40
	机械	190931	水准仪±0.7 mm	台时	1.84	2.16	2.48
内业	人工	010012	高级工	工时	3.12	3.28	3.44
	机械		器材摊销费	元	61.90	65.00	68.25
定额编号					5-28	5-29	5-30

5.1.11 高程观测 图根水准

单位：km

电算编号			项目	单位	困难类别		
					简单	中等	复杂
外业	人工	010011	工长	工时	1.41	1.62	1.86
		010012	高级工	工时	1.41	1.62	1.86
		010013	中级工	工时	2.82	3.23	3.71
		010014	初级工	工时	1.41	1.62	1.86
		010010	合计	工时	7.05	8.09	9.29
	机械	190932	水准仪±2 mm	台时	0.96	1.12	1.28
内业	人工	010012	高级工	工时	2.32	2.40	2.56
	机械		器材摊销费	元	45.71	48.00	50.40
定额编号					5-31	5-32	5-33

5.2　地形测量

外业工作内容： 测量仪检查、校正；图根导线：选点、打桩、量距、观测、水准计算、手簿检查、绘制分幅图及整理明细表等；测图：打开图廓、展点、测绘地物地貌、接边检查等；图纸整饰：整饰地物地貌、接边、修改、检查等。

内业工作内容： 对外业资料的整理、检查和校核；对外业图纸整饰、拼图、扫描、制图和晒图等；编写技术总结，对外业资料整理、分类、装订和归档。

5.2.1　地形测量 图比 1:500

单位：km²

电算编号			项目	单位	困难类别		
					简单	中等	复杂
外业	人工	010011	工长	工时	286.13	343.36	429.20
		010012	高级工	工时	286.13	343.36	429.20
		010013	中级工	工时	572.26	686.72	858.40
		010014	初级工	工时	286.13	343.36	429.20
		010010	合计	工时	1430.65	1716.80	2146.00
	机械	190910	全站仪±(2 mm+2 ppm×d)；2 "	台时	215.12	258.16	322.72
		200020	其他机械费	%	10.00	10.00	10.00
内业	人工	010012	高级工	工时	490.48	515.04	540.80
	机械		器材摊销费	元	1780.95	1870.00	1963.50
定额编号					5-34	5-35	5-36

5.2.2　地形测量 图比 1:1000

单位：km²

电算编号			项目	单位	困难类别		
					简单	中等	复杂
外业	人工	010011	工长	工时	126.96	152.35	190.45
		010012	高级工	工时	126.96	152.35	190.45
		010013	中级工	工时	253.92	304.70	380.90
		010014	初级工	工时	126.96	152.35	190.45
		010010	合计	工时	634.80	761.75	952.25
	机械	190910	全站仪±(2 mm+2 ppm×d)；2 "	台时	99.60	119.52	149.44
		200020	其他机械费	%	10.00	10.00	10.00
内 业	人工	010012	高级工	工时	217.68	228.56	240.00
	机械		器材摊销费	元	793.59	833.27	874.93
定额编号					5-37	5-38	5-39

5.2.3 地形测量 图比 1:2000

单位：km²

电算编号			项目	单位	困难类别		
					简单	中等	复杂
外业	人工	010011	工长	工时	54.64	65.57	81.97
		010012	高级工	工时	54.64	65.57	81.97
		010013	中级工	工时	109.28	131.14	163.94
		010014	初级工	工时	54.64	65.57	81.97
		010010	合计	工时	273.20	327.85	409.85
	机械	190910	全站仪±(2 mm+2 ppm×d)；2 "	台时	39.52	47.44	59.28
		200020	其他机械费	%	10.00	10.00	10.00
内业	人工	010012	高级工	工时	93.68	98.32	103.28
	机械		器材摊销费	元	569.52	598.00	627.90
定额编号					5-40	5-41	5-42

5.3 水下地形测量

外业工作内容：测量仪器检查、校正，临时水位站和水尺设立，水位观测和改正，船舶补给和航行，计划测深线的布设，水深测量及定位，测深点记入及外业资料的整理、检查、修正和补测工作等。

内业工作内容：对外业资料的整理、检查和校核；对外业图纸整饰、拼图、扫描、制图和晒图等；编写技术总结，对外业资料整理、分类、装订和归档。

5.3.1 测深仪测量 图比 1:500

单位：km²

电算编号			项目	单位	困难类别		
					简单	中等	复杂
外业	人工	010011	工长	工时	360.94	433.14	519.76
		010012	高级工	工时	360.94	433.14	519.76
		010013	中级工	工时	721.89	866.27	1039.52
		010014	初级工	工时	360.94	433.14	519.76
		010010	合计	工时	1804.71	2165.69	2598.80
	机械	161400	测量船 60 kW	艘时	165.52	198.64	238.40
		161440	住宿船 11～20 床位	艘时	165.52	198.64	238.40
		190890	定位系统 DGPS ±1 m	台时	331.04	397.28	476.72
		190920	单波束测深仪 ±3 cm	台时	165.52	198.64	238.40
内业	人工	010012	高级工	工时	618.72	649.68	682.16
	机械		器材摊销费	元	1571.43	1650.00	1732.50
定额编号					5-43	5-44	5-45

5.3.2 测深仪测量 图比 1:1000

单位：km^2

电算编号			项目	单位	困难类别		
					简单	中等	复杂
外业	人工	010011	工长	工时	126.93	152.30	182.77
		010012	高级工	工时	126.93	152.30	182.77
		010013	中级工	工时	253.86	304.61	365.54
		010014	初级工	工时	126.93	152.30	182.77
		010010	合计	工时	634.65	761.51	913.85
	机械	161410	测量船 75 kW	艘时	63.84	76.64	92.00
		161440	住宿船 11～20 床位	艘时	63.84	76.64	92.00
		190890	定位系统 DGPS ±1 m	台时	127.76	153.28	183.92
		190920	单波束测深仪 ±3 cm	台时	63.84	76.64	92.00
内业	人工	010012	高级工	工时	217.60	228.48	239.92
	机械		器材摊销费	元	1417.14	1488.00	1562.40
定额编号					5-46	5-47	5-48

5.3.3 测深仪测量 图比 1:2000

单位：km^2

电算编号			项目	单位	困难类别		
					简单	中等	复杂
外业	人工	010011	工长	工时	71.04	85.25	102.30
		010012	高级工	工时	71.04	85.25	102.30
		010013	中级工	工时	142.08	170.50	204.61
		010014	初级工	工时	71.04	85.25	102.30
		010010	合计	工时	355.20	426.25	511.51
	机械	161420	测量船 90 kW	艘时	26.32	31.60	37.92
		161440	住宿船 11～20 床位	艘时	26.32	31.60	37.92
		190890	定位系统 DGPS ±1 m	台时	52.64	63.20	75.84
		190920	单波束测深仪 ±3 cm	台时	26.32	31.60	37.92
内业	人工	010012	高级工	工时	121.84	127.92	134.32
	机械		器材摊销费	元	887.62	932.00	978.60
定额编号					5-49	5-50	5-51

5.3.4 测深杆（锤）测量 图比 1:500

单位：km²

电算编号			项目	单位	困难类别		
					简单	中等	复杂
外业	人工	010011	工长	工时	328.16	393.79	472.54
		010012	高级工	工时	328.16	393.79	472.54
		010013	中级工	工时	656.32	787.58	945.09
		010014	初级工	工时	328.16	393.79	472.54
		010010	合计	工时	1640.80	1968.95	2362.71
	机械	161430	测量船 110 kW	艘时	146.16	175.36	210.40
内业	人工	010012	高级工	工时	562.56	590.72	620.24
	机械		器材摊销费	元	1167.62	1226.00	1287.30
定额编号					5-52	5-53	5-54

5.3.5 测深杆（锤）测量 图比 1:1000

单位：km²

电算编号			项目	单位	困难类别		
					简单	中等	复杂
外业	人工	010011	工长	工时	172.00	206.40	247.68
		010012	高级工	工时	172.00	206.40	247.68
		010013	中级工	工时	344.00	412.80	495.36
		010014	初级工	工时	172.00	206.40	247.68
		010010	合计	工时	860.00	1032.00	1238.40
	机械	161430	测量船 110 kW	艘时	61.44	73.76	88.48
内业	人工	010012	高级工	工时	294.88	309.60	325.12
	机械		器材摊销费	元	1031.43	1083.00	1137.15
定额编号					5-55	5-56	5-57

5.4　河道断面测量

外业工作内容：准备工作，检校仪器，测量断面点的位置和高程，设置过河索，观测实时水位，计划测深线的布设，水深测量及定位，测深点记入及外业资料的整理、检查、修正和补测工作等。

内业工作内容：资料整理，编制成果表，检查和校核，绘制断面图和平面图，编制观测成果（断面成果与冲淤量比较表）、绘制水下地形图，编写观测工作说明与总结，整理装订等。

5.4.1　河道断面测量 断面宽≤50 m

单位：个

电算编号			项目	单位	困难类别		
					简单	中等	复杂
外业	人工	010011	工长	工时	0.88	1.10	1.43
		010012	高级工	工时	0.88	1.10	1.43
		010013	中级工	工时	1.76	2.20	2.86
		010014	初级工	工时	1.76	2.20	2.86
		010010	合计	工时	5.28	6.60	8.58
	机械	161430	测量船 110 kW	艘时	0.88	1.10	1.43
		190920	单波束测深仪 ±3 cm	台时	0.62	0.77	1.00
		190900	定位系统 RTK-GPS±(5 mm+1 ppm)	台时	0.88	1.10	1.43
		200020	其他机械费	%	20.00	20.00	20.00
内业	人工	010012	高级工	工时	1.98	2.20	2.42
	机械		器材摊销费	元	88.54	93.20	97.86
定额编号					5-58	5-59	5-60

注：1. 若采用测深锤(杆)测量，取消机械中测深仪、定位系统，外业人工乘以系数 1.25。

2. 按河床断面测量制定，若同时测量河道淤泥底断面线，外业人工乘以系数 1.9。

5.4.2　河道断面测量 断面宽 50 ~ 100 m

单位：个

电算编号			项目	单位	困难类别		
					简单	中等	复杂
外业	人工	010011	工长	工时	1.10	1.38	1.79
		010012	高级工	工时	1.10	1.38	1.79
		010013	中级工	工时	2.20	2.75	3.58
		010014	初级工	工时	2.20	2.75	3.58
		010010	合计	工时	6.60	8.25	10.73
	机械	161430	测量船 110 kW	艘时	1.10	1.38	1.79
		190920	单波束测深仪 ±3 cm	台时	0.77	0.96	1.25
		190900	定位系统 RTK-GPS±(5 mm+1 ppm)	台时	1.10	1.38	1.79
		200020	其他机械费	%	20.00	20.00	20.00

续表

电算编号			项目	单位	困难类别		
					简单	中等	复杂
内业	人工	010012	高级工	工时	2.48	2.75	3.03
	机械		器材摊销费	元	116.47	122.60	128.73
定额编号					5-61	5-62	5-63

注： 1. 若采用测深锤(杆)测量，取消机械中测深仪、定位系统，外业人工乘以系数 1.25。

2. 按河床断面测量制定，若同时测量河道淤泥底断面线，外业人工乘以系数 1.9。

5.4.3 河道断面测量 断面宽 100 ~ 200 m

单位：个

电算编号			项目	单位	困难类别		
					简单	中等	复杂
外业	人工	010011	工长	工时	1.28	1.60	2.08
		010012	高级工	工时	1.28	1.60	2.08
		010013	中级工	工时	2.56	3.20	4.16
		010014	初级工	工时	2.56	3.20	4.16
		010010	合计	工时	7.68	9.60	12.48
	机械	161430	测量船 110 kW	艘时	1.28	1.60	2.08
		190920	单波束测深仪 ±3 cm	台时	0.90	1.12	1.46
		190900	定位系统 RTK-GPS±(5 mm+1 ppm)	台时	1.28	1.60	2.08
		200020	其他机械费	%	20.00	20.00	20.00
内业	人工	010012	高级工	工时	2.88	3.20	3.52
	机械		器材摊销费	元	135.53	142.66	149.79
定额编号					5-64	5-65	5-66

注： 1. 若采用测深锤(杆)测量，取消机械中测深仪、定位系统，外业人工乘以系数 1.25。

2. 按河床断面测量制定，若同时测量河道淤泥底断面线，外业人工乘以系数 1.9。

5.4.4 河道断面测量 断面宽 200 ~ 300 m

单位：个

电算编号			项目	单位	困难类别		
					简单	中等	复杂
外业	人工	010011	工长	工时	1.47	1.84	2.39
		010012	高级工	工时	1.47	1.84	2.39
		010013	中级工	工时	2.94	3.68	4.78
		010014	初级工	工时	4.41	5.51	7.17
		010010	合计	工时	10.29	12.86	16.72
	机械	161430	测量船 110 kW	艘时	1.47	1.84	2.39
		190920	单波束测深仪 ±3 cm	台时	1.03	1.29	1.67
		190900	定位系统 RTK-GPS±(5 mm+1 ppm)	台时	1.47	1.84	2.39
		200020	其他机械费	%	10.00	10.00	10.00
内业	人工	010012	高级工	工时	3.31	3.68	4.04
	机械		器材摊销费	元	155.65	163.84	172.03
定额编号					5-67	5-68	5-69

注：1. 若采用测深锤(杆)测量，取消机械中测深仪、定位系统，外业人工乘以系数 1.25。

2. 按河床断面测量制定，若同时测量河道淤泥底断面线，外业人工乘以系数 1.9。

5.4.5 河道断面测量 断面宽 300 ~ 500 m

单位：个

电算编号			项目	单位	困难类别		
					简单	中等	复杂
外业	人工	010011	工长	工时	1.54	1.93	2.50
		010012	高级工	工时	1.54	1.93	2.50
		010013	中级工	工时	3.08	3.85	5.01
		010014	初级工	工时	4.62	5.78	7.51
		010010	合计	工时	10.78	13.48	17.52
	机械	161430	测量船 110 kW	艘时	1.54	1.93	2.50
		190920	单波束测深仪 ±3 cm	台时	1.08	1.35	1.75
		190900	定位系统 RTK-GPS±(5 mm+1 ppm)	台时	1.54	1.93	2.50
		200020	其他机械费	%	10.00	10.00	10.00
内业	人工	010012	高级工	工时	3.47	3.85	4.24
	机械		器材摊销费	元	163.06	171.64	180.22
定额编号					5-70	5-71	5-72

注：1. 若采用测深锤(杆)测量，取消机械中测深仪、定位系统，外业人工乘以系数 1.25。

2. 按河床断面测量制定，若同时测量河道淤泥底断面线，外业人工乘以系数 1.9。

5.4.6　河道断面测量 断面宽＞500 m

单位：个

电算编号			项目	单位	困难类别		
					简单	中等	复杂
外业	人工	010011	工长	工时	1.68	2.10	2.73
		010012	高级工	工时	1.68	2.10	2.73
		010013	中级工	工时	3.36	4.20	5.46
		010014	初级工	工时	5.04	6.30	8.19
		010010	合计	工时	11.76	14.70	19.11
	机械	161430	测量船 110 kW	艘时	1.68	2.10	2.73
		190920	单波束测深仪 ±3 cm	台时	1.18	1.47	1.91
		190900	定位系统 RTK-GPS±(5 mm+1 ppm)	台时	1.68	2.10	2.73
		200020	其他机械费	%	10.00	10.00	10.00
内业	人工	010012	高级工	工时	3.78	4.20	4.62
	机械		器材摊销费	元	177.88	187.24	196.61
定额编号					5-73	5-74	5-75

注： 1. 若采用测深锤(杆)测量，取消机械中测深仪、定位系统，外业人工乘以系数 1.25。

2. 按河床断面测量制定，若同时测量河道淤泥底断面线，外业人工乘以系数 1.9。

5.5　测压管水位观测

外业工作内容： 仪器检查、校核，水位观测等。

内业工作内容： 资料的整理、检查和校核；填写成果表、绘制过程线；编写观测工作说明与总结，整理装订等。

5.5.1　沿海及感潮河段无压测压管水位观测

单位：24 h

电算编号			项目	单位	困难类别		
					简单	中等	复杂
外业	人工	010011	工长	工时			
		010012	高级工	工时			
		010013	中级工	工时	24.00	48.00	72.00
		010014	初级工	工时			
		010010	合计	工时	24.00	48.00	72.00
内业	人工	010012	高级工	工时	6.88	7.20	7.60
	机械		器材摊销费	元	59.83	62.82	65.96
定额编号					5-76	5-77	5-78

注： 定额以 3 组、每组 3 根测压管为基数，每增加 1 组测压管，外业中级工增加 3 工时。

5.5.2 内河工程无压测压管水位观测

单位：次

电算编号			项目	单位	困难类别		
					简单	中等	复杂
外业	人工	010011	工长	工时			
		010012	高级工	工时			
		010013	中级工	工时	0.30	1.00	2.00
		010014	初级工	工时			
		010010	合计	工时	0.30	1.00	2.00
内业	人工	010012	高级工	工时	0.57	0.60	0.63
	机械		器材摊销费	元	24.53	29.35	36.69
定额编号					5-79	5-80	5-81

注：定额以3组、每组3根测压管为基数，每增加1组测压管，外业中级工增加0.1工时。

5.6 垂直位移观测

外业工作内容：仪器检查、校核，垂直位移观测等。

内业工作内容：资料的整理、检查和校核；编制成果表及报表、绘制分布图及过程线等；编写说明、初步分析和技术报告等；资料分类、装订和归档。

5.6.1 垂直位移观测 一等水准

单位：10点·次

电算编号			项目	单位	困难类别		
					简单	中等	复杂
外业	人工	010011	工长	工时	12.48	16.22	21.90
		010012	高级工	工时	12.48	16.22	21.90
		010013	中级工	工时	24.96	32.45	43.81
		010014	初级工	工时	12.48	16.22	21.90
		010010	合计	工时	62.40	81.11	109.51
	机械	190930	水准仪 ±0.3 mm	台时	19.81	25.75	34.76
		200020	其他机械费	%	20.00	20.00	20.00
内业	人工	010012	高级工	工时	21.37	27.78	37.50
	机械		器材摊销费	元	179.48	233.32	314.98
定额编号					5-82	5-83	5-84

5.6.2 垂直位移观测 二等水准

单位：10点·次

电算编号			项目	单位	困难类别		
					简单	中等	复杂
外业	人工	010011	工长	工时	9.60	12.48	16.85
		010012	高级工	工时	9.60	12.48	16.85
		010013	中级工	工时	19.20	24.96	33.70
		010014	初级工	工时	9.60	12.48	16.85
		010010	合计	工时	48.00	62.40	84.25
	机械	190930	水准仪 ±0.3 mm	台时	15.24	19.81	26.74
		200020	其他机械费	%	20.00	20.00	20.00
内业	人工	010012	高级工	工时	16.44	21.37	28.85
	机械		器材摊销费	元	138.06	179.48	242.30
定额编号					5-85	5-86	5-87

5.6.3 垂直位移观测 三等水准

单位：10点·次

电算编号			项目	单位	困难类别		
					简单	中等	复杂
外业	人工	010011	工长	工时	6.40	7.68	9.60
		010012	高级工	工时	6.40	7.68	9.60
		010013	中级工	工时	12.80	15.36	19.20
		010014	初级工	工时	6.40	7.68	9.60
		010010	合计	工时	32.00	38.40	48.00
	机械	190931	水准仪 ±0.7 mm	台时	10.16	12.16	15.20
		200020	其他机械费	%	20.00	20.00	20.00
内业	人工	010012	高级工	工时	10.96	11.52	12.08
	机械		器材摊销费	元	92.04	101.24	111.36
定额编号					5-88	5-89	5-90

5.7　水平位移观测

外业工作内容：仪器检查、校核，水平位移观测等。

内业工作内容：资料的整理、检查和校核；图纸整饰、拼图、扫描、制图和晒图等；编写技术总结，资料的分类、装订和归档。

单位：10 点·次

电算编号			项目	单位	困难类别		
					简单	中等	复杂
外业	人工	010011	工长	工时	2.53	3.02	3.78
		010012	高级工	工时	2.53	3.02	3.78
		010013	中级工	工时	5.06	6.05	7.55
		010014	初级工	工时	2.53	3.02	3.78
		010010	合计	工时	12.65	15.11	18.89
	机械	190911	全站仪 ±(1 mm+3 ppm×d)；0.5 "	台时	2.88	3.44	4.32
		200020	其他机械费	%	10.00	10.00	10.00
内业	人工	010012	高级工	工时	4.32	4.56	4.80
	机械		器材摊销费	元	102.86	108.00	113.40
定额编号					5-91	5-92	5-93

5.8　水下探摸

工作内容：监测、记录、资料整理、计算、校核、编写观测工作说明。

单位：100 m²

		项目	单位	水下探摸
人工	010011	工长	工时	1.76
	010012	高级工	工时	1.76
	010013	中级工	工时	3.52
	010014	初级工	工时	1.76
	010010	合计	工时	8.80
机械	180860	潜水组	台时	4.80
	160960	驳船 载重量 5 t	艘时	4.80
	200020	其他机械费	%	10.00
定额编号				5-94

Ⅱ

设备维修养护定额

说 明

一、《江苏省水利工程维修养护预算定额》的设备维修养护定额（以下简称本定额）包括主机组、辅助设备、电气设备、自动化系统、起重设备、闸门及清污设备、其他设备设施、电气调整试验8章。

二、本定额中的人工是指完成该定额子目工作内容所需的人工耗用量，不包括应计入机械台时中的机上操作人工数。

三、本定额中考虑的工作内容，除另有说明外，均包括进场及开工前的准备，设备检修前的清理，设备配件、材料的站内运输及堆放，设备连接线拆除与恢复，设备配件的拆卸、修整，配件的更换（配件费用另计）、装配、维护，完工后的清理及恢复。

四、本定额主要指设备的现场维修养护，不包括设备的返厂检修（返厂费用另计）。

五、本定额不包含维修养护施工所需搭设的脚手及其他临时措施费用，如有则应根据施工组织设计另行计算。

六、本定额不包含特种设备检验检测机构对特种设备的检验检测，如有则应根据有关收费标准另行计算。

七、本定额中材料和机械的表示方式：

1. 在不同行中分别列出材料、机械的名称、品种、规格、型号的，表示各行定额都属于计价部分。

2. 只在一行中列出材料、机械的名称，而在其后的行中分别列出品种、规格、型号的，表示这种材料、机械只能选用其中1种品种、规格、型号进行计价。

3. 材料、机械定额中，凡未列出品种、规格、型号的，均按一般常用或设计选定的品种、规格、型号计价。

4. 本定额中仅列出主要材料和机械的品种、规格、型号及数量，次要材料和一般机械均列入“其他材料费”“其他机械费”或“其他费用”中，以百分比（%）

表示。“其他材料费”“其他机械费”的百分比（%）分别指该费用占主要材料费、机械费的比例，“其他费用”的百分比（%）指该费用占人工费、材料费、机械费之和的比例。

1　主机组

说　明

一、本章包括水泵、电机、潜水泵、水轮机、水轮发电机、叶片调节机构及水泵油润滑轴承7节。

二、本章定额主要指设备的现场检修，不包括设备的返厂检修。

三、本章定额不包括电气设备的调试工作，如有发生应另计。

四、水泵、电机、潜水泵、水轮机、水轮发电机定额按使用厂房内桥式起重机作业制定，按实际规格选用。采用其他方法作业时，定额中人工乘以系数1.2。

五、使用厂房内桥式起重机作业时，桥式起重机台时费中不计基本折旧费和安装拆卸费。

六、全调节机组定额中人工乘以系数1.1。

七、斜轴水泵参照相应的横轴水泵定额。

八、透平油实际用量与定额用量不同时，可按实际用量计量。

1.1 水泵

1.1.1 竖轴

维修工作内容：水泵拆卸解体，导轴承解体，检查清洗导水帽、轴承，叶轮外壳解体，叶片除锈补焊，叶轮和叶轮外壳检查修理；检查叶片调节机构，更换磨损部件；检查清理水泵环管、护管、导水帽，更换损坏部件及密封件，更换润滑油（脂）；渗漏试验；整机组装，进行补漆防锈处理，联轴调试。

养护工作内容：水泵定期检查，清洁、除锈、油漆，渗漏水、渗漏油处理，局部焊接，补加润滑油（脂），更换、补充填料等。

单位：台套

电算编号		项目	单位	泵叶直径（m）			
				0.8 以下		0.8～1.2	
				维修	养护	维修	养护
人工	010011	工长	工时	156.00	14.82	205.92	19.56
	010012	高级工	工时	312.00	29.64	411.84	39.12
	010013	中级工	工时	234.00	22.23	308.88	29.34
	010014	初级工	工时	78.00	7.41	102.96	9.78
	010010	合计	工时	780.00	74.10	1029.60	97.80
材料	040081	不锈钢焊条	kg	27.20		28.00	
	040082	铸钢焊条	kg	6.80		7.00	
	080843	环氧树脂及固化剂	kg	10.00	3.00	10.00	3.00
	020030	板枋材 一、二等	m^3	0.40	0.12	0.50	0.15
	091310	清洗剂	kg	60.00	12.00	70.00	14.00
	060122	透平油	kg			20.00	4.00
	060120	煤油	kg	4.00	0.80	5.00	1.00
	060101	润滑脂	kg	10.00	2.00	12.00	2.40
	060090	机油	kg	3.00	0.60	3.00	0.60
	060010	油漆 综合	kg	25.00	20.00	30.00	24.00
	091220	手套	副	100.00	30.00	200.00	60.00
	091230	毛巾	条	90.00	27.00	120.00	36.00
	091300	洗衣粉	kg	10.00	3.00	20.00	6.00
	030240	型钢 综合	kg	20.00	6.00	40.00	12.00
	200010	其他材料费	%	1.00	1.00	1.00	1.00
机械		桥式起重机	台时	10.00		15.00	
	180060	交流电焊机 50 kVA	台时	58.50		60.00	
	180510	压力滤油机 150 型	台时			7.00	
	150531	千斤顶 起重量 50 t	台时	125.00		150.00	
	150470	链式起重机 起重量 3 t 手动	台时	25.00		50.00	
	170380	电磁试压泵 功率 3 kW	台时	1.50		2.50	
	180330	摇臂钻床 ϕ35～ϕ50 mm	台时	1.00		1.00	
	180310	单柱立式车床 ϕ750～ϕ1250 m	台时	2.50		4.00	
	180810	电焊条烘箱 60×50×75 cm^3	台时	25.00		25.00	
	170040	空压机 电动 移动式 9 m^3/min	台时	2.00		2.50	
	200020	其他机械费	%	0.50		0.50	
其他	200030	其他费用	%	5.00		5.00	
定额编号				1-1	1-2	1-3	1-4

续表

电算编号		项目	单位	泵叶直径（m）			
				1.2～1.6		1.6～2.0	
				维修	养护	维修	养护
人工	010011	工长	工时	271.44	25.79	357.76	33.99
	010012	高级工	工时	542.88	51.57	715.52	67.97
	010013	中级工	工时	407.16	38.68	536.64	50.98
	010014	初级工	工时	135.72	12.89	178.88	16.99
	010010	合计	工时	1357.20	128.93	1788.80	169.93
材料	040081	不锈钢焊条	kg	30.40		32.00	
	040082	铸钢焊条	kg	7.60		8.00	
	080843	环氧树脂及固化剂	kg	20.00	6.00	20.00	6.00
	020030	板枋材 一、二等	m^3	0.60	0.18	0.80	0.24
	091310	清洗剂	kg	80.00	16.00	95.00	19.00
	060122	透平油	kg	40.00	8.00	60.00	12.00
	060120	煤油	kg	7.00	1.40	8.00	1.60
	060101	润滑脂	kg	14.00	2.80	16.00	3.20
	060090	机油	kg	5.00	1.00	10.00	2.00
	060010	油漆 综合	kg	35.00	28.00	40.00	32.00
	091220	手套	副	300.00	90.00	400.00	120.00
	091230	毛巾	条	240.00	72.00	360.00	108.00
	091300	洗衣粉	kg	40.00	12.00	60.00	18.00
	030240	型钢 综合	kg	60.00	18.00	80.00	24.00
	200010	其他材料费	%	1.00	1.00	1.00	1.00
机械		桥式起重机	台时	25.00		40.00	
	180060	交流电焊机 50 kVA	台时	65.00		68.00	
	180510	压力滤油机 150 型	台时	14.00		21.00	
	150531	千斤顶 起重量 50 t	台时	175.00		225.00	
	150470	链式起重机 起重量 3 t 手动	台时	75.00		100.00	
	170380	电磁试压泵 功率 3 kW	台时	3.50		5.00	
	180330	摇臂钻床 $\phi35$～$\phi50$ mm	台时	2.50		2.50	
	180310	单柱立式车床 $\phi750$～$\phi1250$ m	台时	7.50		11.00	
	180810	电焊条烘箱 60×50×75 cm^3	台时	25.00		25.00	
	170040	空压机 电动 移动式 9 m^3/min	台时	3.50		5.00	
	200020	其他机械费	%	0.50		0.50	
其他	200030	其他费用	%	5.00		5.00	
定额编号				1-5	1-6	1-7	1-8

续表

电算编号		项目	单位	泵叶直径（m）			
				2.0～2.5		2.5～3.0	
				维修	养护	维修	养护
人工	010011	工长	工时	471.64	44.81	621.92	59.08
	010012	高级工	工时	943.28	89.61	1243.84	118.16
	010013	中级工	工时	707.46	67.21	932.88	88.62
	010014	初级工	工时	235.82	22.40	310.96	29.54
	010010	合计	工时	2358.20	224.03	3109.60	295.40
材料	040081	不锈钢焊条	kg	36.00		41.60	
	040082	铸钢焊条	kg	9.00		10.40	
	080843	环氧树脂及固化剂	kg	40.00	12.00	40.00	12.00
	020030	板枋材 一、二等	m^3	1.20	0.36	1.60	0.48
	091310	清洗剂	kg	110.00	22.00	140.00	28.00
	060122	透平油	kg	100.00	20.00	160.00	32.00
	060120	煤油	kg	15.00	3.00	20.00	4.00
	060101	润滑脂	kg	18.00	3.60	20.00	4.00
	060090	机油	kg	10.00	2.00	20.00	4.00
	060010	油漆 综合	kg	50.00	40.00	55.00	44.00
	091220	手套	副	500.00	150.00	600.00	180.00
	091230	毛巾	条	480.00	144.00	800.00	240.00
	091300	洗衣粉	kg	80.00	24.00	100.00	30.00
	030240	型钢 综合	kg	100.00	30.00	120.00	36.00
	200010	其他材料费	%	1.00	1.00	1.00	1.00
机械		桥式起重机	台时	60.00		75.00	
	180060	交流电焊机 50 kVA	台时	76.50		88.50	
	180510	压力滤油机 150 型	台时	35.00		56.00	
	150531	千斤顶 起重量 50 t	台时	275.00		375.00	
	150470	链式起重机 起重量 3 t 手动	台时	150.00		200.00	
	170380	电磁试压泵 功率 3 kW	台时	7.00		8.00	
	180330	摇臂钻床 ϕ35～ϕ50 mm	台时	5.00		5.00	
	180310	单柱立式车床 ϕ750～ϕ1250 m	台时	15.00		20.00	
	180810	电焊条烘箱 60×50×75 cm^3	台时	25.00		25.00	
	170040	空压机 电动 移动式 9 m^3/min	台时	7.50		10.00	
	200020	其他机械费	%	0.50		0.50	
其他	200030	其他费用	%	5.00		5.00	
定额编号				1-9	1-10	1-11	1-12

续表

电算编号		项目	单位	泵叶直径（m）			
				3.0～3.5		3.5～4.5	
				维修	养护	维修	养护
人工	010011	工长	工时	715.00	67.93	821.60	78.05
	010012	高级工	工时	1430.00	135.85	1643.20	156.10
	010013	中级工	工时	1072.50	101.89	1232.40	117.08
	010014	初级工	工时	357.50	33.96	410.80	39.03
	010010	合计	工时	3575.00	339.63	4108.00	390.26
材料	040081	不锈钢焊条	kg	48.00		80.00	
	040082	铸钢焊条	kg	12.00		20.00	
	080843	环氧树脂及固化剂	kg	40.00	12.00	50.00	15.00
	020030	板枋材 一、二等	m^3	2.00	0.60	3.00	0.90
	091310	清洗剂	kg	180.00	36.00	300.00	60.00
	060122	透平油	kg	280.00	56.00	600.00	120.00
	060120	煤油	kg	30.00	6.00	40.00	8.00
	060101	润滑脂	kg	24.00	4.80	30.00	6.00
	060090	机油	kg	20.00	4.00	30.00	6.00
	060010	油漆 综合	kg	60.00	48.00	70.00	56.00
	091220	手套	副	600.00	180.00	800.00	240.00
	091230	毛巾	条	800.00	240.00	1150.00	345.00
	091300	洗衣粉	kg	100.00	30.00	240.00	72.00
	030240	型钢 综合	kg	120.00	36.00	150.00	45.00
	200010	其他材料费	%	1.00	1.00	1.00	1.00
机械		桥式起重机	台时	85.00		105.00	
	180060	交流电焊机 50 kVA	台时	102.00		170.00	
	180510	压力滤油机 150 型	台时	98.00		210.00	
	150531	千斤顶 起重量 50 t	台时	500.00		870.00	
	150470	链式起重机 起重量 3 t 手动	台时	275.00		455.00	
	170380	电磁试压泵 功率 3 kW	台时	10.00		13.00	
	180330	摇臂钻床 ϕ35～ ϕ50 mm	台时	5.00		10.00	
	180310	单柱立式车床 ϕ750～ ϕ1250 m	台时	25.00		30.00	
	180810	电焊条烘箱 60×50×75 cm^3	台时	25.00		25.00	
	170040	空压机 电动 移动式 9 m^3/min	台时	15.00		20.00	
	200020	其他机械费	%	0.50		0.50	
其他	200030	其他费用	%	5.00		5.00	
定额编号				1-13	1-14	1-15	1-16

续表

电算编号		项目	单位	泵叶直径（m）	
				4.5 以上	
				维修	养护
人工	010011	工长	工时	1509.56	143.41
	010012	高级工	工时	3019.12	286.82
	010013	中级工	工时	2264.34	215.11
	010014	初级工	工时	754.78	71.70
	010010	合计	工时	7547.80	717.04
材料	040081	不锈钢焊条	kg	120.00	
	040082	铸钢焊条	kg	28.00	
	080843	环氧树脂及固化剂	kg	60.00	18.00
	020030	板枋材 一、二等	m^3	4.00	1.20
	091310	清洗剂	kg	420.00	84.00
	060122	透平油	kg	1280.00	256.00
	060120	煤油	kg	50.00	10.00
	060101	润滑脂	kg	38.00	7.60
	060090	机油	kg	45.00	9.00
	060010	油漆 综合	kg	80.00	64.00
	091220	手套	副	1060.00	318.00
	091230	毛巾	条	1620.00	486.00
	091300	洗衣粉	kg	570.00	171.00
	030240	型钢 综合	kg	180.00	54.00
	200010	其他材料费	%	1.00	1.00
机械		桥式起重机	台时	130.00	
	180060	交流电焊机 50 kVA	台时	283.00	
	180510	压力滤油机 150 型	台时	448.00	
	150531	千斤顶 起重量 50 t	台时	1510.00	
	150470	链式起重机 起重量 3 t 手动	台时	750.00	
	170380	电磁试压泵 功率 3 kW	台时	16.90	
	180330	摇臂钻床 ϕ35～ϕ50 mm	台时	15.00	
	180310	单柱立式车床 ϕ750～ϕ1250 m	台时	36.00	
	180810	电焊条烘箱 60×50×75 cm^3	台时	25.00	
	170040	空压机 电动 移动式 9 m^3/min	台时	26.50	
	200020	其他机械费	%	0.50	
其他	200030	其他费用	%	5.00	
定额编号				1-17	1-18

1.1.2 横轴

维修工作内容：水泵拆卸解体；导轴承和推力轴承解体；叶轮室及叶片检查修理；叶片除锈补焊，轴颈、导轴承和推力轴承检查、维修、调整，轴瓦研刮；更换润滑油（脂）；整机密封检查，更换磨损部件及密封件；渗漏试验；整机组装，进行补漆防锈处理，联轴调试。

养护工作内容：水泵定期检查，清洁、除锈、油漆，渗漏水、渗漏油处理，局部焊接，补加润滑油（脂），更换、补充填料等。

单位：台套

电算编号		项目	单位	泵叶直径（m）			
				0.8 以下		0.8～1.2	
				维修	养护	维修	养护
人工	010011	工长	工时	124.80	11.86	164.74	15.65
	010012	高级工	工时	249.60	23.71	329.47	31.30
	010013	中级工	工时	187.20	17.78	247.10	23.47
	010014	初级工	工时	62.40	5.93	82.37	7.83
	010010	合计	工时	624.00	59.28	823.68	78.25
材料	040081	不锈钢焊条	kg	25.02		25.76	
	040082	铸钢焊条	kg	6.26		6.44	
	080843	环氧树脂及固化剂	kg	9.20	2.76	9.20	2.76
	020030	板枋材 一、二等	m^3	0.37	0.11	0.46	0.14
	091310	清洗剂	kg	55.20	11.04	64.40	12.88
	060122	透平油	kg			18.40	3.68
	060120	煤油	kg	3.68	0.74	4.60	0.92
	060101	润滑脂	kg	9.20	1.84	11.04	2.21
	060090	机油	kg	2.76	0.55	2.76	0.55
	060010	油漆 综合	kg	23.00	18.40	27.60	22.08
	091220	手套	副	92.00	28.00	184.00	55.00
	091230	毛巾	条	83.00	25.00	110.00	33.00
	091300	洗衣粉	kg	9.20	2.76	18.40	5.52
	030240	型钢 综合	kg	18.40	5.52	36.80	11.04
	200010	其他材料费	%	1.00	1.00	1.00	1.00
机械		桥式起重机	台时	8.00		12.00	
	180060	交流电焊机 50 kVA	台时	46.80		48.00	
	180510	压力滤油机 150 型	台时			6.44	
	150531	千斤顶 起重量 50 t	台时	100.00		120.00	
	150470	链式起重机 起重量 3 t 手动	台时	20.00		40.00	
	170380	电磁试压泵 功率 3 kW	台时	1.20		2.00	
	180330	摇臂钻床 ϕ35～ϕ50 mm	台时	0.80		0.80	
	180310	单柱立式车床 ϕ750～ϕ1250 mm	台时	2.00		3.20	
	180810	电焊条烘箱 60×50×75 cm^3	台时	20.00		20.00	
	170040	空压机 电动 移动式 9 m^3/min	台时	1.60		2.00	
	200020	其他机械费	%	0.50		0.50	
其他	200030	其他费用	%	5.00		5.00	
定额编号				1-19	1-20	1-21	1-22

续表

电算编号		项目	单位	泵叶直径（m）			
				1.2～1.6		1.6～2.0	
				维修	养护	维修	养护
人工	010011	工长	工时	217.15	20.63	286.21	27.19
	010012	高级工	工时	434.30	41.26	572.42	54.38
	010013	中级工	工时	325.73	30.94	429.31	40.78
	010014	初级工	工时	108.58	10.32	143.10	13.59
	010010	合计	工时	1085.76	103.15	1431.04	135.94
材料	040081	不锈钢焊条	kg	27.97		29.44	
	040082	铸钢焊条	kg	6.99		7.36	
	080843	环氧树脂及固化剂	kg	18.40	5.52	18.40	5.52
	020030	板枋材一、二等	m^3	0.55	0.17	0.74	0.22
	091310	清洗剂	kg	73.60	14.72	87.40	17.48
	060122	透平油	kg	36.80	7.36	55.20	11.04
	060120	煤油	kg	6.44	1.29	7.36	1.47
	060101	润滑脂	kg	12.88	2.58	14.72	2.94
	060090	机油	kg	4.60	0.92	9.20	1.84
	060010	油漆综合	kg	32.20	25.76	36.80	29.44
	091220	手套	副	276.00	83.00	368.00	110.00
	091230	毛巾	条	221.00	66.00	331.00	99.00
	091300	洗衣粉	kg	36.80	11.04	55.20	16.56
	030240	型钢 综合	kg	55.20	16.56	73.60	22.08
	200010	其他材料费	%	1.00	1.00	1.00	1.00
机械		桥式起重机	台时	20.00		32.00	
	180060	交流电焊机 50 kVA	台时	52.00		54.40	
	180510	压力滤油机 150 型	台时	12.88		19.32	
	150531	千斤顶 起重量 50 t	台时	140.00		180.00	
	150470	链式起重机 起重量 3 t 手动	台时	60.00		80.00	
	170380	电磁试压泵 功率 3 kW	台时	2.80		4.00	
	180330	摇臂钻床 ϕ35～ϕ50 mm	台时	2.00		2.00	
	180310	单柱立式车床 ϕ750～ϕ1250 mm	台时	6.00		8.80	
	180810	电焊条烘箱 60×50×75 cm^3	台时	20.00		20.00	
	170040	空压机 电动 移动式 9 m^3/min	台时	2.80		4.00	
	200020	其他机械费	%	0.50		0.50	
其他	200030	其他费用	%	5.00		5.00	
定额编号				1-23	1-24	1-25	1-26

续表

电算编号		项目	单位	泵叶直径（m）			
				2.0～2.5		2.5～3.0	
				维修	养护	维修	养护
人工	010011	工长	工时	377.31	35.84	497.54	47.27
	010012	高级工	工时	754.62	71.69	995.07	94.53
	010013	中级工	工时	565.97	53.77	746.30	70.90
	010014	初级工	工时	188.66	17.92	248.77	23.63
	010010	合计	工时	1886.56	179.22	2487.68	236.33
材料	040081	不锈钢焊条	kg	33.12		38.27	
	040082	铸钢焊条	kg	8.28		9.57	
	080843	环氧树脂及固化剂	kg	36.80	11.04	36.80	11.04
	020030	板枋材一、二等	m^3	1.10	0.33	1.47	0.44
	091310	清洗剂	kg	101.20	20.24	128.80	25.76
	060122	透平油	kg	92.00	18.40	147.20	29.44
	060120	煤油	kg	13.80	2.76	18.40	3.68
	060101	润滑脂	kg	16.56	3.31	18.40	3.68
	060090	机油	kg	9.20	1.84	18.40	3.68
	060010	油漆综合	kg	46.00	36.80	50.60	40.48
	091220	手套	副	460.00	138.00	552.00	166.00
	091230	毛巾	条	442.00	132.00	736.00	221.00
	091300	洗衣粉	kg	73.60	22.08	92.00	27.60
	030240	型钢综合	kg	92.00	27.60	110.40	33.12
	200010	其他材料费	%	1.00	1.00	1.00	1.00
机械		桥式起重机	台时	48.00		60.00	
	180060	交流电焊机 50 kVA	台时	61.20		70.80	
	180510	压力滤油机 150 型	台时	32.20		51.52	
	150531	千斤顶 起重量 50 t	台时	220.00		300.00	
	150470	链式起重机 起重量 3 t 手动	台时	120.00		160.00	
	170380	电磁试压泵 功率 3 kW	台时	5.60		6.40	
	180330	摇臂钻床 ϕ35～ϕ50 mm	台时	4.00		4.00	
	180310	单柱立式车床 ϕ750～ϕ1250 mm	台时	12.00		16.00	
	180810	电焊条烘箱 60×50×75 cm^3	台时	20.00		20.00	
	170040	空压机 电动 移动式 9 m^3/min	台时	6.00		8.00	
	200020	其他机械费	%	0.50		0.50	
其他	200030	其他费用	%	5.00		5.00	
定额编号				1-27	1-28	1-29	1-30

续表

电算编号		项目	单位	泵叶直径（m）	
				3.0～3.5	
				维修	养护
人工	010011	工长	工时	572.00	54.34
	010012	高级工	工时	1144.00	108.68
	010013	中级工	工时	858.00	81.51
	010014	初级工	工时	286.00	27.17
	010010	合计	工时	2860.00	271.70
材料	040081	不锈钢焊条	kg	44.16	
	040082	铸钢焊条	kg	11.04	
	080843	环氧树脂及固化剂	kg	36.80	11.04
	020030	板枋材 一、二等	m^3	1.84	0.55
	091310	清洗剂	kg	165.60	33.12
	060122	透平油	kg	257.60	51.52
	060120	煤油	kg	27.60	5.52
	060101	润滑脂	kg	22.08	4.42
	060090	机油	kg	18.40	3.68
	060010	油漆 综合	kg	55.20	44.16
	091220	手套	副	552.00	166.00
	091230	毛巾	条	736.00	221.00
	091300	洗衣粉	kg	92.00	27.60
	030240	型钢 综合	kg	110.40	33.12
	200010	其他材料费	%	1.00	1.00
机械		桥式起重机	台时	68.00	
	180060	交流电焊机 50 kVA	台时	81.60	
	180510	压力滤油机 150 型	台时	90.16	
	150531	千斤顶 起重量 50 t	台时	400.00	
	150470	链式起重机 起重量 3 t 手动	台时	220.00	
	170380	电磁试压泵 功率 3 kW	台时	8.00	
	180330	摇臂钻床 ϕ35～ϕ50 mm	台时	4.00	
	180310	单柱立式车床 ϕ750～ϕ1250 mm	台时	20.00	
	180810	电焊条烘箱 60×50×75 cm^3	台时	20.00	
	170040	空压机 电动 移动式 9 m^3/min	台时	12.00	
	200020	其他机械费	%	0.50	
其他	200030	其他费用	%	5.00	
定额编号				1-31	1-32

注：本节定额适用于竖井贯流泵、轴伸式贯流泵。

1.2　电机

1.2.1　竖轴

维修工作内容：1. 叶片调节机构解体，检查操作杆（油管）、轴承箱、轴承等部件的磨损程度，清理、更换损坏部件。2. 滑环清理、维修、干燥，碳刷检查、更换。3. 上下油缸解体，清理上下油缸、上下机架、主机盖板，检查冷却器，检查推力瓦、导向瓦、瓦架、推力头、镜板、测温装置等部件的磨损和损坏程度，刮瓦，清理更换损坏部件，更换润滑油（脂）。4. 清理定转子，干燥、喷绝缘漆；上下油缸渗漏试验；冷却器耐压试验；轴承绝缘测试。5. 测量和调整轴线摆度、中心和垂直度。6. 测量和调整叶片调节机构水平度和同轴度。7. 测量和调整轴瓦间隙、空气间隙等各部间隙。8. 清除机身上油污及锈蚀层，进行补漆防锈处理。9. 整机组装，联轴调试。

养护工作内容：电机定期检查，清洁、除锈、油漆，渗漏水、渗漏油处理，局部焊接，绝缘检测与干燥，碳刷磨损更换，补充润滑油，试验配合等。

单位：台套

电算编号		项目	单位	电机功率（kW）									
				250 以下		250～800		800～1500		1500～3000		3000 以上	
				维修	养护	维修	养护	维修	养护	维修	养护	维修	养护
人工	010011	工长	工时	28.08	2.67	76.96	7.31	210.08	19.96	572.52	54.39	674.96	64.12
	010012	高级工	工时	56.16	5.34	153.92	14.62	420.16	39.92	1145.04	108.78	1349.92	128.24
	010013	中级工	工时	42.12	4.00	115.44	10.97	315.12	29.94	858.78	81.58	1012.44	96.18
	010014	初级工	工时	14.04	1.33	38.48	3.66	105.04	9.98	286.26	27.19	337.48	32.06
	010010	合计	工时	140.40	13.34	384.80	36.56	1050.40	99.80	2862.60	271.94	3374.80	320.60
材料	060122	透平油	kg	80.00	16.00	160.00	32.00	400.00	80.00	1120.00	224.00	2400.00	480.00
	091310	清洗剂	kg	70.00	14.00	100.00	20.00	200.00	40.00	300.00	60.00	400.00	80.00
	060191	乙醇	kg	15.00	3.00	15.00	3.00	20.00	4.00	25.00	5.00	50.00	10.00
	060120	煤油	kg	20.00	4.00	30.00	6.00	40.00	8.00	60.00	12.00	100.00	20.00
	060101	润滑脂	kg	5.00	1.00	10.00	2.00	15.00	3.00	20.00	4.00	25.00	5.00
	060010	油漆 综合	kg	5.00	4.00	10.00	8.00	15.00	12.00	20.00	16.00	30.00	24.00
	060041	绝缘漆	kg	10.00	8.00	10.00	8.00	20.00	16.00	40.00	32.00	70.00	56.00
	060470	香蕉水	kg	10.00	8.00	10.00	8.00	20.00	16.00	40.00	32.00	70.00	56.00
	060270	丙酮	kg	1.00	0.30	3.00	0.90	5.00	1.50	8.00	2.40	10.00	3.00
	081100	绝缘清洗剂	kg	10.00	3.00	10.00	3.00	10.00	3.00	10.00	3.00	10.00	3.00
	091230	毛巾	条	45.00	14.00	100.00	30.00	130.00	39.00	210.00	63.00	400.00	120.00
	020030	板枋材 一、二等	m^3	0.20	0.06	0.40	0.12	0.60	0.18	0.80	0.24	1.00	0.30
	091220	手套	副	100.00	30.00	150.00	45.00	200.00	60.00	300.00	90.00	400.00	120.00
	091300	洗衣粉	kg	10.00	3.00	20.00	6.00	30.00	9.00	40.00	12.00	50.00	15.00
	200010	其他材料费	%	2.00	2.00	2.00	2.00	2.00	2.00	2.00	2.00	2.00	2.00

续表

电算编号		项目	单位	电机功率（kW）									
				250 以下		250～800		800～1500		1500～3000		3000 以上	
				维修	养护	维修	养护	维修	养护	维修	养护	维修	养护
机械		桥式起重机	台时	15.00		20.00		25.00		40.00		60.00	
	150531	千斤顶 起重量 50 t	台时	250.00		325.00		375.00		550.00		1050.00	
	170380	电磁试压泵 功率 3 kW	台时			10.00		10.00		10.00		10.00	
	170040	空压机 电动 移动式 9 m^3/min	台时	15.00		20.00		25.00		30.00		35.00	
	180510	压力滤油机 150 型	台时	28.00		56.00		140.00		392.00		840.00	
	180330	摇臂钻床 ϕ35～ ϕ50 mm	台时	2.50		4.50		6.50		8.00		10.00	
	180810	电焊条烘箱 60×50×75 cm^3	台时			15.00		15.00		15.00		15.00	
	180310	单柱立式车床 ϕ750～ ϕ1250 mm	台时	2.50		4.50		6.50		8.00		10.00	
	200020	其他机械费	%	0.50		0.50		0.50		0.50		0.50	
其他	200030	其他费用	%	5.00		5.00		5.00		5.00		5.00	
定额编号				1-33	1-34	1-35	1-36	1-37	1-38	1-39	1-40	1-41	1-42

1.2.2 横轴

维修工作内容：电机拆卸；联轴器检查、清理、更换密封件、注油；滑环清理、维修、干燥，碳刷更换；定转子绕组检查、烘干；传感器、电缆及电缆接头等破损件更换；轴承及轴承座检查、修理，更换润滑油（脂）；齿轮箱检查，更换易损件；冷却器检查、修理、更换；整机密封检查，更换破损部件；整机组装、机组轴线调整，进行补漆防锈处理，联轴调试。

养护工作内容：电机、齿轮箱定期检查，清洁、除锈、油漆，渗漏水、渗漏油处理，局部焊接，绝缘检测与干燥，碳刷磨损更换，补充润滑油（脂），试验配合等。

单位：台套

电算编号		项目	单位	电机功率（kW）									
				250 以下		250～800		800～1500		1500～3000		3000 以上	
				维修	养护	维修	养护	维修	养护	维修	养护	维修	养护
人工	010011	工长	工时	16.85	1.60	46.18	4.39	126.05	11.97	343.51	32.63	404.98	38.47
	010012	高级工	工时	33.70	3.20	92.35	8.77	252.10	23.95	687.02	65.27	809.95	76.95
	010013	中级工	工时	25.27	2.40	69.26	6.58	189.07	17.96	515.27	48.95	607.46	57.71
	010014	初级工	工时	8.42	0.80	23.09	2.19	63.02	5.99	171.76	16.32	202.49	19.24
	010010	合计	工时	84.24	8.00	230.88	21.93	630.24	59.87	1717.56	163.17	2024.88	192.37
材料	060122	透平油	kg	73.60	14.72	147.20	29.44	368.00	73.60	1030.40	206.08	2208.00	441.60
	091310	清洗剂	kg	64.40	12.88	92.00	18.40	184.00	36.80	276.00	55.20	368.00	73.60
	060191	乙醇	kg	13.80	4.14	13.80	4.14	18.40	5.52	23.00	6.90	46.00	13.80
	060120	煤油	kg	18.40	3.68	27.60	5.52	36.80	7.36	55.20	11.04	92.00	18.40
	060101	润滑脂	kg	4.60	0.92	9.20	1.84	13.80	2.76	18.40	3.68	23.00	4.60
	060010	油漆 综合	kg	4.60	3.68	9.20	7.36	13.80	11.04	18.40	14.72	27.60	22.08
	060041	绝缘漆	kg	9.20	7.36	9.20	7.36	18.40	14.72	36.80	29.44	64.40	51.52
	060470	香蕉水	kg	9.20	7.36	9.20	7.36	18.40	14.72	36.80	29.44	64.40	51.52
	060270	丙酮	kg	0.92	0.74	2.76	2.21	4.60	3.68	7.36	5.89	9.20	7.36
	081100	绝缘清洗剂	kg	9.20	2.76	9.20	2.76	9.20	2.76	9.20	2.76	9.20	2.76
	091230	毛巾	条	41.00	12.00	92.00	28.00	120.00	36.00	193.00	58.00	368.00	110.00
	020030	板枋材 一、二等	m^3	0.18	0.05	0.37	0.11	0.55	0.17	0.74	0.22	0.92	0.28
	091220	手套	副	92.00	28.00	138.00	41.00	184.00	55.00	276.00	83.00	368.00	110.00
	091300	洗衣粉	kg	9.20	2.76	18.40	5.52	27.60	8.28	36.80	11.04	46.00	13.80
	200010	其他材料费	%	2.00	2.00	2.00	2.00	2.00	2.00	2.00	2.00	2.00	2.00

续表

电算编号		项目	单位	电机功率（kW）									
				250 以下		250～800		800～1500		1500～3000		3000 以上	
				维修	养护	维修	养护	维修	养护	维修	养护	维修	养护
机械		桥式起重机	台时	9.00		12.00		15.00		24.00		36.00	
	150531	千斤顶 起重量 50 t	台时	150.00		195.00		225.00		330.00		630.00	
	170380	电磁试压泵 功率 3 kW	台时			6.00		6.00		6.00		6.00	
	170040	空压机 电动 移动式 9 m^3/min	台时	9.00		12.00		15.00		18.00		21.00	
	180510	压力滤油机 150 型	台时	25.76		51.52		128.80		360.64		772.80	
	180330	摇臂钻床 ϕ35～ϕ50 mm	台时	1.50		2.70		3.90		4.80		6.00	
	180810	电焊条烘箱 60×50×75 cm^3	台时			9.00		9.00		9.00		9.00	
	180310	单柱立式车床 ϕ750～ϕ1250 mm	台时	1.50		2.70		3.90		4.80		6.00	
	200020	其他机械费	%	0.50		0.50		0.50		0.50		0.50	
其他	200030	其他费用	%	5.00		5.00		5.00		5.00		5.00	
定额编号				1-43	1-44	1-45	1-46	1-47	1-48	1-49	1-50	1-51	1-52

注：本节定额不适用于灯泡贯流机组。

1.3 潜水泵

工作内容：潜水泵及连接件拆卸；密封件更换；电力电缆、信号线检查；防腐喷漆，潜水泵及连接件安装并调试。

单位：台

电算编号		项目	单位	设备自重(t)								
				1以下	1～2	2～3	3～5	5～8	8～12	12～18	18～25	25～35
人工	010011	工长	工时	51.03	58.50	86.46	108.87	168.69	226.04	330.02	432.33	579.32
	010012	高级工	工时	102.06	117.00	172.92	217.74	337.38	452.09	660.05	864.67	1158.66
	010013	中级工	工时	76.55	87.75	129.69	163.31	253.04	339.07	495.04	648.50	868.99
	010014	初级工	工时	25.52	29.25	43.23	54.44	84.35	113.03	165.02	216.18	289.68
	010010	合计	工时	255.16	292.50	432.30	544.36	843.46	1130.23	1650.13	2161.68	2896.65
材料	030020	钢板 δ3～δ30 mm	kg	0.16	0.19	0.26	0.33	2.00	2.68	3.91	5.12	6.86
	030250	钢垫板 综合	kg	8.14	8.14	8.14	14.98	29.94	40.12	58.58	76.74	102.83
	030121	镀锌铁丝 12#	kg	1.70	1.70	1.70	2.20	3.00	4.02	5.87	7.69	10.30
	040050	电焊条 综合	kg	0.33	0.33	0.33	0.36	1.05	1.41	2.06	2.70	3.62
	020040	板枋材 三等、木垫板	m^3	0.01	0.01	0.01	0.01	0.01	0.01	0.01	0.01	0.01
	060010	油漆 综合	kg	0.40	0.45	0.62	0.95	1.20	1.61	2.35	3.08	4.13
	060070	汽油 综合	kg	0.20	0.20	0.31	0.41	3.06	4.10	5.99	7.85	10.52
	040090	氧气	m^3	0.28	0.28	0.48	0.90	1.53	2.05	2.99	3.92	5.25
	040100	乙炔气	m^3	0.09	0.09	0.16	0.30	0.51	0.68	0.99	1.30	1.74
	060120	煤油	kg	3.41	3.78	4.20	4.88	6.30	8.44	12.32	16.14	21.63
	060090	机油	kg	1.11	1.21	1.57	2.07	3.54	4.74	6.92	9.07	12.15
	060100	黄油	kg	0.72	0.82	1.11	1.52	1.82	2.44	3.56	4.66	6.24
	080280	油浸石棉	kg	1.60	1.80	2.20	3.00	3.00	4.02	5.87	7.69	10.30
	090742	无絮棉布	kg	1.52	1.63	1.89	2.26	3.53	4.73	6.91	9.05	12.13
	200010	其他材料费	%	4.40	4.30	4.20	4.20	4.20	4.20	4.20	4.20	4.20
机械		桥式起重机	台时	1.05	1.58	2.10	2.63	2.63	3.52	5.14	6.73	9.02
	180050	交流电焊机 25～30 kVA	台时	1.14	1.14	2.28	2.85	5.69	7.62	11.13	14.58	19.54
	150570	卷扬机 起重量 5 t 单筒慢速	台时			2.63	2.63	5.25	7.04	10.28	13.47	18.05
	140100	柴油型载重汽车 额定载质量 18 t	台时					2.63	3.52	5.14	6.73	9.02
其他	200030	其他费用	%	5.00	5.00	5.00	5.00	5.00	5.00	5.00	5.00	5.00
定额编号				1-53	1-54	1-55	1-56	1-57	1-58	1-59	1-60	1-61

1.4 水轮机

1.4.1 竖轴

维修工作内容：水轮机拆卸解体，导轴承解体，检查清洗过流部件，转轮室解体，叶片除锈补焊，转轮和转轮室检查修理；检查导叶调节机构，更换磨损部件；检查清理其他固定件，更换损坏部件及密封件，更换润滑油（脂）；渗漏试验；整机组装，进行补漆防锈处理，联轴调试。

养护工作内容：水轮机定期检查，清洁、除锈、油漆，渗漏水、渗漏油处理，局部焊接，补加润滑油（脂），更换、补充填料等。

单位：台

电算编号		项目	单位	设备自重（t）									
				5 以下		5～7		7～10		10～15		15～20	
				维修	养护	维修	养护	维修	养护	维修	养护	维修	养护
人工	010011	工长	工时	245.40	23.31	270.60	25.71	308.40	29.30	375.36	35.66	442.32	42.02
	010012	高级工	工时	490.80	46.63	541.20	51.41	616.80	58.60	750.72	71.32	884.64	84.04
	010013	中级工	工时	368.10	34.97	405.90	38.56	462.60	43.95	563.04	53.49	663.48	63.03
	010014	初级工	工时	122.70	11.66	135.30	12.85	154.20	14.65	187.68	17.83	221.16	21.01
	010010	合计	工时	1227.00	116.57	1353.00	128.53	1542.00	146.50	1876.80	178.30	2211.60	210.10
材料	030020	钢板 δ3～δ30 mm	kg	138.00		152.00		173.00		201.40		244.00	
	030240	型钢 综合	kg	450.00		494.00		560.00		696.00		900.00	
	030060	钢管 综合	kg	40.00	12.00	44.00	13.20	50.00	15.00	58.00	17.40	70.00	21.00
	030200	铜材 综合	kg	4.00	1.20	4.40	1.32	5.00	1.50	5.80	1.74	7.00	2.10
	040050	电焊条 综合	kg	57.00		63.00		72.00		83.20		100.00	
	060010	油漆 综合	kg	32.00	25.60	35.60	28.48	41.00	32.80	47.80	38.24	58.00	46.40
	090742	无絮棉布	kg	29.00	8.70	31.80	9.54	36.00	10.80	42.00	12.60	51.00	15.30
	091310	清洗剂	kg	57.00	11.40	63.00	12.60	72.00	14.40	84.00	16.80	102.00	20.40
	060122	透平油	kg	17.00	3.40	18.60	3.72	21.00	4.20	24.60	4.92	30.00	6.00
	040090	氧气	m^3	110.00		121.20		138.00		160.40		194.00	
	040100	乙炔气	m^3	47.00		51.40		58.00		67.60		82.00	
	020060	木材 综合	m^3	0.20	0.06	0.24	0.07	0.30	0.09	0.34	0.10	0.40	0.12
	030780	铁砂布	张	8.00	2.40	9.60	2.88	12.00	3.60	15.20	4.56	20.00	6.00
	080520	滤油纸 300 mm×300 mm	张	20.00	4.00	28.00	5.60	40.00	8.00	48.00	9.60	60.00	12.00
	200010	其他材料费	%	10.00	10.00	10.00	10.00	10.00	10.00	10.00	10.00	10.00	10.00

续表

电算编号		项目	单位	设备自重（t）									
				5 以下		5～7		7～10		10～15		15～20	
				维修	养护	维修	养护	维修	养护	维修	养护	维修	养护
机械		桥式起重机	台时	19.57		23.28		28.84		32.55		38.11	
	180050	交流电焊机 25～30 kVA	台时	42.23		50.47		62.83		75.60		94.76	
	180280	普通车床 ϕ400～ ϕ600 mm	台时	10.30		10.30		10.30		14.42		20.60	
	180390	牛头刨床 B650 mm	台时	10.30		10.30		10.30		14.42		20.60	
	180330	摇臂钻床 ϕ35～ ϕ50 mm	台时	5.15		5.15		5.15		7.21		10.30	
	180510	压力滤油机 150 型	台时	10.30		10.30		10.30		12.77		16.48	
	200020	其他机械费	%	20.00		20.00		20.00		20.00		20.00	
其他	200030	其他费用	%	5.00		5.00		5.00		5.00		5.00	
定额编号				1-62	1-63	1-64	1-65	1-66	1-67	1-68	1-69	1-70	1-71

1.4.2 横轴

维修工作内容：水轮机拆卸解体；调节机构解体、检查、维修；导轴承和推力轴承解体；转轮室、导叶及叶片检查修理；叶片除锈补焊，轴颈、导轴承和推力轴承检查、维修、调整，轴瓦研刮；更换润滑油（脂）；密封检查，更换磨损部件及密封件；渗漏试验；整机组装，进行补漆防锈处理，联轴调试。

养护工作内容：水轮机定期检查，清洁、除锈、油漆，渗漏水、渗漏油处理，局部焊接，补加润滑油（脂），更换、补充填料等。

单位：台

电算编号		项目	单位	设备自重（t）									
				5 以下		5～7		7～10		10～15		15～20	
				维修	养护	维修	养护	维修	养护	维修	养护	维修	养护
人工	010011	工长	工时	322.32	30.62	354.43	33.67	402.60	38.25	129.60	12.31	581.52	55.24
	010012	高级工	工时	644.64	61.24	708.86	67.34	805.20	76.49	621.00	59.00	1163.04	110.49
	010013	中级工	工时	483.48	45.93	531.65	50.51	603.90	57.37	1474.80	140.11	872.28	82.87
	010014	初级工	工时	161.16	15.31	177.22	16.84	201.30	19.12	362.40	34.43	290.76	27.62
	010010	合计	工时	1611.60	153.10	1772.16	168.36	2013.00	191.23	2587.80	245.85	2907.60	276.22
材料	030020	钢板 δ3～δ30 mm	kg	110.00		120.80		137.00		183.00		209.00	
	030240	型钢 综合	kg	506.00		554.40		627.00		836.00		952.00	
	030060	钢管 综合	kg	47.00	14.10	51.80	15.54	59.00	17.70	77.00	23.10	88.00	26.40
	030200	铜材 综合	kg	3.00	0.90	3.40	1.02	4.00	1.20	5.00	1.50	6.00	1.80
	040050	电焊条 综合	kg	50.00		58.00		70.00		83.00		112.00	
	060010	油漆 综合	kg	32.00	25.60	35.60	28.48	41.00	32.80	49.00	39.20	56.00	44.80
	090742	无絮棉布	kg	28.00	8.40	31.60	9.48	37.00	11.10	44.00	13.20	51.00	15.30
	091310	清洗剂	kg	53.00	10.60	61.40	12.28	74.00	14.80	87.00	17.40	118.00	23.60
	060122	透平油	kg	17.00	3.40	18.20	3.64	20.00	4.00	27.00	5.40	31.00	6.20
	040090	氧气	m^3	46.00		50.80		58.00		77.00		86.00	
	040100	乙炔气	m^3	21.00		23.00		26.00		35.00		39.00	
	020060	木材 综合	m^3	0.20	0.06	0.24	0.07	0.30	0.09	0.40	0.12	0.50	0.15
	200010	其他材料费	%	18.00	18.00	18.00	18.00	18.00	18.00	18.00	18.00	18.00	18.00

续表

电算编号		项目	单位	设备自重（t）									
				5 以下		5～7		7～10		10～15		15～20	
				维修	养护	维修	养护	维修	养护	维修	养护	维修	养护
机械		桥式起重机	台时	23.69		27.81		33.99		48.41		62.83	
	180050	交流电焊机 25～30 kVA	台时	42.23		50.47		62.83		74.16		100.94	
	180280	普通车床 ϕ400～ϕ600 mm	台时	6.18		7.83		10.30		16.48		20.60	
	180390	牛头刨床 B650 mm	台时	6.18		7.83		10.30		16.48		20.60	
	180330	摇臂钻床 ϕ35～ϕ50 mm	台时	6.18		6.18		6.18		10.30		10.30	
	180510	压力滤油机 150 型	台时	10.30		10.30		10.30		10.30		16.48	
	200020	其他机械费	%	18.00		18.00		18.00		18.00		18.00	
其他	200030	其他费用	%	5.00		5.00		5.00		5.00		5.00	
定额编号				1-72	1-73	1-74	1-75	1-76	1-77	1-78	1-79	1-80	1-81

1.5 水轮发电机

1.5.1 竖轴

维修工作内容： 1. 水轮发电机滑环拆卸、清理、维修，碳刷检查、更换。2. 上、下油缸解体，清理上下油缸、上下机架、主机盖板，检查冷却器，检查推力瓦、导向瓦、瓦架、推力头、镜板、测温装置等部件的磨损和损坏程度，刮瓦，清理更换损坏部件，更换润滑油（脂）。3. 清理定转子，干燥、喷绝缘漆；上下油缸渗漏试验；冷却器耐压试验；轴承绝缘测试。4. 测量和调整轴线摆度、中心和垂直度。5. 测量和调整轴瓦间隙、空气间隙等各部间隙。6. 清除机身上油污及锈蚀层，进行补漆防锈处理。7. 整机组装，联轴调试。

养护工作内容： 水轮发电机定期检查，清洁、除锈、油漆，渗漏水、渗漏油处理，局部焊接，绝缘检测与干燥，碳刷磨损更换，补充润滑油，试验配合等。

单位：台

电算编号		项目	单位	设备自重（t）									
				5 以下		5～7		7～10		10～15		15～20	
				维修	养护	维修	养护	维修	养护	维修	养护	维修	养护
人工	010011	工长	工时	277.80	26.39	313.22	29.76	366.36	34.80	454.92	43.22	543.48	51.63
	010012	高级工	工时	555.60	52.78	626.45	59.51	732.72	69.61	909.84	86.43	1086.96	103.26
	010013	中级工	工时	416.70	39.59	469.84	44.63	549.54	52.21	682.38	64.83	815.22	77.45
	010014	初级工	工时	138.90	13.20	156.61	14.88	183.18	17.40	227.46	21.61	271.74	25.82
	010010	合计	工时	1389.00	131.96	1566.12	148.78	1831.80	174.02	2274.60	216.09	2717.40	258.16
材料	030020	钢板 δ3～δ30 mm	kg	165.00		183.00		210.00		255.00		300.00	
	030240	型钢 综合	kg	315.00		351.00		405.00		495.00		585.00	
	030060	钢管 综合	kg	45.50	13.65	50.50	15.15	58.00	17.40	70.50	21.15	83.00	24.90
	040050	电焊条 综合	kg	29.00		32.20		37.00		45.00		53.00	
	060010	油漆 综合	kg	33.00	26.40	36.60	29.28	42.00	33.60	51.00	40.80	60.00	48.00
	090742	无絮棉布	kg	23.50	7.05	26.10	7.83	30.00	9.00	36.50	10.95	43.00	12.90
	060470	香蕉水	kg	9.50	7.60	10.50	8.40	12.00	9.60	14.50	11.60	17.00	13.60
	060050	工业苯	kg	6.50	1.95	7.10	2.13	8.00	2.40	9.50	2.85	11.00	3.30
	091310	清洗剂	kg	41.00	8.20	45.00	9.00	51.00	10.20	61.00	12.20	71.00	14.20
	081140	酚醛层压板	kg	8.50	2.55	9.50	2.85	11.00	3.30	13.50	4.05	16.00	4.80
	040090	氧气	m^3	66.00		73.20		84.00		102.00		120.00	
	040100	乙炔气	m^3	28.00		31.20		36.00		44.00		52.00	
	020060	木材 综合	m^3	0.25	0.08	0.27	0.08	0.30	0.09	0.35	0.11	0.40	0.12
	060191	乙醇	kg	4.00	1.20	4.40	1.32	5.00	1.50	6.00	1.80	7.00	2.10
	090811	玻璃纤维带	盘	13.50	4.05	14.90	4.47	17.00	5.10	20.50	6.15	24.00	7.20
	200010	其他材料费	%	20.00	20.00	20.00	20.00	20.00	20.00	20.00	20.00	20.00	20.00

续表

电算编号		项目	单位	设备自重（t）									
				5 以下		5～7		7～10		10～15		15～20	
				维修	养护	维修	养护	维修	养护	维修	养护	维修	养护
机械		桥式起重机	台时	30.90		33.78		38.11		45.32		52.53	
	180050	交流电焊机 25～30 kVA	台时	29.36		32.45		37.08		44.81		52.53	
	180280	普通车床 ϕ400～ ϕ600 mm	台时	10.82		11.85		13.39		15.97		18.54	
	180390	牛头刨床 B650 mm	台时	14.42		15.24		16.48		18.54		20.60	
	180330	摇臂钻床 ϕ35～ ϕ50 mm	台时	5.67		6.28		7.21		8.76		10.30	
	150280	柴油型汽车起重机 起重量 16 t	台时							0.52		1.03	
	140040	汽油型载重汽车 额定载质量 5 t	台时	6.70		6.90		7.21		7.73		8.24	
	200020	其他机械费	%	20.00		20.00		20.00		20.00		20.00	
其他	200030	其他费用	%	5.00		5.00		5.00		5.00		5.00	
定额编号				1-82	1-83	1-84	1-85	1-86	1-87	1-88	1-89	1-90	1-91

1.5.2 横轴

维修工作内容：水轮发电机拆卸；联轴器检查、清理、更换密封件、注油；滑环清理、维修、干燥，碳刷更换；定转子绕组检查、烘干；传感器、电缆及电缆接头等破损件更换；轴承及轴承座检查、修理、轴瓦研刮，更换润滑油（脂）；齿轮箱检查，更换易损件；冷却器检查、修理、更换；整机密封检查，更换破损部件；整机组装、机组轴线调整，进行补漆防锈处理，联轴调试。

养护工作内容：水轮发电机、齿轮箱定期检查，清洁、除锈、油漆，渗漏水、渗漏油处理，局部焊接，绝缘检测与干燥，碳刷磨损更换，补充润滑油（脂），试验配合等。

单位：台

电算编号		项目	单位	设备自重（t）									
				5以下		5～7		7～10		10～15		15～20	
				维修	养护	维修	养护	维修	养护	维修	养护	维修	养护
人工	010011	工长	工时	165.00	15.68	190.25	18.07	228.12	21.67	301.56	28.65	375.84	35.70
	010012	高级工	工时	330.00	31.35	380.50	36.15	456.24	43.34	603.12	57.30	751.68	71.41
	010013	中级工	工时	247.50	23.51	285.37	27.11	342.18	32.51	452.34	42.97	563.76	53.56
	010014	初级工	工时	82.50	7.84	95.12	9.04	114.06	10.84	150.78	14.32	187.92	17.85
	010010	合计	工时	825.00	78.38	951.24	90.37	1140.60	108.36	1507.80	143.24	1879.20	178.52
材料	030020	钢板 δ3～δ30 mm	kg	139.00		165.40		205.00		271.00		338.00	
	030240	型钢 综合	kg	331.00		378.60		450.00		569.00		689.00	
	030060	钢管 综合	kg	40.00	12.00	50.00	15.00	65.00	19.50	86.00	25.80	107.00	32.10
	030200	铜材 综合	kg	1.00	0.30	1.20	0.36	1.50	0.45	2.00	0.60	2.40	0.72
	040050	电焊条 综合	kg	14.00		16.40		20.00		26.00		33.00	
	060010	油漆 综合	kg	17.00	13.60	20.20	16.16	25.00	20.00	33.00	26.40	41.00	32.80
	090742	无絮棉布	kg	13.00	3.90	15.40	4.62	19.00	5.70	25.00	7.50	31.00	9.30
	060470	香蕉水	kg	1.00	0.80	1.40	1.12	2.00	1.60	3.00	2.40	3.00	2.40
	060050	工业苯	kg	2.00	0.60	2.40	0.72	3.00	0.90	4.00	1.20	5.00	1.50
	091310	清洗剂	kg	22.00	4.40	26.00	5.20	32.00	6.40	42.00	8.40	53.00	10.60
	040090	氧气	m^3	32.00		38.40		48.00		64.00		79.00	
	040100	乙炔气	m^3	13.00		16.20		21.00		27.00		34.00	
	020060	木材 综合	m^3	0.20	0.06	0.24	0.07	0.30	0.09	0.40	0.12	0.50	0.15
	060191	乙醇	kg	1.50	0.45	1.70	0.51	2.00	0.60	2.00	0.60	2.00	0.60
	090811	玻璃纤维带	盘	4.00	1.20	4.80	1.44	6.00	1.80	8.00	2.40	10.00	3.00
	200010	其他材料费	%	20.00	20.00	20.00	20.00	20.00	20.00	20.00	20.00	20.00	20.00

续表

电算编号		项目	单位	设备自重（t）									
				5 以下		5～7		7～10		10～15		15～20	
				维修	养护	维修	养护	维修	养护	维修	养护	维修	养护
机械		桥式起重机	台时	18.54		24.72		33.99		38.11		48.41	
	180050	交流电焊机 25～30 kVA	台时	13.39		16.27		20.60		26.78		31.93	
	180280	普通车床 ϕ400～ϕ600 mm	台时	7.21		8.45		10.30		13.39		16.48	
	180390	牛头刨床 B650 mm	台时	7.21		8.45		10.30		13.39		16.48	
	180330	摇臂钻床 ϕ35～ϕ50 mm	台时	4.12		4.94		6.18		7.21		10.30	
	170040	空压机 电动 移动式 9 m^3/min	台时			1.24		3.09		4.12		4.12	
	140040	载重汽车 额定载质量 5 t 汽油型	台时	3.09		3.50		4.12		6.18		7.21	
	200020	其他机械费	%	16.00		16.00		16.00		16.00		16.00	
其他	200030	其他费用	%	5.00		5.00		5.00		5.00		5.00	
定额编号				1-92	1-93	1-94	1-95	1-96	1-97	1-98	1-99	1-100	1-101

1.6　叶片调节机构

工作内容：主水泵叶片调节机构定期检查，清洁，渗漏水、渗漏油处理等。

单位：台

电算编号		项目	单位	流量（m^3/s）			
				5 以下	5～10	10～20	20～35
人工	010011	工长	工时	1.90	2.70	3.87	5.53
	010012	高级工	工时	3.80	5.41	7.75	11.05
	010013	中级工	工时	2.85	4.06	5.81	8.29
	010014	初级工	工时	0.95	1.35	1.94	2.76
	010010	合计	工时	9.50	13.52	19.37	27.63
材料	091310	清洗剂	kg	0.59	0.84	1.20	1.71
	080520	滤油纸 300 mm×300 mm	张	1.13	1.62	2.31	3.30
	060122	透平油	kg	4.80	6.86	9.80	14.00
	091230	毛巾	条	2.32	3.31	4.73	6.75
	091300	洗衣粉	kg	0.10	0.15	0.21	0.30
	091220	手套	副	0.95	1.35	1.93	2.76
	200010	其他材料费	%	5.00	5.00	5.00	5.00
机械	180510	压力滤油机 150 型	台时	0.85	1.20	1.70	2.45
	200020	其他机械费	%	5.00	5.00	5.00	5.00
其他	200030	其他费用	%	14.00	14.00	14.00	14.00
定额编号				1-102	1-103	1-104	1-105

注：本节定额仅用于单独叶片调节机构的养护。

1.7 水泵油润滑轴承

工作内容：水泵油润滑轴承定期检查，清洁，密封件更换，润滑油（脂）补充，渗漏水、渗漏油处理等。

单位：台

电算编号		项目	单位	流量（m^3/s）		
				5～10	10～20	20～35
人工	010011	工长	工时	4.06	5.80	8.29
	010012	高级工	工时	8.11	11.60	16.59
	010013	中级工	工时	6.08	8.70	12.44
	010014	初级工	工时	2.03	2.90	4.15
	010010	合计	工时	20.28	29.00	41.47
材料	080232	耐油平板橡皮	kg	1.51	2.16	3.09
	091310	清洗剂	kg	2.93	4.18	5.98
	080520	滤油纸 300 mm×300 mm	张	0.44	0.63	0.90
	060122	透平油	kg	10.29	14.70	21.00
	091230	毛巾	条	4.96	7.09	10.13
	091300	洗衣粉	kg	0.22	0.32	0.45
	091220	手套	副	2.03	2.90	4.14
	200010	其他材料费	%	5.00	5.00	5.00
机械	180510	压力滤油机 150 型	台时	1.80	2.55	3.70
	200020	其他机械费	%	5.00	5.00	5.00
其他	200030	其他费用	%	13.00	13.00	13.00
定额编号				1-106	1-107	1-108

注：本节定额仅用于单独水泵油润滑轴承的养护。

2 辅助设备

说　明

一、本章包括油系统养护、气系统养护、供排水系统养护、抽真空系统养护、真空破坏阀养护、通风设备养护、油泵更换、空压机更换、供排水泵更换、真空泵更换、容器更换、冷水机组更换、系统管路更换、阀门更换、电动阀门更换 15 节。

二、不包括的工作内容：

1. 辅助设备本体以外的电气设备安装、接线、干燥和试验，设备基础支架的制作、安装。

2. 系统管路防凝结水防护层的安装。

三、辅助设备重量包括机座、机体、电动机及附件的重量。

四、系统管路定额适用于油、气、水系统的管路及附件更换。

五、滤水器更换采用容器更换定额。

六、更换后设备与原设备规格不同时，定额不予调整，以新设备为准。

2.1 油系统养护

工作内容：油系统定期检查，少量部件维修，清洁、除锈、油漆、局部焊补、调整，漏油处理，更换、补充润滑油（脂），更换滤芯及密封件，油泵及油罐保养，压力表、安全阀试验配合、试运转等。

单位：系统

电算编号		项目名称	单位	泵站流量（m^3/s）		
				20～50	50～100	100～200
人工	010011	工长	工时	25.00	35.72	51.03
	010012	高级工	工时	100.01	142.87	204.10
	010013	中级工	工时	275.02	392.89	561.28
	010014	初级工	工时	100.01	142.87	204.10
	010010	合计	工时	500.04	714.35	1020.51
材料	030020	钢板 δ3～δ30 mm	kg	8.17	11.68	16.68
	060030	防锈漆	kg	5.53	7.90	11.28
	060010	油漆 综合	kg	6.94	9.91	14.16
	040050	电焊条 综合	kg	1.45	2.09	2.97
	080280	油浸石棉	kg	3.00	4.28	6.12
	040090	氧气	m^3	1.06	1.51	2.16
	040100	乙炔气	m^3	0.53	0.76	1.08
	080232	耐油平板橡皮	kg	3.53	5.05	7.21
	091310	清洗剂	kg	23.28	33.27	47.52
	080261	塑料布	kg	9.21	13.16	18.80
	080520	滤油纸 300 mm×300 mm	张	592.90	847.00	1210.00
	091230	毛巾	条	23.52	33.60	48.00
	091300	洗衣粉	kg	2.94	4.20	6.00
	091220	手套	副	14.11	20.16	28.80
	090840	漆刷	把	3.53	5.04	7.20
	090700	砂纸	张	7.06	10.08	14.40
	060122	透平油	kg	70.56	100.80	144.00
	060310	变色硅胶	kg	3.00	5.00	10.00
	200010	其他材料费	%	5.00	5.00	5.00
机械	180040	直流电焊机 功率 30 kW	台时	5.60	8.00	11.45
	180510	压力滤油机 150 型	台时	5.75	8.20	11.70
	180810	电焊条烘箱 60×50×75 cm^3	台时	3.20	4.60	6.55
	180280	普通车床 ϕ400～ ϕ600 mm	台时	2.35	3.35	4.80
	200020	其他机械费	%	5.00	5.00	5.00
其他	200030	其他费用	%	2.50	2.50	2.50
定额编号				2-1	2-2	2-3

2.2　气系统养护

工作内容：气系统定期检查，少量部件维修，清洁、除锈、油漆、局部焊补、调整，漏气处理，更换、补充润滑油（脂），更换、补充密封件，空压机、汽水分离器保养，压力表、安全阀试验配合、试运转等。

单位：系统

电算编号		项目名称	单位	泵站流量（m^3/s）		
				20～50	50～100	100～200
人工	010011	工长	工时	20.22	28.89	41.28
	010012	高级工	工时	80.90	115.57	165.10
	010013	中级工	工时	222.47	317.82	454.03
	010014	初级工	工时	80.90	115.57	165.10
	010010	合计	工时	404.49	577.85	825.51
材料	030020	钢板 δ3～δ30 mm	kg	1.61	2.30	3.28
	060030	防锈漆	kg	4.32	6.17	8.82
	060010	油漆 综合	kg	4.94	7.06	10.08
	040050	电焊条 综合	kg	1.18	1.68	2.41
	080280	油浸石棉	kg	2.42	3.46	4.94
	040090	氧气	m^3	0.93	1.32	1.89
	040100	乙炔气	m^3	0.47	0.67	0.95
	080232	耐油平板橡皮	kg	2.85	4.07	5.82
	091310	清洗剂	kg	12.43	17.76	25.37
	080260	塑料布	m^2	415.25	592.91	847.41
	091230	毛巾	条	17.50	24.99	35.70
	091300	洗衣粉	kg	2.06	2.94	4.20
	091220	手套	副	11.32	16.17	23.10
	090830	钢丝刷	把	1.03	1.47	2.10
	090840	漆刷	把	3.09	4.41	6.30
	090700	砂纸	张	6.17	8.82	12.60
	060090	机油	kg	9.26	13.23	18.90
	060100	黄油	kg	2.10	3.00	4.28
	200010	其他材料费	%	5.00	5.00	5.00
机械	170040	空压机 电动 移动式 9 m^3/min	台时	2.00	3.00	4.00
	180040	直流电焊机 功率 30 kW	台时	4.55	6.50	9.25
	180810	电焊条烘箱 60×50×75 cm^3	台时	2.60	3.70	5.30
	180280	普通车床 ϕ400～ϕ600 mm	台时	2.05	2.95	4.20
	200020	其他机械费	%	5.00	5.00	5.00
其他	200030	其他费用	%	2.50	2.50	2.50
定额编号				2-4	2-5	2-6

2.3 供排水系统养护

工作内容：供排水系统定期检查，少量部件维修，清洁、除锈、油漆、局部焊补、调整，漏水处理，更换、补充润滑油（脂），更换、补充填料，供排水泵及冷水机组保养，压力表计校验配合，试运转等。

单位：系统

电算编号		项目名称	单位	泵站流量（m^3/s）		
				20～50	50～100	100～200
人工	010011	工长	工时	28.03	40.04	57.20
	010012	高级工	工时	112.11	160.16	228.80
	010013	中级工	工时	308.31	440.44	629.20
	010014	初级工	工时	112.11	160.16	228.80
	010010	合计	工时	560.56	800.80	1144.00
材料	030020	钢板 δ3～δ30 mm	kg	1.59	2.28	3.25
	060030	防锈漆	kg	4.63	6.62	9.45
	060010	油漆 综合	kg	5.01	7.15	10.22
	040050	电焊条 综合	kg	1.63	2.34	3.34
	080280	油浸石棉	kg	3.36	4.80	6.86
	040090	氧气	m^3	0.82	1.18	1.68
	040100	乙炔气	m^3	0.41	0.59	0.84
	080232	耐油平板橡皮	kg	3.96	5.66	8.09
	091310	清洗剂	kg	9.02	12.89	18.41
	080260	塑料布	m^2	519.59	742.37	1060.32
	091230	毛巾	条	4.12	5.88	8.40
	091300	洗衣粉	kg	2.06	2.94	4.20
	091220	手套	副	9.60	13.72	19.60
	090830	钢丝刷	把	1.20	1.72	2.45
	090840	漆刷	把	2.74	3.92	5.60
	090700	砂纸	张	5.49	7.84	11.20
	060090	机油	kg	6.52	9.31	13.30
	060100	黄油	kg	2.90	4.14	5.92
	200010	其他材料费	%	5.00	5.00	5.00
机械	180040	直流电焊机 功率 30 kW	台时	6.30	9.00	12.85
	180810	电焊条烘箱 60×50×75 cm^3	台时	3.60	5.15	7.35
	180280	普通车床 ϕ400～ϕ600 mm	台时	2.05	2.95	4.20
	200020	其他机械费	%	5.00	5.00	5.00
定额编号				2-7	2-8	2-9

2.4 抽真空系统养护

工作内容：抽真空系统定期检查，少量部件维修，清洁、除锈、油漆、局部焊补、调整，漏气、漏水处理，更换、补充润滑油（脂），更换、补充密封件，真空泵、汽水分离器保养，真空表计校验、试验配合，试运转等。

电算编号		项目名称	单位	泵站流量（m^3/s）		
				20～50	50～100	100～200
人工	010011	工长	工时	12.14	17.34	24.77
	010012	高级工	工时	48.54	69.34	99.06
	010013	中级工	工时	133.49	190.69	272.42
	010014	初级工	工时	48.54	69.34	99.06
	010010	合计	工时	242.71	346.71	495.31
材料	030020	钢板 δ3mm～δ30mm	kg	1.61	2.30	3.28
	060030	防锈漆	kg	3.46	4.94	7.06
	060010	油漆 综合	kg	4.94	7.06	10.08
	040050	电焊条 综合	kg	0.59	0.84	1.20
	040100	乙炔气	m^3	0.47	0.67	0.95
	080260	塑料布	m^2	415.25	592.91	847.41
	091230	毛巾	条	17.50	24.99	35.70
	091300	洗衣粉	kg	1.03	1.47	2.10
	091220	手套	副	11.32	16.17	23.10
	090830	钢丝刷	把	1.03	1.47	2.10
	090840	漆刷	把	3.09	4.41	6.30
	090700	砂纸	张	6.17	8.82	12.60
	091310	清洗剂	kg	9.18	13.12	18.74
	060090	机油	kg	4.63	6.62	9.45
	060100	黄油	kg	1.05	1.50	2.14
	200010	其他材料费	%	5.00	5.00	5.00
机械	180040	直流电焊机 功率 30 kW	台时	2.25	3.25	4.65
	180810	电焊条烘箱 60×50×75 cm^3	台时	1.30	1.85	2.65
	200020	其他机械费	%	5.00	5.00	5.00
定额编号				2-10	2-11	2-12

2.5 真空破坏阀养护

工作内容：真空破坏阀定期检查、清理、除锈、油漆，电磁线圈、密封件更换、调试等。

单位：台

电算编号		项目名称	单位	水泵单机流量（m^3/s）		
				5～10	10～20	20～35
人工	010011	工长	工时	1.43	2.05	2.93
	010012	高级工	工时	5.73	8.19	11.70
	010013	中级工	工时	15.77	22.52	32.18
	010014	初级工	工时	5.73	8.19	11.70
	010010	合计	工时	28.66	40.95	58.51
材料	060030	防锈漆	kg	2.16	3.08	3.53
	060010	油漆 综合	kg	2.66	3.81	4.35
	080232	耐油平板橡皮	kg	1.51	2.15	2.46
	091230	毛巾	条	2.94	4.20	4.48
	091300	洗衣粉	kg	0.26	0.38	0.40
	091220	手套	副	1.26	1.80	1.92
	080260	塑料布	m^2	36.66	52.17	74.73
	090840	漆刷	把	0.21	0.30	0.32
	090700	砂纸	张	1.05	1.50	1.60
	091310	清洗剂	kg	3.12	4.46	5.10
	060090	机油	kg	1.01	1.44	1.65
	060100	黄油	kg	0.74	1.05	1.20
	200010	其他材料费	%	5.00	5.00	5.00
定额编号				2-13	2-14	2-15

2.6　通风设备养护

工作内容：风机定期检查清理，电动机清洁、除锈、油漆、绝缘检查与处理，补充润滑油（脂），控制、动力线路维护，皮带松紧处理，检测配合，试运转等。

单位：台

电算编号		项目名称	单位	通风量（m³/s）			
				2～5	5～10	10～20	20～35
人工	010011	工长	工时	0.30	0.49	0.82	1.37
	010012	高级工	工时	1.18	1.96	3.28	5.46
	010013	中级工	工时	3.25	5.40	9.01	15.02
	010014	初级工	工时	1.18	1.96	3.28	5.46
	010010	合计	工时	5.91	9.81	16.39	27.31
材料	060030	防锈漆	kg	1.03	1.72	2.87	4.78
	060010	油漆 综合	kg	1.15	1.92	3.19	5.32
	091230	毛巾	条	1.30	2.16	3.60	6.00
	091220	手套	副	1.34	2.24	3.73	6.22
	090840	漆刷	把	0.91	1.51	2.52	4.20
	090700	砂纸	张	5.53	9.22	15.36	25.60
	090510	黑胶布	卷	0.14	0.23	0.38	0.64
	090830	钢丝刷	把	0.09	0.15	0.25	0.42
	090062	皮带	m	0.14	0.23	0.38	0.64
	091310	清洗剂	kg	2.14	3.56	5.94	9.90
	060090	机油	kg	0.13	0.22	0.36	0.60
	060100	黄油	kg	0.52	0.86	1.44	2.40
	200010	其他材料费	%	5.00	5.00	5.00	5.00
定额编号				2-16	2-17	2-18	2-19

2.7 油泵更换

工作内容：原设备拆除，机座及基础螺栓安装，机体分解、检查、清扫、安装，电动机安装、联轴，附件安装，单机试运转。

单位：台

电算编号		项目	单位	设备重量（t以下）		
				0.3	0.5	1
人工	010011	工长	工时	4.20	5.60	7.00
	010012	高级工	工时	18.20	22.40	30.80
	010013	中级工	工时	47.60	58.80	82.60
	010014	初级工	工时	18.20	22.40	30.80
	010010	合计	工时	88.20	109.20	151.20
材料	030250	钢垫板 综合	kg	4.60	4.60	4.60
	030020	钢板 δ3～δ30 mm	kg	0.20	0.20	0.30
	040050	电焊条 综合	kg	0.30	0.40	0.40
	040060	铜焊条	kg	0.10	0.10	0.10
	040130	铜焊粉气剂 301	kg	0.10	0.10	0.10
	060120	煤油	kg	0.60	0.70	0.80
	091310	清洗剂	kg	0.20	0.20	0.20
	060090	机油	kg	0.50	0.60	0.60
	060100	黄油	kg	0.50	0.60	0.70
	060180	铅油	kg	0.10	0.10	0.20
	090742	无絮棉布	kg	0.30	0.40	0.40
	040090	氧气	m^3	1.00	2.00	3.00
	040100	乙炔气	m^3	0.50	0.90	1.30
	020060	木材 综合	m^3	0.03	0.04	0.05
	200010	其他材料费	%	10.00	10.00	10.00
机械	150380	叉式起重机 内燃叉车提升质量 3 t	台时	0.21	0.31	0.52
	180050	交流电焊机 25～30 kVA	台时	0.41	0.52	0.52
	200020	其他机械费	%	10.00	10.00	10.00
定额编号				2-20	2-21	2-22

2.8 空压机更换

工作内容：原设备拆除，机座及基础螺栓安装，机体分解、检查、清扫、安装，电动机安装、联轴，附件安装，单机试运转。

单位：台

电算编号		项目	单位	设备重量（t以下）							
				0.15	0.3	0.5	0.75	1	1.25	1.5	2.0
人工	010011	工长	工时	3.78	7.56	10.50	14.28	18.90	22.68	25.62	36.96
	010012	高级工	工时	18.14	36.29	50.40	68.54	90.72	108.86	122.98	177.41
	010013	中级工	工时	46.12	92.23	128.10	174.22	230.58	276.70	312.56	450.91
	010014	初级工	工时	7.56	15.12	21.00	28.56	37.80	45.36	51.24	73.92
	010010	合计	工时	75.60	151.20	210.00	285.60	378.00	453.60	512.40	739.20
材料	030020	钢板 δ3～δ30 mm	kg	3.00	4.50	6.00	7.50	9.00	10.00	11.00	15.00
	040050	电焊条 综合	kg	0.80	1.80	3.00	4.30	6.70	8.20	10.00	16.50
	060010	油漆 综合	kg	0.50	1.00	1.30	2.10	3.00	3.60	4.20	6.00
	060190	酒精	瓶	2.00	2.00	2.00	3.00	3.00	3.00	4.00	4.00
	091310	清洗剂	kg	1.50	2.30	3.00	3.70	4.50	6.00	7.20	13.50
	060090	机油	kg	0.50	0.70	1.10	1.50	2.10	2.40	2.50	4.00
	060100	黄油	kg	0.50	1.00	1.30	1.50	2.00	2.50	3.00	4.50
	200010	其他材料费	%	25.00	25.00	25.00	25.00	25.00	25.00	25.00	25.00
机械	180050	交流电焊机 25～30 kVA	台时	0.82	1.55	2.58	3.86	5.77	6.90	8.45	15.45
	200020	其他机械费	%	27.30	25.60	15.30	12.50	10.60	9.50	9.40	6.50
定额编号				2-23	2-24	2-25	2-26	2-27	2-28	2-29	2-30

2.9 供排水泵更换

工作内容： 原设备拆除，机座及基础螺栓安装，机体分解、检查、清扫、安装，电动机安装、联轴，附件安装，单机试运转。

单位：台

电算编号		项目	单位	设备自重（t 以下)		
				0.2	0.5	1.0
人工	010011	工长	工时	4.20	8.40	12.60
	010012	高级工	工时	18.20	35.00	63.00
	010013	中级工	工时	44.80	89.60	159.60
	010014	初级工	工时	8.40	15.40	26.60
	010010	合计	工时	75.60	148.40	261.80
材料	030020	钢板 δ3～δ30 mm	kg	2.10	3.70	6.30
	030240	型钢 综合	kg	3.00	5.20	8.80
	040050	电焊条 综合	kg	0.40	0.70	1.20
	060010	油漆 综合	kg	0.70	1.00	1.50
	040090	氧气	m^3	1.00	1.70	3.00
	040100	乙炔气	m^3	0.40	0.70	1.30
	091310	清洗剂	kg	1.00	1.70	2.80
	060100	黄油	kg	0.20	0.40	0.60
	200010	其他材料费	%	25.00	25.00	25.00
机械	180280	普通车床 ϕ400 ～ ϕ600 mm	台时	0.46	0.82	1.55
	180390	牛头刨床 B650 mm	台时	0.93	1.60	3.09
	180330	摇臂钻床 ϕ35～ ϕ50 mm	台时	0.46	0.82	1.55
	180050	交流电焊机 25～30 kVA	台时	0.46	0.82	1.55
	200020	其他机械费	%	22.60	20.20	19.40
定额编号				2-31	2-32	2-33

2.10 真空泵更换

工作内容：原设备拆除，机座及基础螺栓安装，机体分解、检查、清扫、安装，电动机安装、联轴，附件安装，单机试运转。

单位：台

电算编号		项目	单位	设备重量（t以下）		
				0.5	1	2
人工	010011	工长	工时	3.05	4.67	7.48
	010012	高级工	工时	12.22	18.69	29.91
	010013	中级工	工时	33.60	51.40	82.25
	010014	初级工	工时	12.22	18.76	29.82
	010010	合计	工时	61.09	93.52	149.46
材料	030250	钢垫板 综合	kg	4.07	6.11	6.11
	030020	钢板 δ3～δ30 mm	kg			0.20
	030120	镀锌铁丝 8#	kg		0.80	1.20
	040050	电焊条 综合	kg	0.13	0.19	0.24
	060120	煤油	kg	0.84	1.05	1.37
	091310	清洗剂	kg	0.31	0.51	1.02
	060090	机油	kg	0.61	0.71	0.91
	060100	黄油	kg	0.15	0.20	0.30
	090742	无絮棉布	kg	0.32	0.51	0.85
	040090	氧气	m^3	0.12	0.18	0.21
	040100	乙炔气	m^3	0.03	0.05	0.06
	020040	板枋材 三等、木垫板	m^3	0.01	0.01	0.01
	080280	油浸石棉	kg	0.30	0.37	0.60
	200010	其他材料费	%	10.00	10.00	10.00
机械	150390	柴油型叉式起重机 内燃叉车 提升质量 6 t	台时	0.21	0.31	0.52
	180050	交流电焊机 25～30 kVA	台时	0.41	0.41	0.41
	200020	其他机械费	%	10.00	10.00	10.00
定额编号				2-34	2-35	2-36

2.11 容器更换

工作内容：原设备拆除，基础螺栓安装，制作、焊接吊挂，水平和垂直运输，就位、固定、附件安装。

2.11.1 油桶更换

单位：t

电算编号		项目	单位	油桶容量（m³以下）					
				1	3	5	10	15	20
人工	010011	工长	工时	7.00	8.40	8.40	9.80	11.20	12.60
	010012	高级工	工时	29.40	30.80	33.60	40.60	46.20	49.00
	010013	中级工	工时	74.20	79.80	85.40	103.60	120.40	127.40
	010014	初级工	工时	35.00	37.80	40.60	49.00	56.00	58.80
	010010	合计	工时	145.60	156.80	168.00	203.00	233.80	247.80
材料	030060	钢管 综合	kg	26.00	27.00	28.00	33.60	37.20	40.90
	030240	型钢 综合	kg	14.60	15.80	17.00	20.40	22.60	24.80
	040050	电焊条 综合	kg	2.90	3.10	3.30	3.90	4.30	4.80
	040090	氧气	m³	3.80	4.00	4.20	5.00	5.60	6.10
	040100	乙炔气	m³	1.60	1.70	1.80	2.00	2.40	2.70
	200010	其他材料费	%	5.00	5.00	5.00	5.00	5.00	5.00
机械	150390	柴油型叉式起重机 内燃叉车提升质量 6 t	台时	1.24	1.34	1.44	1.65	1.85	2.06
	180050	交流电焊机 25～30 kVA	台时	4.33	4.74	5.15	6.18	6.70	7.52
	200020	其他机械费	%	12.00	12.00	12.00	12.00	12.00	12.00
定额编号				2-37	2-38	2-39	2-40	2-41	2-42

2.11.2 气罐更换

单位：t

电算编号		项目	单位	气罐容量（m^3以下）							
				0.5	1.0	1.5	2.0	3.0	5.0	7.0	10.0
人工	010011	工长	工时	11.20	15.40	18.20	21.00	23.80	28.00	32.20	37.80
	010012	高级工	工时	43.40	58.80	74.20	84.00	98.00	112.00	127.40	152.60
	010013	中级工	工时	107.80	149.80	187.60	211.40	247.80	282.80	326.20	387.80
	010014	初级工	工时	51.80	70.00	88.20	100.80	117.60	134.40	154.00	183.40
	010010	合计	工时	214.20	294.00	368.20	417.20	487.20	557.20	639.80	761.60
材料	030020	钢板 δ3～δ30 mm	kg	9.40	11.80	13.00	14.20	17.40	20.60	23.90	27.10
	030240	型钢 综合	kg	8.00	10.00	12.00	14.00	16.00	20.00	24.00	30.00
	040050	电焊条 综合	kg	1.80	2.00	3.10	4.20	5.30	6.40	7.10	9.10
	040090	氧气	m^3	0.50	0.70	1.70	2.60	3.60	4.50	5.60	5.70
	040100	乙炔气	m^3	0.20	0.30	0.70	1.10	1.60	2.00	2.40	2.50
	060010	油漆 综合	kg	0.10	0.10	0.20	0.20	0.20	0.20	0.30	0.30
	020060	木材 综合	m^3	0.10	0.10	0.10	0.10	0.20	0.20	0.30	0.30
	200010	其他材料费	%	22.00	22.00	22.00	22.00	20.00	20.00	20.00	20.00
机械	150250	柴油型汽车起重机 起重量 8 t	台时	0.52	0.93	1.03	1.13	1.44	1.65	1.96	2.06
	180050	交流电焊机 25～30 kVA	台时	1.13	1.24	2.58	4.02	4.84	5.87	6.70	10.30
	140040	载重汽车 额定载质量 5 t 汽油型	台时	0.52	0.52	0.62	0.82	0.93	1.03	1.03	1.13
	200020	其他机械费	%	15.00	15.00	15.00	15.00	15.00	15.00	15.00	15.00
定额编号				2-43	2-44	2-45	2-46	2-47	2-48	2-49	2-50

2.12　冷水机组更换

工作内容： 原设备拆除，底座安装，设备本体及附件安装，电气安装，试运转。

单位：台

电算编号		项目	单位	设备重量（kg 以下）				
				400	600	800	1000	1280
人工	010011	工长	工时	0.90	1.42	1.94	2.47	2.99
	010012	高级工	工时	3.60	5.69	7.78	9.86	11.95
	010013	中级工	工时	9.91	15.66	21.41	27.15	32.90
	010014	初级工	工时	3.60	5.69	7.78	9.86	11.95
	010010	合计	工时	18.01	28.46	38.91	49.34	59.79
材料	030020	钢板 δ3～δ30 mm	kg	0.60	0.76	0.91	1.07	1.22
	030930	角钢 综合	kg	9.61	13.26	16.91	20.57	24.22
	030240	型钢 综合	kg	1.13	1.33	1.54	1.74	1.94
	030484	精制六角带帽螺栓	10套	6.20	9.20	12.20	15.20	18.20
	040040	电焊条 ϕ4 mm	kg	0.10	0.10	0.10	0.10	0.10
	080240	石棉橡胶板 综合	kg	1.21	2.76	4.31	5.86	7.41
	200010	其他材料费	%	5.00	5.00	5.00	5.00	5.00
机械	150380	柴油型叉式起重机 内燃叉车提升质量 3 t	台时	1.25	1.42	1.59	1.76	2.00
	180050	电焊机 交流 25～30 kVA	台时	1.30	2.11	2.91	3.72	4.52
	180500	台钻 Z4016	台时	0.58	0.87	1.16	1.45	1.74
	200020	其他机械费	%	5.00	5.00	5.00	5.00	5.00
定额编号				2-51	2-52	2-53	2-54	2-55

2.13 系统管路更换

工作内容：原管路拆除，切割、煨弯，弯头、三通、异径管制作，法兰焊接，管路支架、管卡子制作与安装，管路安装，阀门、表计等器具安装，系统管路冲洗、试压，清理除锈，涂漆。

单位：1000 m

电算编号		项目	单位	公称直径（mm 以下）							
				25	40	50	70	100	150	200	250
人工	010011	工长	工时	233.80	257.60	282.80	371.00	516.60	789.60	1330.00	1934.80
	010012	高级工	工时	935.20	1029.00	1128.40	1484.00	2065.00	3161.20	5322.80	7742.00
	010013	中级工	工时	2573.20	2830.80	3105.20	4079.60	5675.60	8694.00	14635.60	21288.40
	010014	初级工	工时	935.20	1029.00	1128.40	1484.00	2065.00	3161.20	5322.80	7742.00
	010010	合计	工时	4677.40	5146.40	5644.80	7418.60	10322.20	15806.00	26611.20	38707.20
材料	030060	钢管 综合	kg	76.00	86.00	158.00	206.00	263.00	356.00	543.00	653.00
	030240	型钢 综合	kg	383.00	431.00	790.00	1029.00	1316.00	1780.00	2714.00	3266.00
	040050	电焊条 综合	kg	24.00	27.00	50.00	65.00	83.00	110.00	168.00	202.00
	040090	氧气	m^3	98.00	110.00	202.00	263.00	336.00	453.00	690.00	830.00
	040100	乙炔气	m^3	32.00	36.00	67.00	87.00	111.00	151.00	230.00	277.00
	091310	清洗剂	kg	105.00	118.00	216.00	281.00	359.00	480.00	732.00	881.00
	060010	油漆 综合	kg	51.00	57.00	104.00	136.00	174.00	233.00	356.00	428.00
	090742	无絮棉布	kg	27.00	30.00	55.00	72.00	92.00	121.00	185.00	223.00
	060090	机油	kg	9.00	10.00	18.00	23.00	29.00	41.00	62.00	75.00
	080240	石棉橡胶板 综合	kg	12.00	14.00	25.00	32.00	41.00	55.00	83.00	100.00
	200010	其他材料费	%	20.00	20.00	20.00	20.00	20.00	20.00	20.00	20.00
机械	150240	汽车起重机 起重量 5 t 汽油型	台时			14.42	18.54	23.69	38.11	67.98	96.82
	180050	交流电焊机 25～30 kVA	台时	26.78	26.78	79.31	105.06	131.84	232.78	386.25	539.72
	180150	弯管机 ϕ300 mm	台时	10.30	10.30	31.93	42.23	48.41	79.31	131.84	
	170040	空压机 电动 移动式 9 m^3/min	台时	6.18	12.36	36.05	48.41	61.80	110.21	178.19	245.14
	140040	载重汽车 额定载质量 5 t 汽油型	台时								60.77
	200020	其他机械费	%	12.00	12.00	12.00	12.00	12.00	12.00	12.00	12.00
定额编号				2-56	2-57	2-58	2-59	2-60	2-61	2-62	2-63

注：油系统管路，定额人工乘以系数 3 0，焊机调整为氩弧焊机。

2.14 阀门更换

工作内容：原阀门拆除，新阀门检查，调试，压力试验，安装。

单位：个

电算编号		项目	单位	阀门直径（mm 以下）								
				25	50	80	100	150	200	250	300	350
人工	010011	工长	工时	0.10	0.14	0.26	0.35	0.50	0.79	1.17	1.42	1.54
	010012	高级工	工时	0.42	0.55	1.04	1.38	2.00	3.15	4.68	5.67	6.17
	010013	中级工	工时	1.15	1.50	2.85	3.80	5.51	8.66	13.02	15.68	16.96
	010014	初级工	工时	0.42	0.55	1.04	1.38	2.00	3.15	4.68	5.67	6.17
	010010	合计	工时	2.09	2.73	5.19	6.92	10.01	15.74	23.55	28.44	30.84
材料	040050	电焊条 综合	kg	0.17	0.17	0.17	0.17	0.17	0.17	0.17	0.17	0.17
	080240	石棉橡胶板 综合	kg	0.04	0.07	0.13	0.17	0.28	0.33	0.37	0.40	0.54
	060010	油漆 综合	kg							0.80	1.00	1.10
	060011	油漆稀释剂	kg							0.20	0.25	0.30
	040090	氧气	m^3							0.20	0.30	0.40
	040100	乙炔气	m^3							0.10	0.10	0.20
	200010	其他材料费	%	16.00	16.00	16.00	16.00	16.00	16.00	16.00	16.00	16.00
机械	150250	柴油型汽车起重机 起重量 8 t	台时							0.38	0.38	0.63
	180050	电焊机 交流 25～30 kVA	台时	0.12	0.12	0.12	0.12	0.12	0.12	0.17	0.17	0.17
	140060	柴油型载重汽车 额定载质量 8 t	台时							0.06	0.06	0.12
	170350	手动试压泵	台时	0.07	0.13	0.17	0.20	0.53	0.53	0.59	0.59	0.66
	200020	其他机械费	%	8.00	8.00	8.00	8.00	8.00	8.00	8.00	8.00	8.00
定额编号				2-64	2-65	2-66	2-67	2-68	2-69	2-70	2-71	2-72

续表

电算编号		项目	单位	阀门直径（mm 以下)								
				400	450	500	600	700	800	900	1000	1200
人工	010011	工长	工时	1.86	2.16	2.43	3.16	4.15	4.92	5.75	6.65	8.65
	010012	高级工	工时	7.43	8.64	9.72	12.62	16.61	19.70	22.99	26.61	34.60
	010013	中级工	工时	20.58	23.76	26.88	34.71	45.50	54.04	63.21	73.08	95.15
	010014	初级二	工时	7.43	8.64	9.72	12.62	16.61	19.70	22.99	26.61	34.60
	010010	合计	工时	37.30	43.20	48.75	63.11	82.87	98.36	114.94	132.95	173.00
材料	040050	电焊条 综合	kg	0.17	0.17	0.17	0.17	0.17	0.17	0.17	0.17	0.29
	080240	石棉橡胶板 综合	kg	0.69	0.81	0.83	0.84	1.03	1.16	1.30	1.31	1.46
	060010	油漆 综合	kg	1.30	1.50	1.70	2.00	2.20	2.80	3.20	4.00	5.00
	060011	油漆稀释剂	kg	0.40	0.55	0.70	0.90	1.10	1.60	1.80	2.20	3.00
	040090	氧气	m^3	0.50	0.60	0.70	1.00	1.20	1.60	1.80	2.40	3.00
	040100	乙炔气	m^3	0.20	0.30	0.30	0.40	0.50	0.70	0.80	1.00	1.20
	200010	其他材料费	%	16.00	25.00	25.00	25.00	25.00	25.00	25.00	25.00	25.00
机械	150250	柴油型汽车起重机 起重量 8 t	台时	0.66	0.81	0.81	1.37	1.71	2.06	2.37	2.74	3.65
	180050	电焊机 交流 25～30 kVA	台时	0.17	0.17	0.17	0.17	0.17	0.17	0.17	0.17	3.02
	140060	柴油型载重汽车 额定载质量 8 t	台时	0.15	0.16	0.16	0.24	0.30	0.48	0.54	0.71	0.96
	170350	手动试压泵	台时	0.74	0.81	0.88	0.88	0.96	1.03	1.03	1.03	1.11
	200020	其他机械费	%	8.00	8.00	8.00	8.00	8.00	8.00	8.00	8.00	8.00
定额编号				2-73	2-74	2-75	2-76	2-77	2-78	2-79	2-80	2-81

2.15 电动阀门更换

工作内容：原阀门拆除，新阀门检查，压力试验，安装，电气接线，调试。

单位：个

电算编号		项目	单位	阀门直径（mm 以下）							
				50	100	200	400	600	800	1000	1200
人工	010011	工长	工时	0.23	0.51	1.11	2.67	4.29	6.76	9.34	11.93
	010012	高级工	工时	0.93	2.04	4.46	10.69	17.17	27.03	37.35	47.71
	010013	中级工	工时	2.56	5.61	12.26	29.54	47.04	74.48	102.62	131.20
	010014	初级工	工时	0.93	2.04	4.46	10.69	17.17	27.03	37.35	47.71
	010010	合计	工时	4.66	10.19	22.30	53.59	85.67	135.30	186.66	238.55
材料	040050	电焊条 综合	kg	0.17	0.17	0.17	0.17	0.17	0.17	0.17	0.29
	080240	石棉橡胶板 综合	kg	0.09	0.17	0.33	0.69	0.84	1.16	1.31	1.46
	060010	油漆 综合	kg				1.50	2.80	4.20	6.00	7.80
	060011	油漆稀释剂	kg				0.60	1.20	1.80	2.80	3.60
	040090	氧气	m^3				0.60	1.20	1.80	2.60	3.20
	040100	乙炔气	m^3				0.20	0.50	0.70	1.00	1.20
	200010	其他材料费	%	8.00	8.00	8.00	8.00	8.00	8.00	8.00	8.00
机械	180050	交流电焊机 25～30 kVA	台时	0.12	0.12	0.12	0.17	0.17	0.17	0.17	3.02
	150250	柴油型汽车起重机 起重量 8 t	台时				0.80	1.65	2.31	3.08	4.30
	140060	柴油型载重汽车 额定载质量 8 t	台时				0.15	0.24	0.48	0.71	0.96
	170350	手动试压泵	台时	0.08	0.20	0.53	0.74	0.88	1.03	1.03	1.11
	200020	其他机械费	%	6.00	6.00	6.00	6.00	6.00	6.00	6.00	6.00
定额编号				2-82	2-83	2-84	2-85	2-86	2-87	2-88	2-89

3　电气设备

说　明

一、本章包括变压器，断路器，GIS组合开关，隔离开关，户外高压跌落式熔断器，油浸式互感器，干式高压电抗器，架空线路，软母线、引下线及设备连线，户内硬母线，电缆及通道，励磁装置，直流电源系统，防雷及接地，电力电容补偿装置，电力电子变频系统，电气柜（箱），室内照明，室外照明，柴油发电机组20节。

二、除另有说明外，本章定额不包括电气设备的调试工作。

三、变压器检修定额子目按三相变压器编制，变压器本体防腐另行计价。

四、油过滤按实际过滤油重计算，多次过滤，不作调整。

3.1 变压器

3.1.1 干式变压器检修

工作内容：分接头、冷却设备、干燥设备、套管、外部导体常规检修，变压器附带的保护、测量装置、表计常规检修，接地检修等。

单位：台

电算编号		项目	单位	10 kV 容量（kVA 以下）					
				100	250	500	1000	2000	4000
人工	010011	工长	工时	0.87	0.98	1.11	1.21	1.40	2.09
	010012	高级工	工时	4.38	4.92	5.56	6.06	7.02	10.44
	010013	中级工	工时	7.30	8.20	9.26	10.10	11.70	17.40
	010014	初级工	工时	2.05	2.30	2.59	2.83	3.28	4.87
	010010	合计	工时	14.60	16.40	18.52	20.20	23.40	34.80
材料	030490	镀锌螺栓 综合，包括垫、帽	kg	1.67	1.67	1.67	2.00	2.00	3.00
	090061	尼龙扎带 L=400	根	4.00	4.00	4.00	4.67	4.67	6.67
	080810	聚氯乙烯塑料薄膜 ≤0.5 mm	kg	0.21	0.21	0.21	0.32	0.32	0.48
	080891	聚四氟乙烯垫	个	3.33	3.33	3.33	3.33	3.33	3.33
	060101	润滑脂	kg	0.13	0.13	0.13	0.20	0.20	0.30
	060191	乙醇	kg	2.17	2.17	2.17	2.17	2.67	3.67
	090449	厌氧胶 325 号 200 g	瓶	0.20	0.20	0.20	0.27	0.27	0.33
	060030	防锈漆	kg	0.67	0.67	0.67	0.67	0.67	0.67
	060020	调和漆	kg	0.67	0.67	0.67	0.67	0.67	0.67
	060041	绝缘漆	kg	0.13	0.13	0.13	0.20	0.20	0.27
	090700	砂纸	张	1.00	1.00	1.00	1.33	1.33	2.00
	090742	无絮棉布	kg	0.26	0.26	0.26	0.33	0.33	0.44
	090741	无纺布	m^2	0.13	0.13	0.13	0.20	0.20	0.27
	090771	记号笔	支	0.33	0.33	0.33	0.33	0.33	0.33
	200010	其他材料费	%	2.00	2.00	2.00	2.00	2.00	2.00
机械	180820	高空作业车 20 m 以内	台时	2.49	2.49	2.49	2.49	2.49	2.99
	180850	电力工程车	台时	0.94	0.94	0.94	0.94	0.94	0.94
定额编号				3-1	3-2	3-3	3-4	3-5	3-6

注：变压器本体的防腐另行计价。

续表

电算编号		项目	单位	35 kV（20 kV）容量（kVA 以下）				
				1000	2000	4000	8000	16000
人工	010011	工长	工时	1.63	1.82	2.45	4.03	4.27
	010012	高级工	工时	8.17	9.08	12.25	20.15	21.33
	010013	中级工	工时	13.61	15.13	20.42	33.58	35.55
	010014	初级工	工时	3.81	4.24	5.72	9.40	9.95
	010010	合计	工时	27.22	30.27	40.84	67.16	71.10
材料	030490	镀锌螺栓 综合，包括垫、帽	kg	1.50	2.00	3.00	4.67	6.67
	090061	尼龙扎带 L=400	根	3.60	4.67	6.67	20.00	23.33
	080810	聚氯乙烯塑料薄膜 ≤0.5 mm	kg	0.20	0.32	0.91	1.33	2.00
	080891	聚四氟乙烯垫	个	3.00	3.33	4.00	4.33	4.67
	060101	润滑脂	kg	0.18	0.20	0.33	0.53	0.67
	060191	乙醇	kg	2.00	2.67	3.67	6.33	11.20
	090449	厌氧胶 325 号 200 g	瓶	0.20	0.27	0.33	0.60	0.80
	060030	防锈漆	kg	0.67	0.67	0.80	2.00	2.33
	060020	调和漆	kg	0.67	0.67	1.00	2.00	2.33
	060041	绝缘漆	kg	0.20	0.20	0.33	0.63	1.33
	090700	砂纸	张	1.30	1.33	2.67	6.00	6.67
	090742	无絮棉布	kg	0.27	0.33	0.46	0.84	1.02
	090741	无纺布	m²	0.15	0.20	0.27	0.67	0.87
	090771	记号笔	支	0.33	0.33	0.33	0.40	0.53
	200010	其他材料费	%	2.00	2.00	2.00	2.00	2.00
机械	180511	滤油机 120 L/h 以内	台时	2.24	2.49	3.49	5.98	7.98
	180820	高空作业车 20 m 以内	台时	2.99	2.99	3.49	4.49	5.98
	180850	电力工程车	台时	1.87	1.87	1.87	1.87	2.81
定额编号				3-7	3-8	3-9	3-10	3-11

3.1.2 油浸式变压器检修

工作内容：放油、注油，吊罩（吊芯）及恢复，附件拆装，绕组、引线及绝缘检修，铁芯检修，油箱、储油柜检修，分接开关及操动机构检修，冷却系统检修，套管及套管电流互感器检修，外部导体检修，变压器附带的保护，测量装置、表针检修，接地及中性点装置检修等。

单位：台

电算编号		项目	单位	10 kV 容量（kVA 以下）						
				100	250	500	1000	2000	4000	8000
人工	010011	工长	工时	3.66	4.11	4.75	5.13	5.72	6.57	8.05
	010012	高级工	工时	18.28	20.54	23.77	25.64	28.62	32.86	40.27
	010013	中级工	工时	30.46	34.23	39.62	42.73	47.70	54.77	67.11
	010014	初级工	工时	8.53	9.58	11.09	11.96	13.36	15.33	18.79
	010010	合计	工时	60.93	68.46	79.23	85.46	95.40	109.53	134.22
材料	040050	电焊条 综合	kg	4.66	4.66	4.66	6.96	6.96	7.59	7.66
	040060	铜焊条	kg	0.31	0.31	0.31	0.32	0.32	0.34	0.39
	030490	镀锌螺栓 综合，包括垫、帽	kg	6.19	6.19	6.19	6.50	6.50	6.83	7.51
	030127	镀锌铁丝 综合	kg	1.27	1.27	1.27	1.86	1.86	1.95	2.44
	081131	绝缘青壳纸 0.8 mm 以下	kg	1.14	1.14	1.14	1.20	1.20	1.27	1.32
	080841	环氧树脂板 5 mm	kg	0.41	0.41	0.41	0.98	0.98	0.98	0.98
	090542	聚苯乙烯泡沫塑料板	m^3	0.04	0.04	0.04	0.13	0.13	0.14	0.15
	080810	聚氯乙烯塑料薄膜 ≤0.5 mm	kg	1.27	1.27	1.27	1.86	1.86	1.95	2.44
	090591	硬聚氯乙烯塑料管 ϕ32 mm	m	1.03	1.03	1.03	1.08	1.08	1.09	1.10
	080891	聚四氟乙烯垫	个	2.07	2.07	2.07	2.15	2.15	2.44	3.90
	060191	乙醇	kg	2.47	2.47	2.47	2.60	2.60	2.67	2.77
	060460	着色渗透探伤剂	组	2.07	2.07	2.07	2.24	2.24	2.44	2.44
	090449	厌氧胶 325 号 200 g	瓶	0.98	0.98	0.98	1.17	1.17	1.37	1.37
	040090	氧气	m^3	0.31	0.31	0.31	0.32	0.32	0.33	0.34
	040100	乙炔气	m^3	0.10	0.10	0.10	0.11	0.11	0.11	0.12
	060020	调和漆	kg	0.69	0.69	0.69	0.98	0.98	1.07	1.17
	090700	砂纸	张	5.85	5.85	5.85	6.06	6.06	6.14	6.24
	090742	无絮棉布	kg	1.50	1.50	1.50	1.88	1.88	1.91	1.96
	090741	无纺布	m^2	1.27	1.27	1.27	1.86	1.86	1.95	2.44
	090051	白棕绳 ϕ16	kg	3.71	3.71	3.71	3.90	3.90	4.00	4.10
	080520	滤油纸 300×300 mm	张	38.93	38.93	38.93	42.82	42.82	47.10	51.81
	090771	记号笔	支	3.90	3.90	3.90	3.90	3.90	3.90	3.90
	060310	变色硅胶	kg	0.50	1.00	1.00	1.50	1.50	3.00	3.00
	090601	棉花胎	kg	34.55	36.28	38.10	40.00	42.00	44.10	46.31
	200010	其他材料费	%	2.00	2.00	2.00	2.00	2.00	2.00	2.00

续表

电算编号		项目	单位	10 kV 容量（kVA 以下）						
				100	250	500	1000	2000	4000	8000
机械	150250	柴油型汽车起重机 起重量 8 t	台时	6.42	6.42	6.42	7.37	7.37	8.75	9.48
	140040	汽油型载重汽车 额定载质量 5 t	台时	7.29	7.29	7.29	7.29	7.29	8.75	10.21
	130071	真空泵 功率 37 kW	台时	2.92	2.92	2.92	4.38	4.38	5.83	6.19
	180050	交流电焊机 25～30 kVA	台时	5.32	5.32	5.32	7.95	7.95	8.68	8.75
	180491	二氧化碳气体保护焊机 电流 250 A	台时	1.24	1.24	1.24	1.31	1.31	3.65	5.83
	180661	磁轮气割机（CGD-325）	台时	1.53	1.53	1.53	1.60	1.60	1.68	1.68
	180511	滤油机 120 L/h 以内	台时	10.94	10.94	10.94	12.40	12.40	13.13	14.59
	180520	真空滤油机≤100 L/min	台时	0.73	0.73	0.73	1.60	1.60	1.90	2.04
	190690	携带型单臂电桥	台时	3.87	3.87	3.87	4.08	4.08	4.23	4.38
定额编号				3-12	3-13	3-14	3-15	3-16	3-17	3-18

续表

电算编号		项目	单位	35 kV（20 kV）容量（kVA 以下）				
				1000	2000	4000	8000	16000
人工	010011	工长	工时	8.19	9.09	11.64	12.73	16.82
	010012	高级工	工时	40.93	45.47	58.20	63.65	84.12
	010013	中级工	工时	68.21	75.78	97.01	106.09	140.21
	010014	初级工	工时	19.10	21.22	27.16	29.71	39.26
	010010	合计	工时	136.43	151.56	194.01	212.18	280.41
材料	030020	钢板 δ3～δ30 mm	kg			6.30	6.93	7.62
	020030	板枋材 一、二等	m³					0.01
	040050	电焊条 综合	kg	6.87	8.25	9.62	10.31	24.05
	040060	铜焊条	kg	0.35	0.42	0.50	0.53	0.56
	030490	镀锌螺栓 综合，包括垫、帽	kg	7.35	7.35	11.97	12.60	13.44
	030551	木螺丝	kg			1.58	2.10	2.24
	030127	镀锌铁丝 综合	kg	2.63	2.63	5.70	6.62	7.14
	081131	绝缘青壳纸 0.8 mm 以下	kg	1.37	1.37	1.60	1.68	1.80
	080841	环氧树脂板 5 mm	kg	1.05	1.05	1.05	1.05	1.05
	090541	聚酯乙烯泡沫塑料	kg	0.16	0.16	0.68	0.82	0.89
	080810	聚氯乙烯塑料薄膜 ≤0.5 mm	kg	2.63	2.63	5.70	6.62	7.14
	090591	硬聚氯乙烯塑料管 ϕ32 mm	m	1.21	1.21	1.50	1.58	1.68
	080891	聚四氟乙烯垫	个	2.63	2.63	3.15	5.25	7.35
	060191	乙醇	kg	2.98	2.98	3.49	3.68	3.92
	060460	着色渗透探伤剂	组	2.63	2.63	3.15	3.47	4.20
	090449	厌氧胶 325 号 200 g	瓶	1.37	1.37	2.00	2.52	2.94
	040090	氧气	m³			0.50	0.53	0.56
	040100	乙炔气	m³	0.13	0.13	0.16	0.16	0.17
	040111	氮气	m³			0.50	0.53	0.56
	060020	调和漆	kg	1.26	1.26	2.10	2.31	2.63

续表

电算编号		项目	单位	35 kV（20 kV）容量（kVA 以下）				
				1000	2000	4000	8000	16000
材料	090700	砂纸	张	6.30	6.72	7.84	9.41	11.29
	090742	无絮棉布	kg	1.99	2.11	3.53	4.10	4.28
	090741	无纺布	m²	2.80	3.15	5.70	6.62	7.14
	090051	白棕绳 $\phi 16$	kg	4.41	4.41	5.19	5.46	5.83
	080520	滤油纸 300 mm×300 mm	张	46.20	46.20	50.74	55.81	61.38
	090771	记号笔	支	4.20	4.20	4.20	4.20	4.20
	060310	变色硅胶	kg	1.50	1.50	3.00	3.00	5.00
	090601	棉花胎	kg	40.00	42.00	44.10	46.31	48.62
	200010	其他材料费	%	2.00	2.00	2.00	2.00	2.00
机械	150250	柴油型汽车起重机 起重量 8 t	台时	8.80	8.80	11.78	15.71	19.87
	140040	汽油型载重汽车 额定载质量 5 t	台时	8.64	8.64	19.64	19.64	39.27
	130071	真空泵 功率 37 kW	台时	5.50	5.50	7.07	9.42	11.78
	180050	交流电焊机 25～30 kVA	台时	7.85	9.42	11.00	11.78	27.49
	180491	二氧化碳气体保护焊机 电流 250 A	台时	1.57	1.57	1.96	2.04	2.20
	180661	磁轮气割机（CGD-325）	台时	1.88	1.88	2.28	2.36	2.51
	180511	滤油机 120 L/h 以内	台时	14.14	14.14	15.71	17.28	19.64
	180520	真空滤油机≤100 L/min	台时	1.96	1.96	8.64	10.37	11.23
	190690	携带型单臂电桥	台时	4.40	4.40	4.71	4.71	5.03
定额编号				3-19	3-20	3-21	3-22	3-23

续表

电算编号		项目	单位	110 kV 容量（kVA 以下）			
				6300	10000	25000	63000
人工	010011	工长	工时	24.21	26.90	29.86	35.50
	010012	高级工	工时	121.05	134.49	149.28	177.52
	010013	中级工	工时	201.74	224.14	248.80	295.86
	010014	初级工	工时	56.49	62.76	69.66	82.84
	010010	合计	工时	403.49	448.29	497.60	591.72
材料	030020	钢板 δ3～δ30 mm	kg	9.10	10.07	11.06	12.17
	020030	板枋材 一、二等	m^3	0.02	0.03	0.05	0.09
	040050	电焊条 综合	kg	32.99	32.99	32.99	32.99
	040060	铜焊条	kg	0.77	0.93	1.01	1.13
	030490	镀锌螺栓 综合，包括垫、帽	kg	25.20	27.82	30.24	31.75
	030551	木螺丝	kg	4.20	4.64	5.04	5.29
	030127	镀锌铁丝 综合	kg	8.40	9.88	12.60	20.79
	081131	绝缘青壳纸 0.8 mm 以下	kg	2.80	3.36	3.65	3.84
	080841	环氧树脂板 5 mm	kg	1.26	1.26	1.26	1.26
	090541	聚酯乙烯泡沫塑料	kg	1.23	1.23	2.46	2.95
	080810	聚氯乙烯塑料薄膜 ≤0.5 mm	kg	11.08	11.08	12.03	12.64
	090591	硬聚氯乙烯塑料管 ϕ32 mm	m	2.10	2.32	2.52	2.65
	090620	塑料带 20 mm×40 m	卷	0.70	0.84	1.05	2.65
	080891	聚四氟乙烯垫	个	8.40	8.82	10.08	12.60
	060191	乙醇	kg	7.00	7.23	7.86	9.06
	060460	着色渗透探伤剂	组	4.90	5.04	5.42	6.30
	090449	厌氧胶 325 号 200 g	瓶	3.50	3.53	3.78	4.41
	040090	氧气	m^3	0.70	0.93	1.01	1.06
	040100	乙炔气	m^3	0.28	0.30	0.34	0.35
	040111	氮气	m^3	1.16	1.16	1.26	1.89
	060020	调和漆	kg	3.15	3.15	3.78	3.78
	090700	砂纸	张	16.25	16.25	19.50	23.41
	090742	无絮棉布	kg	7.30	7.54	8.85	11.02
	090741	无纺布	m^2	10.50	11.08	12.03	12.64
	090051	白棕绳 ϕ16	kg	11.59	11.59	12.60	13.86
	080520	滤油纸 300 mm×300 mm	张	75.60	75.60	90.72	108.86
	090771	记号笔	支	6.30	6.30	6.30	6.30
	060310	变色硅胶	kg	3.00	3.00	5.00	10.00
	090601	棉花胎	kg	45.00	47.25	49.61	52.09
	200010	其他材料费	%	2.00	2.00	2.00	2.00
机械	150250	柴油型汽车起重机 起重量 8 t	台时	47.12	47.12	47.12	47.12
	150300	柴油型汽车起重机 起重量 25 t	台时				18.85
	140040	汽油型载重汽车 额定载质量 5 t	台时	5.66	5.66	6.60	9.42
	130071	真空泵 功率 37 kW	台时	14.14	14.14	20.94	26.18
	180050	交流电焊机 25～30 kVA	台时	37.70	37.70	37.70	37.70
	180661	磁轮气割机（CGD-325）	台时	3.49	3.49	3.77	3.96
	180511	滤油机 120 L/h 以内	台时	3.30	3.30	4.71	18.85
	180520	真空滤油机≤100 L/min	台时	14.14	14.14	18.85	37.70
	190690	携带型单臂电桥	台时	6.41	6.41	6.97	7.35
定额编号				3-24	3-25	3-26	3-27

3.1.3　变压器干燥

工作内容：准备、放油、干燥、检查、注油等。

单位：台

电算编号		项目	单位	10 kV 容量（kVA 以下）			
				500	2000	4000	8000
人工	010011	工长	工时	2.31	3.12	4.28	6.25
	010012	高级工	工时	11.55	15.62	21.39	31.23
	010013	中级工	工时	19.25	26.03	35.65	52.05
	010014	初级工	工时	5.39	7.29	9.98	14.57
	010010	合计	工时	38.50	52.06	71.30	104.10
材料	020030	板枋材 一、二等	m^3	0.03	0.07	0.10	0.14
	040010	焊锡	kg			0.07	0.10
	040020	焊锡膏	kg			0.04	0.06
	030127	镀锌铁丝 综合	kg	1.03	1.24	1.79	2.27
	080065	铜芯橡皮绝缘线 500VBX-16	m		6.89	10.34	13.78
	081080	绝缘胶带 20 mm×20 m	卷	0.21	0.21	0.34	0.41
	080251	石棉纸	kg	6.05	7.44	10.34	13.78
	080481	胶木板	m^2		0.07	0.07	0.10
	080810	聚氯乙烯塑料薄膜 ≤0.5 mm	kg	0.19	0.21	0.24	0.33
	090700	砂纸	张	0.34	0.69	0.69	1.03
	090742	无絮棉布	kg	0.04	0.05	0.06	0.07
	080520	滤油纸 300 mm×300 mm	张	20.67	27.56	33.07	37.21
	200010	其他材料费	%	2.00	2.00	2.00	2.00
机械	140040	汽油型载重汽车 额定载质量 5 t	台时	4.85	4.85	4.85	5.82
	130071	真空泵 功率 37 kW	台时	4.85	5.85	9.11	12.93
	180511	滤油机 120 L/h 以内	台时	1.21	1.46	2.43	3.88
	180521	高真空净油机 12000 L/h 以内	台时	4.85	5.85	9.11	11.31
定额编号				3-28	3-29	3-30	3-31

续表

电算编号		项目	单位	35 kV 容量（kVA 以下）			
				2000	4000	8000	16000
人工	010011	工长	工时	4.96	6.77	10.66	14.53
	010012	高级工	工时	24.82	33.84	53.30	72.65
	010013	中级工	工时	41.36	56.40	88.83	121.08
	010014	初级工	工时	11.58	15.79	24.87	33.90
	010010	合计	工时	82.72	112.80	177.66	242.16
材料	020030	板枋材 一、二等	m^3	0.07	0.11	0.11	0.12
	040010	焊锡	kg	0.07	0.08	0.10	0.14
	040020	焊锡膏	kg	0.02	0.03	0.04	0.05
	030127	镀锌铁丝 综合	kg	1.40	1.70	2.10	2.93
	080065	铜芯橡皮绝缘线 500VBX-16	m	7.00	9.54	13.36	17.07
	081080	绝缘胶带 20 mm×20 m	卷	0.23	0.27	0.34	0.49
	080251	石棉纸	kg	7.00	9.54	11.93	16.09
	080481	胶木板	m^2	0.05	0.07	0.10	0.12
	080810	聚氯乙烯塑料薄膜 ≤0.5 mm	kg	0.15	0.21	0.29	0.39
	090700	砂纸	张	0.47	0.74	0.86	1.17
	090742	无絮棉布	kg	0.08	0.11	0.13	0.16
	080520	滤油纸 300 mm×300 mm	张	22.39	24.38	25.76	29.26
	200010	其他材料费	%	2.00	2.00	2.00	2.00
机械	140040	汽油型载重汽车 额定载质量 5 t	台时	6.16	8.40	8.40	8.58
	130071	真空泵 功率 37 kW	台时	8.21	13.99	16.79	25.75
	180511	滤油机 120 L/h 以内	台时	2.05	3.73	5.04	7.29
	180521	高真空净油机 12000 L/h 以内	台时	8.21	13.99	14.69	18.88
定额编号				3-32	3-33	3-34	3-35

续表

电算编号		项目	单位	110kV 容量（kVA 以下）			
				6300	10000	25000	63000
人工	010011	工长	工时	20.63	22.93	24.76	33.70
	010012	高级工	工时	103.17	114.64	123.81	168.52
	010013	中级工	工时	171.96	191.06	206.35	280.86
	010014	初级工	工时	48.15	53.50	57.78	78.64
	010010	合计	工时	343.91	382.13	412.70	561.72
材料	020030	板枋材 一、二等	m^3	0.16	0.16	0.17	0.25
	040010	焊锡	kg	0.16	0.16	0.24	0.36
	040020	焊锡膏	kg	0.06	0.06	0.08	0.10
	030127	镀锌铁丝 综合	kg	5.30	5.30	6.20	9.35
	080065	铜芯橡皮绝缘线 500VBX-16	m	23.32	23.32	28.62	51.94
	081080	绝缘胶带 20 mm×20 m	卷	0.58	0.58	0.67	0.78
	080251	石棉纸	kg	20.14	20.14	22.90	30.13
	080481	胶木板	m^2	0.11	0.11	0.12	0.26
	080810	聚氯乙烯塑料薄膜 ≤0.5 mm	kg	0.48	0.48	0.57	0.83
	090700	砂纸	张	1.59	1.59	1.91	3.12
	090742	无絮棉布	kg	0.19	0.19	0.19	0.28
	080520	滤油纸 300 mm×300 mm	张	31.80	31.80	32.91	38.96
	200010	其他材料费	%	2.00	2.00	2.00	2.00
机械	140040	汽油型载重汽车 额定载质量 5 t	台时	9.33	9.33	10.07	13.71
	130071	真空泵 功率 37 kW	台时	36.38	36.38	39.88	59.42
	180511	滤油机 120 L/h 以内	台时	9.33	9.33	10.07	12.80
	180521	高真空净油机 12000 L/h 以内	台时	23.32	23.32	27.28	41.14
定额编号				3-36	3-37	3-38	3-39

3.1.4 油过滤

工作内容： 1. 油过滤：准备、油过滤、过滤后的清理等。

2. 加、放油：准备、放注油、恢复、清理。

单位：t

电算编号		项目	单位	加、放油	油过滤
人工	010011	工长	工时	0.39	0.97
	010012	高级工	工时	1.93	4.83
	010013	中级工	工时	3.22	8.05
	010014	初级工	工时	0.90	2.26
	010010	合计	工时	6.44	16.11
材料	030120	镀锌铁丝 8#	kg	0.40	0.40
	090742	无絮棉布	kg	0.05	0.05
	080521	滤油芯	组		0.70
	090601	棉花胎	kg	8.00	16.00
	200010	其他材料费	%	2.00	2.00
机械	140040	汽油型载重汽车 额定载质量 5 t	台时	0.36	0.36
	180511	滤油机 120 L/h 以内	台时	1.80	2.56
	180520	真空滤油机≤100 L/min	台时	0.15	3.60
定额编号				3-40	3-41

3.1.5 变压器养护

工作内容：定期检查，外壳清洁、除锈、油漆，试验配合、漏油处理、干燥剂更换、补充变压器油等。

单位：台

电算编号		项目	单位	容量（kVA 以下）							
				500	1000	2000	5000	10000	20000	35000	63000
人工	010011	工长	工时	2.84	4.06	5.81	8.30	11.85	16.93	24.18	34.58
	010012	高级工	工时	14.22	20.32	29.04	41.48	59.24	84.63	120.90	172.89
	010013	中级工	工时	23.69	33.87	48.39	69.13	98.74	141.05	201.50	288.15
	010014	初级工	工时	6.63	9.48	13.55	19.36	27.65	39.49	56.42	80.68
	010010	合计	工时	47.38	67.73	96.79	138.27	197.48	282.10	403.00	576.30
材料	060030	防锈漆	kg	1.27	1.81	2.59	3.70	5.29	7.55	10.79	15.43
	060010	油漆 综合	kg	1.37	1.96	2.80	4.00	5.72	8.17	11.67	16.69
	080232	耐油平板橡皮	kg	0.66	0.94	1.34	1.92	2.74	3.92	5.60	8.01
	060310	变色硅胶	kg	2.57	3.68	5.25	7.50	10.72	15.32	21.88	31.29
	081100	绝缘清洗剂	kg	2.06	2.94	4.20	6.00	8.58	12.25	17.50	25.03
	091230	毛巾	条	3.75	5.35	7.65	10.94	15.63	22.32	31.88	45.59
	091300	洗衣粉	kg	0.50	0.71	1.02	1.46	2.08	2.98	4.25	6.08
	091220	手套	副	2.49	3.55	5.07	7.25	10.35	14.79	21.13	30.22
	090840	漆刷	把	0.41	0.58	0.83	1.18	1.69	2.42	3.45	4.93
	090448	密封胶	支	0.65	0.92	1.32	1.89	2.70	3.85	5.50	7.87
	090621	相色带 综合	卷	0.26	0.37	0.53	0.75	1.08	1.54	2.20	3.15
	060320	导电润滑脂	kg	0.04	0.05	0.07	0.10	0.15	0.21	0.30	0.43
	080261	塑料布	kg	0.88	1.26	1.80	2.57	3.68	5.25	7.50	10.73
	080520	滤油纸 300 mm×300 mm	张	18.82	26.89	38.42	54.88	78.40	112.00	160.00	228.80
	090700	砂纸	张	1.22	1.75	2.50	3.57	5.10	7.28	10.40	14.87
	060070	汽油 综合	kg	4.04	5.78	8.25	11.79	16.85	24.07	34.38	49.16
	060090	机油	kg	0.09	0.13	0.18	0.26	0.37	0.53	0.75	1.07
	200010	其他材料费	%	5.00	5.00	5.00	5.00	5.00	5.00	5.00	5.00
机械	180520	真空滤油机≤100 L/min	台时	2.35	3.35	4.80	6.85	9.80	14.00	20.00	28.60
	200020	其他机械费	%	5.00	5.00	5.00	5.00	5.00	5.00	5.00	5.00
其他	200030	其他费用	%	5.00	5.00	5.00	5.00	5.00	5.00	5.00	5.00
定额编号				3-42	3-43	3-44	3-45	3-46	3-47	3-48	3-49

3.2 断路器

养护工作内容： 消弧室及操作机构检查保养，动作试验，动静触头的检查、保养、更换，接地保养。

维修工作内容： 少油断路器解体，消弧室及配件检查、干燥，组装，注油，密封检查。

单位：台

电算编号		项目	单位	维修		养护				
				少油		真空		SF_6		
				10 kV	35 kV	10 kV	35 kV	10 kV	35 kV	110 kV
人工	010011	工长	工时	1.50	3.00	1.00	2.00	1.20	2.40	3.84
	010012	高级工	工时	13.50	27.00	9.10	18.20	10.50	21.00	33.60
	010013	中级工	工时	41.10	82.20	27.90	55.80	32.20	64.40	103.04
	010014	初级工	工时	18.70	37.40	12.70	25.40	14.60	29.20	46.72
	010010	合计	工时	74.80	149.60	50.70	101.40	58.50	117.00	187.20
材料	030250	钢垫板 综合	kg	1.09	2.18	1.50	3.00	1.50	3.00	4.80
	030260	镀锌扁钢	kg			2.50	5.00	2.50	5.00	8.00
	030240	型钢 综合	kg	2.08	4.16					
	060110	变压器油	kg	3.00	6.00					
	060121	液压油	kg	0.90	1.80					
	030490	镀锌螺栓 综合，包括垫、帽	kg	2.85	5.70	0.90	1.80	0.90	1.80	2.88
	030127	镀锌铁丝 综合	kg	1.40	2.80	1.65	3.30	1.65	3.30	5.28
	060060	六氟化硫	kg					2.30	4.60	7.36
	060010	油漆 综合	kg	0.25	0.50	0.30	0.60	0.30	0.60	0.96
	040010	焊锡	kg	0.10	0.20	0.16	0.32	0.25	0.50	0.80
	040020	焊锡膏	kg	0.04	0.08	0.05	0.10	0.05	0.10	0.16
	040050	电焊条 综合	kg	0.39	0.78	0.13	0.26	0.13	0.26	0.42
	200010	其他材料费	%	5.00	5.00	5.00	5.00	5.00	5.00	5.00
机械	180050	交流电焊机 25～30 kVA	台时	1.24	2.48	1.04	2.08	1.04	2.08	3.33
	140040	汽油型载重汽车 额定载质量 5 t	台时	0.66	1.32	0.55	1.10	0.55	1.10	1.76
	150240	汽油型汽车起重机 起重量 5 t	台时	0.66	1.32	0.55	1.10	0.55	1.10	1.76
	200020	其他机械费	%	2.00	2.00	2.00	2.00	2.00	2.00	2.00
定额编号				3-50	3-51	3-52	3-53	3-54	3-55	3-56

注： 少油断路器养护参照真空断路器养护定额。

3.3 GIS组合开关

工作内容： GIS本体和绝缘瓷套清洁、保养、油漆；汇控柜、机构箱检修；操动机构、传动机构检查；气体系统检查；表计检查，接线检查，接地检查，操作故障处理等。

单位：间隔

电算编号		项目	单位	电压（kV）	
				35	110
人工	010011	工长	工时	1.92	2.75
	010012	高级工	工时	9.60	13.73
	010013	中级工	工时	16.00	22.88
	010014	初级工	工时	4.48	6.41
	010010	合计	工时	32.00	45.77
材料	060030	防锈漆	kg	3.36	4.80
	060010	油漆 综合	kg	4.20	6.01
	081100	绝缘清洗剂	kg	3.68	5.26
	090621	相色带 综合	卷	2.94	4.20
	091230	毛巾	条	15.12	21.62
	091300	洗衣粉	kg	1.82	2.60
	091220	手套	副	6.93	9.91
	060320	导电润滑脂	kg	0.67	0.96
	080261	塑料布	kg	8.40	12.01
	091310	清洗剂	kg	4.41	6.31
	060090	机油	kg	0.44	0.63
	200010	其他材料费	%	5.00	5.00
机械	180280	普通车床 ϕ400～ϕ600 mm	台时	3.15	4.50
	200020	其他机械费	%	5.00	5.00
其他	200030	其他费用	%	15.00	15.00
定额编号				3-57	3-58

3.4 隔离开关

工作内容：一、二次引线及附件拆除，绝缘部件检查、清理，动静触头检查、保养、更换；操作机构、传动部分及接触电阻检查、修理，更换不合格部件；整体组装，组装后清洗、补漆、防锈处理；一、二次引线恢复。

单位：台/组

电算编号		项目	单位	户外隔离开关 电压（kV）		
				10	35	110
人工	010011	工长	工时	1.91	2.73	3.12
	010012	高级工	工时	9.56	13.65	15.60
	010013	中级工	工时	15.93	22.75	26.00
	010014	初级工	工时	4.46	6.37	7.28
	010010	合计	工时	31.86	45.50	52.00
材料	060320	导电润滑脂	kg	1.40	2.00	2.00
	081100	绝缘清洗剂	kg	3.50	5.00	8.00
	060090	机油	kg	0.70	1.00	1.00
	060101	润滑脂	kg	0.70	1.00	1.00
	090830	钢丝刷	把	2.10	3.00	3.00
	030780	铁砂布	张	5.60	8.00	10.00
	090620	塑料带 20 mm×40 m	卷	1.40	2.00	2.00
	060010	油漆 综合	kg	5.60	8.00	10.00
	090840	漆刷	把	2.80	4.00	4.00
	030770	钢锯条	根	7.00	10.00	10.00
	091230	毛巾	条	11.20	16.00	16.00
	080261	塑料布	kg	1.40	2.00	2.00
	091300	洗衣粉	kg	1.05	1.50	1.50
	200010	其他材料费	%	0.50	0.50	0.50
机械	180040	直流电焊机 功率 30 kW	台时	0.35	0.50	1.00
	200020	其他机械费	%	0.50	0.50	0.50
定额编号				3-59	3-60	3-61

注：户内隔离开关，定额乘以 0.8 系数。

3.5 户外高压跌落式熔断器

工作内容：熔断器的熔体及熔芯、接线桩头、动静触头啮合情况检查、校验，更换不合格部件；绝缘支座清洗、保养。

单位：台

电算编号		项目	单位	电压（kV）	
				10	35
人工	010011	工长	工时	0.94	1.17
	010012	高级工	工时	4.68	5.85
	010013	中级工	工时	7.80	9.75
	010014	初级工	工时	2.18	2.73
	010010	合计	工时	15.60	19.50
材料	060320	导电润滑脂	kg	0.24	0.30
	081100	绝缘清洗剂	kg	1.60	2.00
	090830	钢丝刷	把	0.80	1.00
	030780	铁砂布	张	2.40	3.00
	060010	油漆 综合	kg	4.00	5.00
	090840	漆刷	把	2.40	3.00
	030770	钢锯条	根	6.40	8.00
	091230	毛巾	条	9.60	12.00
	091300	洗衣粉	kg	0.40	0.50
	200010	其他材料费	%	0.50	0.50
机械	180040	直流电焊机 功率 30 kW	台时	2.00	2.50
	150240	汽油型汽车起重机 起重量 5 t	台时	2.00	2.00
	200020	其他机械费	%	0.50	0.50
定额编号				3-62	3-63

3.6 油浸式互感器

3.6.1 油浸式互感器检修

工作内容：一、二次引线及附件拆除，放油，过滤、试验；吊芯检查，清理、检查、修理、更换损坏部件；检查油位计，检查、更换密封圈；整体组装，注入合格的互感器油；清洗、补漆、防锈处理；一、二次引线恢复，接地检查。

单位：台

电算编号		项目	单位	电压（kV）	
				35	110
人工	010011	工长	工时	1.17	2.34
	010012	高级工	工时	5.85	11.70
	010013	中级工	工时	9.75	19.50
	010014	初级工	工时	2.73	5.46
	010010	合计	工时	19.50	39.00
材料	060110	变压器油	kg	5.00	20.00
	080520	滤油纸 300 mm×300 mm	张	60.00	120.00
	081100	绝缘清洗剂	kg	3.00	5.00
	080230	橡胶板 综合	kg	3.00	5.00
	081120	绝缘纸板	kg	0.50	1.00
	090730	白纱带 20 mm×20 m	卷	1.00	2.00
	030780	铁砂布	张	2.00	5.00
	090620	塑料带 20 mm×40 m	卷	1.00	2.00
	060010	油漆 综合	kg	2.00	3.00
	090840	漆刷	把	2.00	2.00
	030770	钢锯条	根	4.00	6.00
	091230	毛巾	条	10.00	13.00
	080261	塑料布	kg	2.00	2.00
	091300	洗衣粉	kg	0.50	1.00
	200010	其他材料费	%	0.50	0.50
机械	150240	汽油型汽车起重机 起重量 5 t	台时		2.50
	180520	真空滤油机≤100 L/min	台时	2.50	2.50
	130070	真空泵 功率 7.0 kW	台时	2.50	2.50
	180040	直流电焊机 功率 30 kW	台时	1.00	1.00
	200020	其他机械费	%	0.50	0.50
定额编号				3-64	3-65

注：1. 如需要干燥，中级工增加 13 个工时，机械增加烘箱 10 个台时。

2. 如 35 kV PT 一次侧有熔断器，定额乘以系数 1.5。

3.6.2　油浸式互感器养护

工作内容：互感器定期检查，清洁、除锈、油漆，易损件更换、接线松动处理、绝缘检查与处理等。

单位：台

电算编号		项目	单位	电压（kV）	
				35	110
人工	010011	工长	工时	1.06	1.51
	010012	高级工	工时	5.28	7.57
	010013	中级工	工时	8.81	12.61
	010014	初级工	工时	2.47	3.53
	010010	合计	工时	17.62	25.22
材料	060030	防锈漆	kg	0.24	0.34
	060010	油漆 综合	kg	0.29	0.42
	091310	清洗剂	kg	0.52	0.74
	090621	相色带 综合	卷	0.27	0.39
	091230	毛巾	条	1.88	2.69
	091300	洗衣粉	kg	0.51	0.73
	091220	手套	副	1.08	1.54
	090840	漆刷	把	0.49	0.70
	090700	砂纸	张	0.84	1.20
	080261	塑料布	kg	0.78	1.12
	081100	绝缘清洗剂	kg	0.14	0.20
	060110	变压器油	kg	3.15	4.49
	200010	其他材料费	%	5.00	5.00
机械	180520	真空滤油机≤100 L/min	台时	0.30	0.40
	130060	真空泵 功率 4.5 kW	台时	0.40	0.60
	200020	其他机械费	%	5.00	5.00
定额编号				3-66	3-67

3.7 干式高压电抗器

工作内容： 拆除一次引线，检查、修理、试验，更换不合格器件；外观清洗、补漆、防锈处理。

单位：台

电算编号		项目	单位	6～10kV 电抗器
人工	010011	工长	工时	1.56
	010012	高级工	工时	7.80
	010013	中级工	工时	13.00
	010014	初级工	工时	3.64
	010010	合计	工时	26.00
材料	080842	环氧树脂组合剂	kg	3.00
	090811	玻璃纤维带	盘	10.00
	060041	绝缘漆	kg	35.00
	090730	白纱带 20 mm×20 m	卷	10.00
	090742	无絮棉布	kg	1.58
	060320	导电润滑脂	kg	0.50
	081100	绝缘清洗剂	kg	8.00
	090830	钢丝刷	把	1.00
	030780	铁砂布	张	3.00
	060010	油漆 综合	kg	5.00
	090840	漆刷	把	5.00
	030770	钢锯条	根	8.00
	091230	毛巾	条	25.00
	091300	洗衣粉	kg	1.50
	200010	其他材料费	%	0.50
机械	180040	直流电焊机 功率 30 kW	台时	2.50
	170020	空压机 电动 移动式 3 m³/min	台时	5.00
	200020	其他机械费	%	0.50
定额编号				3-68

3.8 架空线路

工作内容： 架空线路检查，清障，绝缘子、金具清洁、除锈、油漆、焊补、损坏更换等。

单位：1000 m

电算编号		项目	单位	电压（kV）	
				≤35	>35
人工	010011	工长	工时	23.51	33.58
	010012	高级工	工时	117.53	167.9
	010013	中级工	工时	195.88	279.83
	010014	初级工	工时	54.85	78.35
	010010	合计	工时	391.77	559.66
材料	030020	钢板 δ3～δ30 mm	kg	10.29	7.20
	060030	防锈漆	kg	18.13	12.69
	060010	油漆 综合	kg	19.60	13.72
	040050	电焊条 综合	kg	1.30	0.91
	091230	毛巾	条	19.60	13.72
	091300	洗衣粉	kg	1.40	0.98
	091220	手套	副	8.40	5.88
	090840	漆刷	把	2.80	1.96
	090700	砂纸	张	7.00	4.90
	090830	钢丝刷	把	1.05	0.74
	081100	绝缘清洗剂	kg	3.85	2.70
	080359	金具	kg	16.80	11.76
	080471	悬式绝缘子	套	7.00	4.90
	091330	驱鸟器	个	20.00	20.00
	200010	其他材料费	%	5.00	5.00
机械	180040	直流电焊机 功率 30 kW	台时	7.30	5.10
	150280	柴油型汽车起重机 起重量 16 t	台时	1.10	0.75
	200020	其他机械费	%	5.00	5.00
其他	200030	其他费用	%	5.00	5.00
定额编号				3-69	3-70

3.9 软母线、引下线、设备连线

工作内容：软母线、引下线及设备连线检查、清理；绝缘子检查、更换；防腐处理并涂色。

单位：组/三相

电算编号		项目	单位	软母线		引下线、设备连线	
				35kV	110kV	35kV	110kV
人工	010011	工长	工时	2.34	3.90	1.17	1.95
	010012	高级工	工时	11.70	19.50	5.85	9.75
	010013	中级工	工时	19.50	32.50	9.75	16.25
	010014	初级工	工时	5.46	9.10	2.73	4.55
	010010	合计	工时	39.00	65.00	19.50	32.50
材料	080055	铝包带	kg	1.00	1.00	0.50	0.50
	090830	钢丝刷	把	2.00	2.00	1.00	1.00
	060320	导电润滑脂	kg	0.30	0.30	0.15	0.15
	081100	绝缘清洗剂	kg	3.00	3.00	1.50	1.50
	060010	油漆 综合	kg	5.00	5.00	2.50	2.50
	090840	漆刷	把	4.00	4.00	2.00	2.00
	030780	铁砂布	张	1.00	1.00	0.50	0.50
	030770	钢锯条	根	10.00	10.00	5.00	5.00
	091230	毛巾	条	7.00	7.00	3.50	3.50
	091300	洗衣粉	kg	0.50	0.50	0.25	0.25
	200010	其他材料费	%	0.50	0.50	0.50	0.50
机械	180830	平台升降车	台时	15.00	15.00	7.50	7.50
	150570	卷扬机 起重量 5 t 单筒慢速	台时	15.00	15.00	7.50	7.50
	180040	直流电焊机 功率 30 kW	台时	5.00	5.00	2.50	2.50
	200020	其他机械费	%	0.50	0.50	0.50	0.50
定额编号				3-71	3-72	3-73	3-74

注：1. 高度超过 10 m 的人工乘以系数 1.5。

2. 按每相为一根编制；组合导线定额乘以下系数：二根 1.5，三根 2，四根 2.5。

3.10 户内硬母线

工作内容：户内硬母线检查、清理；绝缘子、绝缘套管检查，更换损坏件；防腐处理并涂色。

单位：10 m/单相一片

电算编号		项目	单位	截面（mm²）	
				≤800	＞800
人工	010011	工长	工时	0.59	0.78
	010012	高级工	工时	2.93	3.90
	010013	中级工	工时	4.88	6.50
	010014	初级工	工时	1.37	1.82
	010010	合计	工时	9.77	13.00
材料	060320	导电润滑脂	kg	0.20	0.30
	081100	绝缘清洗剂	kg	2.00	2.00
	060010	油漆 综合	kg	2.00	3.00
	060041	绝缘漆	kg	1.00	1.50
	090840	漆刷	把	5.00	5.00
	030780	铁砂布	张	1.00	1.00
	030770	钢锯条	根	2.00	3.00
	091230	毛巾	条	4.00	4.00
	091300	洗衣粉	kg	0.15	0.25
	080359	金具	kg	2.00	3.00
	200010	其他材料费	%	0.50	0.50
机械	180040	直流电焊机 功率 30 kW	台时	1.00	1.00
	180340	立式钻床 ϕ13 mm	台时	1.50	2.00
	200020	其他机械费	%	0.50	0.50
定额编号				3-75	3-76

注：1. 母线为二片时定额乘以系数 1.8，为三片时乘以系数 2.5。

2. 户外母线定额乘以系数 1.5。

3.11 电缆及通道

工作内容：电缆及通道检查、清洁、除锈、油漆、焊补，孔洞封堵，排水检查，接地检查等。

单位：100 m

电算编号		项目	单位	电缆及通道
人工	010011	工长	工时	8.00
	010012	高级工	工时	39.98
	010013	中级工	工时	66.63
	010014	初级工	工时	18.66
	010010	合计	工时	133.27
材料	030020	钢板 δ3～δ30 mm	kg	5.29
	060030	防锈漆	kg	12.95
	060010	油漆 综合	kg	14.00
	040050	电焊条 综合	kg	1.11
	040090	氧气	m^3	1.98
	040100	乙炔气	m^3	1.05
	091230	毛巾	条	28.00
	091300	洗衣粉	kg	1.50
	091220	手套	副	18.00
	090840	漆刷	把	4.00
	080471	悬式绝缘子	套	3.00
	081100	绝缘清洗剂	kg	5.50
	200010	其他材料费	%	5.00
机械	180040	直流电焊机 功率 30 kW	台时	2.60
	200020	其他机械费	%	5.00
其他	200030	其他费用	%	7.50
定额编号				3-77

注：电缆以电缆沟、桥架长度计量。

3.12 励磁装置

工作内容：元器件检查、清理，更换不合格元器件；灭磁电阻器、通风装置、二次回路检查、清理、维修。

单位：台套

电算编号		项目	单位	可控硅励磁系统
人工	010011	工长	工时	3.12
	010012	高级工	工时	15.60
	010013	中级工	工时	26.00
	010014	初级工	工时	7.28
	010010	合计	工时	52.00
材料	090742	无絮棉布	kg	0.18
	080261	塑料布	kg	2.50
	081080	绝缘胶带 20 mm×20 m	卷	1.50
	090841	毛刷	把	2.00
	030780	铁砂布	张	3.00
	090701	水砂纸	张	3.00
	060320	导电润滑脂	kg	0.40
	030770	钢锯条	根	2.00
	081110	绝缘橡胶垫	kg	10.00
	040021	焊锡丝	kg	0.20
	040020	焊锡膏	kg	0.02
	080091	塑料软线	m	50.00
	091230	毛巾	条	6.00
	091300	洗衣粉	kg	0.50
	060010	油漆 综合	kg	2.00
	081100	绝缘清洗剂	kg	2.00
	060191	乙醇	kg	1.50
	200010	其他材料费	%	0.50
机械	180040	直流电焊机 功率 30 kW	台时	1.00
	200020	其他机械费	%	0.50
定额编号				3-78

3.13 直流电源系统

工作内容：元器件检查、清理，更换不合格元器件；二次回路检查、清理、修理。充放电装置、逆变装置工作状态检查、维护；蓄电池检查、维护；蓄电池充放电试验，更换不合格蓄电池。

电算编号		项目	单位	直流电源系统
人工	010011	工长	工时	1.92
	010012	高级工	工时	9.60
	010013	中级工	工时	16.00
	010014	初级工	工时	4.48
	010010	合计	工时	32.00
材料	090742	无絮棉布	kg	0.18
	080261	塑料布	kg	2.00
	081080	绝缘胶带 20 mm×20 m	卷	2.00
	090841	毛刷	把	2.00
	030780	铁砂布	张	2.00
	090701	水砂纸	张	1.00
	060320	导电润滑脂	kg	0.50
	081110	绝缘橡胶垫	kg	10.00
	040021	焊锡丝	kg	0.20
	040020	焊锡膏	kg	0.02
	080091	塑料软线	m	50.00
	091230	毛巾	条	15.00
	091300	洗衣粉	kg	1.00
	060010	油漆 综合	kg	7.00
	060191	乙醇	kg	1.00
	200010	其他材料费	%	0.50
机械	180040	直流电焊机 功率 30 kW	台时	0.50
	200020	其他机械费	%	0.50
定额编号				3-79

注：不间断电源系统参照使用。

3.14 防雷及接地

工作内容： 接地网、接地体检测、检查、清理、维修；避雷器组、接地电阻检查、校验，更换损坏部件；涂色、补漆、防锈处理。

电算编号		项目	单位	接地网	避雷针
				系统	根
人工	010011	工长	工时	7.02	3.12
	010012	高级工	工时	35.10	15.60
	010013	中级工	工时	58.50	26.00
	010014	初级工	工时	16.38	7.28
	010010	合计	工时	117.00	52.00
材料	030261	镀锌钢材	kg	70.00	5.00
	040050	电焊条 综合	kg	5.00	1.00
	090830	钢丝刷	把	2.00	2.00
	090841	毛刷	把	2.00	2.00
	090701	水砂纸	张	10.00	10.00
	091230	毛巾	条	10.00	9.00
	091300	洗衣粉	kg	1.00	0.50
	060010	油漆 综合	kg	40.00	20.00
	200010	其他材料费	%	0.50	0.50
机械	180040	直流电焊机 功率 30 kW	台时	2.50	1.00
	200020	其他机械费	%	0.50	0.50
定额编号				3-80	3-81

3.15 电力电容补偿装置

工作内容： 一、二次接线拆除；监视仪表装置、自动控制装置及接线桩头检查、校验，更换损坏器件；电容器外观检查、清洁、补漆、防锈处理。

单位：台套

电算编号		项目	单位	电力电容补偿装置
人工	010011	工长	工时	0.20
	010012	高级工	工时	0.98
	010013	中级工	工时	1.63
	010014	初级工	工时	0.46
	010010	合计	工时	3.27
材料	060320	导电润滑脂	kg	0.10
	081100	绝缘清洗剂	kg	0.20
	090830	钢丝刷	把	1.00
	030780	铁砂布	张	1.00
	060010	油漆 综合	kg	0.20
	090840	漆刷	把	1.00
	091230	毛巾	条	1.00
	091300	洗衣粉	kg	0.10
	080359	金具	kg	0.50
	200010	其他材料费	%	0.50
定额编号				3-82

3.16 电力电子变频系统

工作内容： 功率单元、控制单元、冷却通风系统检查清理，更换不合格元器件；通风装置、防尘设施及一次、二次回路检查、清理、维修。

单位：台套

电算编号		项目	单位	电力电子变频系统
人工	010011	工长	工时	7.80
	010012	高级工	工时	39.00
	010013	中级工	工时	65.00
	010014	初级工	工时	18.20
	010010	合计	工时	130.00
材料	090742	无絮棉布	kg	0.35
	080261	塑料布	kg	5.00
	081080	绝缘胶带 20 mm×20 m	卷	3.00
	090841	毛刷	把	4.00
	030780	铁砂布	张	6.00
	090701	水砂纸	张	6.00
	060320	导电润滑脂	kg	0.80
	030770	钢锯条	根	4.00
	081110	绝缘橡胶垫	kg	20.00
	040021	焊锡丝	kg	0.40
	040020	焊锡膏	kg	0.40
	080091	塑料软线	m	100.00
	091230	毛巾	条	12.00
	091300	洗衣粉	kg	1.00
	060010	油漆 综合	kg	4.00
	081100	绝缘清洗剂	kg	4.00
	060191	乙醇	kg	3.00
	200010	其他材料费	%	0.50
机械	180040	直流电焊机 功率 30 kW	台时	2.50
	200020	其他机械费	%	0.50
定额编号				3-83

3.17 电气柜（箱）

工作内容：电气柜（箱）检查，清洁、除锈、油漆，一次、二次元器件检查、保养、更换，绝缘检查、接线桩头检查保养，孔洞封堵，接地检查。

单位：台套

电算编号		项目	单位	高压柜	低压柜	配电箱
人工	010011	工长	工时	2.70	2.24	0.22
	010012	高级工	工时	13.49	11.19	1.11
	010013	中级工	工时	22.49	18.66	1.85
	010014	初级工	工时	6.30	5.22	0.52
	010010	合计	工时	44.98	37.31	3.70
材料	060030	防锈漆	kg	0.36	0.30	0.09
	060010	油漆 综合	kg	0.45	0.37	0.11
	081090	绝缘带	卷	0.38	0.31	0.09
	080062	橡皮绝缘线 BX-2.5 mm^2	m	5.10	4.23	1.27
	091230	毛巾	条	4.80	3.99	1.20
	091220	手套	副	2.23	1.85	0.55
	091300	洗衣粉	kg	0.63	0.52	0.16
	090840	漆刷	把	0.72	0.60	0.18
	090700	砂纸	张	1.44	1.19	0.36
	081100	绝缘清洗剂	kg	0.64	0.53	0.16
	060090	机油	kg	0.17	0.14	0.04
	060100	黄油	kg	0.13	0.11	0.03
	080261	塑料布	kg	0.55	0.46	0.14
	090621	相色带 综合	卷	0.31	0.26	0.08
	060320	导电润滑脂	kg	0.08	0.07	0.02
	081080	绝缘胶带 20 mm×20 m	卷	0.37	0.31	0.09
	081110	绝缘橡胶垫	kg	3.22	2.67	
	200010	其他材料费	%	5.00	5.00	5.00
机械	180280	普通车床 ϕ400～ϕ600 mm	台时	0.35	0.30	0.05
	200020	其他机械费	%	5.00	5.00	5.00
其他	200030	其他费用	%	2.00	2.00	2.00
定额编号				3-84	3-85	3-86

3.18 室内照明

工作内容：室内照明灯具及线路维护、清理，绝缘检查处理，灯具更换等。

单位：10盏

电算编号		项目	单位	功率（W）		
				≤100	100～200	200～300
人工	010011	工长	工时	1.23	1.89	2.91
	010012	高级工	工时	6.14	9.46	14.55
	010013	中级工	工时	10.24	15.76	24.25
	010014	初级工	工时	2.87	4.41	6.79
	010010	合计	工时	20.48	31.52	48.50
材料	060010	油漆 综合	kg		0.73	1.13
	080490	塑料护套线	m	4.46	6.86	10.56
	081080	绝缘胶带 20 mm×20 m	卷	0.22	0.33	0.51
	090621	相色带 综合	卷	0.16	0.24	0.37
	091230	毛巾	条	0.86	1.32	2.03
	091300	洗衣粉	kg	0.16	0.24	0.37
	091220	手套	副	0.89	1.37	2.10
	090840	漆刷	把	0.25	0.39	0.60
	200010	其他材料费	%	5.00	5.00	5.00
机械	180830	平台升降车	台时	0.50	0.75	1.15
	200020	其他机械费	%	5.00	5.00	5.00
定额编号				3-87	3-88	3-89

3.19 室外照明

工作内容：室外照明灯具、灯杆和线路维护、清理、油漆、绝缘处理、灯具更换等。

单位：10盏

电算编号		项目	单位	功率（W）		
				≤100	100～200	200～300
人工	010011	工长	工时	1.71	2.63	4.05
	010012	高级工	工时	8.56	13.16	20.24
	010013	中级工	工时	14.27	21.94	33.74
	010014	初级工	工时	3.99	6.14	9.45
	010010	合计	工时	28.53	43.87	67.48
材料	060010	油漆 综合	kg		1.10	1.69
	080490	塑料护套线	m	6.69	10.29	15.83
	081080	绝缘胶带 20 mm×20 m	卷	0.25	0.39	0.60
	090621	相色带 综合	卷	0.25	0.38	0.58
	091230	毛巾	条	1.67	2.56	3.95
	091300	洗衣粉	kg	0.30	0.47	0.72
	091220	手套	副	1.77	2.73	4.20
	090840	漆刷	把	0.49	0.76	1.17
	200010	其他材料费	%	5.00	5.00	5.00
机械	180830	平台升降车	台时	0.75	1.15	1.75
	200020	其他机械费	%	5.00	5.00	5.00
定额编号				3-90	3-91	3-92

3.20 柴油发电机组

养护工作内容： 机组检查、清理，油箱及管路检查保养，启动电源、通风冷却装置保养，机架除锈油漆，零配件更换，试运行等。

单位：台套

电算编号		项目	单位	柴油发电机组
人工	010011	工长	工时	3.12
	010012	高级工	工时	15.60
	010013	中级工	工时	26.00
	010014	初级工	工时	7.28
	010010	合计	工时	52.00
材料	090742	无絮棉布	kg	5.00
	060090	机油	kg	5.00
	081100	绝缘清洗剂	kg	2.00
	060080	柴油 综合	kg	50.00
	090830	钢丝刷	把	1.00
	090840	漆刷	把	2.00
	030780	铁砂布	张	2.00
	060030	防锈漆	kg	0.50
	091230	毛巾	条	2.00
	200010	其他材料费	%	5.00
定额编号				3-93

注： 定额按 75 kW 机组编制，规模不同时按功率之比进行调整。

4 自动化系统

说 明

一、本章包括传感器，现地控制单元，光缆网络，计算机监控系统，显示设备，视频、广播系统，安全监测系统 7 节。

二、流量计定额以 150 mm 管径电磁流量计为基准，管径超过 150 mm，人工乘以下表中的相应系数。

管径（mm）	≤150	150～300	300～1000	1000～3000
人工工时系数	1	1.73	4.44	12.56

三、PLC 模块协议转换、信号变送定额包括各类通信协议交换模块。

四、光缆网络定额包含单位长度内断纤障阻，以及光纤链路某点衰减增大性障阻，如为多点，则以单次计算。

光缆网络类型包含多模光缆及单模光缆，定额未包括架空和直埋地下光缆维修的架空攀高设备使用和埋地开挖及恢复；光缆熔接按热熔拟定。

五、工控机和现场服务器定额按信号点数划分，信号点数指控制系统模拟信号和开关量信号总量。

六、安全监测系统定额信号点数超过 48 点时，人工乘以下表中的相应系数。

信号点	≤48	48～64	64～128	128～256
人工工时系数	1	1.36	1.63	2

4.1 传感器

工作内容：检查、清洁、紧固；设备拆卸，零件清洗，修复部件，损坏件更换，设备装配，电缆测试，表头测试，信号测试，雨量、液位标定（测试）。

单位：台（只）

电算编号		项目	单位	水位计	雨量计		流量计		传感器
					翻斗式	自动式	一体式	分体式	
人工	010011	工长	工时	0.10	0.10	0.20	0.60	0.90	0.10
	010012	高级工	工时	1.20	0.50	1.80	5.30	8.30	0.60
	010013	中级工	工时	3.60	1.40	5.40	16.10	25.30	1.90
	010014	初级工	工时	1.60	0.60	2.50	7.30	11.50	0.90
	010010	合计	工时	6.50	2.60	9.90	29.30	46.00	3.50
材料	080085	绝缘导线	m	7.64	7.13	7.13			2.04
	090742	无絮棉布	kg	0.01					0.01
	080092	双绞屏蔽导线 RWP48/0.2×2	m			2.04			
	090841	毛刷	把		0.25	0.25			
	200010	其他材料费	%	5.00	5.00	5.00			5.00
机械	190810	标准信号发生器 KSG-4100	台时	1.30		0.65			
	190654	数字万用表 HP-34401A	台时	3.25	3.25	3.25			1.63
	190655	数字万用表 PF-56	台时				10.14	11.02	
	190620	数字电压表 PZ38	台时				2.34	4.39	
	190240	精密交直流稳压电源 SB861	台时				4.68	7.31	
	190750	综合校验仪 D-063	台时				3.12	7.31	
	200020	其他机械费	%	5.00	5.00	5.00	1.00	1.00	6.00
定额编号				4-1	4-2	4-3	4-4	4-5	4-6

4.2 现地控制单元

4.2.1 信号点

工作内容：现地控制单元 LCU 柜内信号点养护，线缆整理、清洁、紧固，信号量检查测试等。

单位：台

电算编号		项目	单位	信号点		
				开关量	模拟量	脉冲量
人工	010011	工长	工时	0.10	0.20	0.20
	010012	高级工	工时	1.30	1.60	1.60
	010013	中级工	工时	3.90	4.80	4.90
	010014	初级工	工时	1.80	2.20	2.20
	010010	合计	工时	7.10	8.80	8.90
机械	190651	数字万用表 7151	台时	2.02	2.41	2.47
	190620	数字电压表 PZ38	台时	1.24	1.63	
	190240	精密交直流稳压电源 SB861	台时	1.24	1.63	1.24
	190410	脉冲计数器 PM6665/036	台时			1.24
	190420	脉冲信号发生器 NF-1513A	台时			1.24
	190880	示波器 SR10	台时			1.24
	200020	其他机械费	%	1.00	1.00	1.00
定额编号				4-7	4-8	4-9

4.2.2 PLC 模块

工作内容：常规检查、故障查找、硬件及顺序检查、设备拆卸、修复部件、设备装配、信号测试等。

单位：个

电算编号		项目	单位	信号输入输出	协议转换、信号变送	CPU 和底板
人工	010011	工长	工时	0.20	0.40	0.50
	010012	高级工	工时	2.20	3.30	4.90
	010013	中级工	工时	6.70	10.00	14.80
	010014	初级工	工时	3.10	4.60	6.70
	010010	合计	工时	12.20	18.30	26.90
材料	080085	绝缘导线	m	2.04	2.04	2.04
	080170	铜接线端子 DT-1mm²	个	0.50	0.50	0.50
	200010	其他材料费	%	6.00	6.00	6.00
机械	190810	标准信号发生器 KSG-4100	台时	0.65	0.98	1.30
	190654	数字万用表 HP-34401A	台时	3.25	4.88	6.50
	190840	电压电流表	台时	4.88	6.50	9.75
	200020	其他机械费	%	5.00	5.00	5.00
定额编号				4-10	4-11	4-12

4.3 光缆网络

工作内容：设备及线路定期检查、清洁，接线整理、紧固、更换等。

4.3.1 光缆网络线路

单位：100 m

电算编号		项目	单位	光缆网络线路	
				室内	室外
人工	010011	工长	工时	0.90	1.10
	010012	高级工	工时	8.10	9.80
	010013	中级工	工时	24.60	30.00
	010014	初级工	工时	11.20	13.70
	010010	合计	工时	44.80	54.60
材料	080151	光缆接续器材 6 芯	套	2.00	2.00
	200010	其他材料费	%	5.00	5.00
机械	190260	手持光损耗测试仪 MS9020A	台时	6.50	9.75
	190610	手持光纤多用表 AV2496	台时	5.20	6.50
	180750	光纤气割刀	台时	3.25	3.25
	180760	光纤熔接机	台时	3.25	3.25
	200020	其他机械费	%	5.00	5.00
定额编号				4-13	4-14

4.3.2 光缆网络设备

单位：10台

电算编号		项目	单位	光缆网络设备			
				中继器	信号转换器	光终端机	光交换器
人工	010011	工长	工时	0.20	0.30	0.30	0.70
	010012	高级工	工时	2.20	2.30	2.30	6.60
	010013	中级工	工时	6.70	6.90	7.10	20.20
	010014	初级工	工时	3.10	3.20	3.20	9.20
	010010	合计	工时	12.20	12.70	12.90	36.70
材料	040010	焊锡	kg	1.05	1.05	1.31	1.31
	040020	焊锡膏	kg	0.21	0.21	0.32	0.32
	200010	其他材料费	%	5.00	5.00	5.00	5.00
机械	190260	手持光损耗测试仪 MS9020A	台时	13.00	19.50	65.00	32.50
	190610	手持光纤多用表 AV2496	台时	13.00	19.50	52.00	97.50
	200020	其他机械费	%	6.00	6.00	6.00	6.00
定额编号				4-15	4-16	4-17	4-18

4.4 计算机监控系统

4.4.1 工控机和现场服务器

工作内容：常规检查，信号测试、故障查找，硬件和组态软件维修，软件界面，数据输入输出，数据分析，工艺流程修改，故障查找、硬件及顺序检查、清理现场。

单位：台

电算编号		项目	单位	工控机和现场服务器			
				信号点			
				≤100	100~300	300~500	500~1000
人工	010011	工长	工时	0.30	0.60	0.80	1.20
	010012	高级工	工时	3.10	5.30	7.50	10.60
	010013	中级工	工时	9.40	16.20	22.90	32.30
	010014	初级工	工时	4.30	7.40	10.40	14.70
	010010	合计	工时	17.10	29.50	41.60	58.80
材料	060191	乙醇	kg	0.13	0.16	0.18	0.21
	090841	毛刷	把	0.25	0.25	0.25	0.25
	200010	其他材料费	%	8.00	8.00	8.00	8.00
机械	190654	数字万用表 HP-34401A	台时	0.33	0.33	0.33	0.33
	190840	电压电流表	台时	1.30	1.30	1.30	1.30
	200020	其他机械费	%	5.00	5.00	5.00	5.00
定额编号				4-19	4-20	4-21	4-22

4.4.2 计算机监控系统

工作内容：系统设备及线路定期检查、清洁、接线整理、紧固等。

单位：套

电算编号		项目	单位	计算机监控系统		
				简单	中等	复杂
人工	010011	工长	工时	0.30	0.40	0.70
	010012	高级工	工时	2.50	3.80	6.30
	010013	中级工	工时	7.70	11.60	19.30
	010014	初级工	工时	3.50	5.30	8.80
	010010	合计	工时	14.00	21.10	35.10
材料	090742	无絮棉布	kg	0.10	0.20	0.50
	200010	其他材料费	%	5.00	5.00	5.00
定额编号				4-23	4-24	4-25

注：简单即 1 套 PLC、1 台主机；中等即 2~3 套 PLC、2 台主机；复杂即 4 套及以上 PLC、2 台主机以上。

4.5 显示设备

工作内容：原设备拆除，新设备开箱检查，安装，调试。

电算编号		项目	单位	投影仪更换	显示屏更换
				套	m^2
人工	010011	工长	工时	0.66	0.76
	010012	高级工	工时	5.90	6.88
	010013	中级工	工时	18.02	21.02
	010014	初级工	工时	8.19	9.56
	010010	合计	工时	32.77	38.22
其他	200030	其他费用	%	10.00	10.00
定额编号				4-26	4-27

4.6 视频、广播系统

工作内容：系统设备及线路定期检查、清洁、接线整理、紧固等。

电算编号		项目	单位	视频系统（摄像机数量）			摄像机	广播系统
				2 台以下	5 台以下	5 台以上		
				套	套	套	台	套
人工	010011	工长	工时	0.30	0.40	0.60	0.12	0.10
	010012	高级工	工时	2.50	3.80	5.00	1.00	1.30
	010013	中级工	工时	7.70	11.60	15.40	3.08	3.90
	010014	初级工	工时	3.50	5.30	7.00	1.40	1.80
	010010	合计	工时	14.00	21.10	28.00	5.60	7.10
材料	090742	无絮棉布	kg	0.20	0.40	0.80	0.16	0.50
	200010	其他材料费	%	5.00	5.00	5.00	5.00	5.00
定额编号				4-28	4-29	4-30	4-31	4-32

4.7　安全监测系统

工作内容：系统设备及线路定期检查、清洁、接线整理、紧固、更换等。

电算编号		项目	单位	安全监测系统（信号点≤48）	RTU柜内部件	
					冷却风扇	稳变压和不间断电源
				套	10个	台
人工	010011	工长	工时	1.70	0.20	0.10
	010012	高级工	工时	15.20	1.80	1.30
	010013	中级工	工时	46.40	5.40	4.00
	010014	初级工	工时	21.10	2.50	1.80
	010010	合计	工时	84.40	9.90	7.20
材料	080085	绝缘导线	m		2.10	0.51
	080170	铜接线端子 DT-1mm²	个			0.50
	090841	毛刷	把		2.50	0.25
	200010	其他材料费	%		10.00	10.00
机械	190620	数字电压表 PZ38	台时	17.36		
	190654	数字万用表 HP-34401A	台时		6.50	1.30
	190652	数字万用表 DF-11±（10 μV~1000 V）	台时	17.36		
	190790	便携式综合校验仪 2422	台时	10.40		
	190840	电压电流表	台时			0.25
	200020	其他机械费	%		5.00	5.00
定额编号				4-33	4-34	4-35

5　起重设备

说　明

一、本章包括螺杆式启闭机、卷扬式启闭机、液压式启闭机、桥式起重机、电动葫芦、钢丝绳6节。

二、设备罩壳需要防腐的可参照金属结构防腐定额另行计算。

三、启闭机按额定启闭力制定，推杆式启闭机的维修养护参考同启门力螺杆式启闭机定额。

四、卷扬式启闭机按照平门启闭机制定，弧门启闭机定额乘以系数2.0。

五、桥式起重机按主钩起重能力制定。

六、钢丝绳上油和更换定额按黄油制定，实际采用油脂材料不同时，调整定额材料种类和数量。

七、移动式（门式）启闭机维修养护，按主要部件分别套用相应定额计算。

5.1 螺杆式启闭机

维修工作内容：减速器、联轴器解体、清洗，检查、修理、更换配件、组装，加注润滑油（脂）；电动机检查、修理、更换配件；防护罩、销轴等整形调修；螺杆校正、清理、涂抹黄油；整体组装，清污除锈、局部防腐，紧固、调试；现场清理。

养护工作内容：检查各紧固件、紧固；添加润滑油（脂）；清污除锈、局部防腐；整体清洁。

5.1.1 双吊点

单位：台

电算编号		项目	单位	启门力（kN 以下）									
				2×50		2×100		2×150		2×200		2×250	
				维修	养护	维修	养护	维修	养护	维修	养护	维修	养护
人工	010011	工长	工时	5.80		7.20		11.10		13.90		15.60	
	010012	高级工	工时	51.80		64.80		99.70		124.70		140.40	
	010013	中级工	工时	158.40	5.80	198.00	7.20	304.70	11.00	381.20	13.90	429.00	15.60
	010014	初级工	工时	72.00	1.40	90.00	1.80	138.50	2.80	173.20	3.50	195.00	3.90
	010010	合计	工时	288.00	7.20	360.00	9.00	554.00	13.80	693.00	17.40	780.00	19.50
材料	060030	防锈漆	kg	0.88	0.04	1.18	0.06	1.80	0.09	2.26	0.11	2.66	0.13
	060020	调和漆	kg	1.78	0.09	2.36	0.12	3.64	0.18	4.54	0.23	5.34	0.27
	060090	机油	kg	2.20	0.11	2.94	0.15	4.52	0.23	5.66	0.28	6.66	0.33
	091310	清洗剂	kg	6.64	0.33	8.84	0.44	13.60	0.68	17.00	0.85	20.00	1.00
	060080	柴油 综合	kg	7.96	0.40	10.60	0.53	16.32	0.82	20.40	1.02	25.00	1.25
	060100	黄油	kg	8.84	0.44	11.78	0.59	18.12	0.91	22.66	1.13	27.66	1.38
	040090	氧气	m^3	1.88		2.50		3.84		4.80		5.64	
	040100	乙炔气	m^3	0.82		1.10		1.68		2.10		2.46	
	040050	电焊条 综合	kg	0.46		0.60		0.92		1.14		1.34	
	090830	钢丝刷	把	1.32	0.07	1.76	0.09	2.72	0.14	3.40	0.17	4.00	0.20
	090742	无絮棉布	kg	2.00	0.54	2.66	0.71	4.08	1.09	5.10	1.36	6.00	1.60
	200010	其他材料费	%	5.00	10.00	5.00	10.00	5.00	10.00	5.00	10.00	5.00	10.00

续表

电算编号		项目	单位	启门力（kN 以下）									
				2×50		2×100		2×150		2×200		2×250	
				维修	养护	维修	养护	维修	养护	维修	养护	维修	养护
机械	150520	电动葫芦 起重量 5 t	台时	2.00		3.00		5.00		6.00		6.50	
	150280	柴油型汽车起重机 起重量 16 t	台时					5.00		6.00		6.50	
	150530	千斤顶 起重量≤10 t	台时			7.00		11.00		14.00		16.25	
	180050	交流电焊机 25～30 kVA	台时	0.80		1.00		2.00		3.00		4.00	
	180090	气割枪 ACM～2	台时	2.40		3.00		5.00		6.00		6.50	
	200020	其他机械费	%	5.00		5.00		5.00		5.00		5.00	
定额编号				5-1	5-2	5-3	5-4	5-5	5-6	5-7	5-8	5-9	5-10

5.1.2　单吊点

单位：台

电算编号		项目	单位	启门力（kN 以下）													
				手动 30		手动 50		50		100		150		200		250	
				维修	养护	维修	养护	维修	养护	维修	养护	维修	养护	维修	养护	维修	养护
人工	010011	工长	工时	1.20		1.80		2.60		3.40		5.20		6.50		7.70	
	010012	高级工	工时	10.60		16.20		23.00		30.60		47.20		58.90		69.30	
	010013	中级工	工时	32.50	1.20	49.50	1.80	70.40	2.60	93.50	3.40	144.10	5.30	179.90	6.60	211.80	7.70
	010014	初级工	工时	14.70	0.30	22.50	0.50	32.00	0.60	42.50	0.80	65.50	1.30	81.70	1.70	96.20	1.90
	010010	合计	工时	59.00	1.50	90.00	2.30	128.00	3.20	170.00	4.20	262.00	6.60	327.00	8.30	385.00	9.60

续表

电算编号		项目	单位	启门力（kN 以下）													
				手动 30		手动 50		50		100		150		200		250	
				维修	养护	维修	养护	维修	养护	维修	养护	维修	养护	维修	养护	维修	养护
材料	060030	防锈漆	kg	0.20	0.01	0.31	0.02	0.44	0.02	0.59	0.03	0.90	0.05	1.13	0.06	1.33	0.07
	060020	调和漆	kg	0.40	0.02	0.62	0.03	0.89	0.05	1.18	0.06	1.82	0.09	2.27	0.11	2.67	0.13
	060090	机油	kg	0.72	0.04	1.10	0.06	1.10	0.06	1.47	0.07	2.26	0.11	2.83	0.14	3.33	0.17
	091310	清洗剂	kg	1.51	0.08	2.32	0.12	3.32	0.17	4.42	0.22	6.80	0.34	8.50	0.42	10.00	0.50
	060080	柴油 综合	kg	1.81	0.09	2.79	0.14	3.98	0.20	5.30	0.27	8.16	0.41	10.20	0.51	12.00	0.60
	060100	黄油	kg	2.01	0.10	3.09	0.15	4.42	0.22	5.89	0.29	9.06	0.45	11.33	0.57	13.33	0.67
	040090	氧气	m^3	0.43		0.66		0.94		1.25		1.92		2.40		2.82	
	040100	乙炔气	m^3	0.19		0.29		0.41		0.55		0.84		1.05		1.23	
	040050	电焊条 综合	kg	0.10		0.16		0.23		0.30		0.46		0.57		0.67	
	090830	钢丝刷	把	0.30	0.02	0.46	0.02	0.66	0.03	0.88	0.04	1.36	0.07	1.70	0.09	2.00	0.10
	090742	无絮棉布	kg	0.60	0.16	0.93	0.25	1.00	0.26	1.33	0.35	2.04	0.54	2.55	0.68	3.00	0.80
	200010	其他材料费	%	5.00	10.00	5.00	10.00	5.00	10.00	5.00	10.00	5.00	10.00	5.00	10.00	5.00	10.00
机械	150520	电动葫芦 起重量 5 t	台时			1.02		1.45		1.93		2.97		3.71		4.36	
	150280	柴油型汽车起重机 起重量 16 t	台时									2.97		3.71		4.36	
	150530	千斤顶 起重量≤10 t	台时									7.38		9.23		10.86	
	180050	交流电焊机 25～30 kVA	台时	0.23		0.35		0.50		0.66		1.02		1.28		1.50	
	180090	气割枪 ACM～2	台时	0.98		1.51		2.15		2.87		4.42		5.53		6.50	
	200020	其他机械费	%	5.00		5.00		5.00		5.00		5.00		5.00		5.00	
定额编号				5-11	5-12	5-13	5-14	5-15	5-16	5-17	5-18	5-19	5-20	5-21	5-22	5-23	5-24

5.2 卷扬式启闭机

维修工作内容：传动系统：减速器、联轴器等解体、清洗，检查各部件，修理、更换配件、组装；机体部分：滚筒、开式齿轮等检查清理，修理、更换配件；电气系统：电磁刹车等解体，检查电机定转子绝缘、轴承等，测量、修理、更换配件、组装；结构系统：机座、轴承、防护罩、销轴等整形、调修；绳套、滑轮组检查维修；整体组装，清污除锈、局部防腐，紧固、调试；现场清理。

养护工作内容：检查各紧固件、紧固；调整制动器间隙与行程开关，检查、维护制动装置；添加润滑油（脂）；清污除锈、局部防腐；整体清洁。

5.2.1 双吊点

单位：台

电算编号		项目	单位	启门力（kN 以下）							
				2×100		2×160		2×250		2×400	
				维修	养护	维修	养护	维修	养护	维修	养护
人工	010011	工长	工时	8.70		10.80		13.60		16.00	
	010012	高级工	工时	78.10		97.60		122.00		143.60	
	010013	中级工	工时	238.70	2.20	298.10	2.70	372.90	3.40	438.90	4.00
	010014	初级工	工时	108.50	8.60	135.50	10.80	169.50	13.60	199.50	16.00
	010010	合计	工时	434.00	10.80	542.00	13.50	678.00	17.00	798.00	20.00
材料	090742	无絮棉布	kg	2.72	0.43	3.40	0.54	4.25	0.68	5.00	0.80
	040090	氧气	m^3	3.04		3.80		4.75		5.59	
	040100	乙炔气	m^3	1.32		1.65		2.06		2.42	
	040050	电焊条 综合	kg	0.54		0.68		0.85		1.00	
	060030	防锈漆	kg	1.46	0.04	1.82	0.05	2.27	0.07	2.67	0.08
	060020	调和漆	kg	2.90	0.09	3.62	0.11	4.53	0.14	5.33	0.16
	060090	机油	kg	8.16	0.24	10.20	0.31	12.75	0.38	15.00	0.45
	091310	清洗剂	kg	10.88	0.33	13.60	0.41	17.00	0.51	20.00	0.60
	060080	柴油 综合	kg	13.60	0.41	17.00	0.51	21.25	0.64	25.00	0.75
	060100	黄油	kg	3.81	0.11	4.76	0.14	5.95	0.18	7.00	0.21
	090830	钢丝刷	把	2.18	0.07	2.72	0.08	3.40	0.10	4.00	0.12
	200010	其他材料费	%	5.00	10.00	5.00	10.00	5.00	10.00	5.00	10.00
机械	150520	电动葫芦 起重量 5 t	台时	5.30		6.63		8.29		9.75	
	150280	柴油型汽车起重机 起重量 16 t	台时	5.30		6.63		8.29		9.75	
	150530	千斤顶 起重量≤10 t	台时	5.30		6.63		8.29		9.75	
	180050	交流电焊机 25～30 kVA	台时	1.63		2.04		2.55		3.00	
	180090	气割枪 ACM～2	台时	3.54		4.42		5.53		6.50	
	200020	其他机械费	%	5.00		5.00		5.00		5.00	
定额编号				5-25	5-26	5-27	5-28	5-29	5-30	5-31	5-32

续表

电算编号		项目	单位	启门力（kN 以下）							
				2×630		2×800		2×1250		2×1600	
				维修	养护	维修	养护	维修	养护	维修	养护
人工	010011	工长	工时	23.90		28.70		38.80		50.40	
	010012	高级工	工时	215.50		258.50		349.00		453.80	
	010013	中级工	工时	658.40	6.00	789.80	28.70	1066.50	38.80	1386.60	50.40
	010014	初级工	工时	299.20	24.00	359.00	7.20	484.70	9.70	630.20	12.60
	010010	合计	工时	1197.00	30.00	1436.00	35.90	1939.00	48.50	2521.00	63.00
材料	090742	无絮棉布	kg	7.50	1.20	9.00	1.44	12.15	1.94	15.80	2.53
	040090	氧气	m^3	8.39		10.07		13.59		17.67	
	040100	乙炔气	m^3	3.63		4.36		5.89		7.66	
	040050	电焊条 综合	kg	1.50		1.80		2.43		3.16	
	060030	防锈漆	kg	4.00	0.12	4.80	0.14	6.48	0.20	8.42	0.25
	060020	调和漆	kg	8.00	0.24	9.60	0.29	12.96	0.39	16.85	0.51
	060090	机油	kg	22.50	0.68	27.00	0.81	36.45	1.09	47.39	1.42
	091310	清洗剂	kg	30.00	0.90	36.00	1.08	48.60	1.46	63.18	1.90
	060080	柴油 综合	kg	37.50	1.13	45.00	1.35	60.75	1.82	78.98	2.37
	060100	黄油	kg	10.50	0.32	12.60	0.38	17.01	0.51	22.11	0.66
	090830	钢丝刷	把	6.00	0.18	7.20	0.22	9.72	0.29	12.64	0.38
	200010	其他材料费	%	5.00	10.00	5.00	10.00	5.00	10.00	5.00	10.00
机械	150520	电动葫芦 起重量 5 t	台时	14.63		17.56					
	150521	电动葫芦 起重量 10 t	台时					19.75		25.68	
	150280	柴油型汽车起重机 起重量 16 t	台时	14.63		17.56					
	150300	柴油型汽车起重机 起重量 25 t	台时					19.75		25.68	
	150530	千斤顶 起重量≤10 t	台时	14.63		17.56		19.75		25.68	
	180050	交流电焊机 25 ～30 kVA	台时	4.50		5.40		7.29		9.48	
	180090	气割枪 ACM～2	台时	9.75		11.70		15.80		20.54	
	200020	其他机械费	%	5.00		5.00		5.00		5.00	
定额编号				5-33	5-34	5-35	5-36	5-37	5-38	5-39	5-40

5.2.2 单吊点

单位：台

电算编号		项目	单位	启门力（kN 以下）					
				100		160		250	
				维修	养护	维修	养护	维修	养护
人工	010011	工长	工时	6.90		8.70		10.80	
	010012	高级工	工时	62.30		77.90		97.40	
	010013	中级工	工时	190.30	1.70	238.20	2.20	297.60	2.70
	010014	初级工	工时	86.50	7.00	108.20	8.60	135.20	10.80
	010010	合计	工时	346.00	8.70	433.00	10.80	541.00	13.50
材料	090742	无絮棉布	kg	2.18	0.35	2.72	0.43	3.40	0.54
	040090	氧气	m^3	1.78		2.23		2.79	
	040100	乙炔气	m^3	0.78		0.98		1.22	
	040050	电焊条 综合	kg	0.37		0.46		0.57	
	060030	防锈漆	kg	0.97	0.03	1.21	0.04	1.51	0.05
	060020	调和漆	kg	1.94	0.06	2.42	0.07	3.02	0.09
	060090	机油	kg	5.44	0.16	6.80	0.20	8.50	0.26
	091310	清洗剂	kg	6.53	0.20	8.16	0.24	10.20	0.31
	060080	柴油 综合	kg	8.70	0.26	10.88	0.33	13.60	0.41
	060100	黄油	kg	1.81	0.05	2.26	0.07	2.83	0.09
	090830	钢丝刷	把	0.72	0.02	0.90	0.03	1.13	0.03
	200010	其他材料费	%	5.00	10.00	5.00	10.00	5.00	10.00
机械	150520	电动葫芦 起重量 5 t	台时	3.54		4.42		5.53	
	150280	汽车起重机 起重量 16 t 柴油型	台时	3.54		4.42		5.53	
	150530	千斤顶 起重量≤10 t	台时	3.54		4.42		5.53	
	180050	交流电焊机 25～30 kVA	台时	1.09		1.36		1.70	
	180090	气割枪 ACM～2	台时	3.54		4.42		5.53	
	200020	其他机械费	%	5.00		5.00		5.00	
定额编号				5-41	5-42	5-43	5-44	5-45	5-46

5.3 液压式启闭机

维修工作内容：启闭机解体、清洗，检查缸体、活塞杆、（油缸、油泵、管道、阀组）密闭圈及相关阀体，更换配件，油过滤；电气系统清理检查，测量、修理、更换配件；整体组装，清污除锈、局部防腐，检查密封情况、调试；现场清理。

养护工作内容：检查各紧固件、紧固；检查液压油，检查、调整阀组、传感器限位开关；添加润滑油（脂）；清污除锈、局部防腐；整体清洁。

单位：台

电算编号		项目	单位	启闭力（kN 以下）											
				200		300		400		500		600		700	
				维修	养护	维修	养护	维修	养护	维修	养护	维修	养护	维修	养护
人工	010011	工长	工时	5.10		6.40		8.00		9.60		11.00		12.10	
	010012	高级工	工时	45.90		57.40		71.80		86.20		99.20		109.10	
	010013	中级工	工时	140.30	5.20	175.50	6.40	219.50	8.10	263.50	9.60	303.10	11.00	333.30	12.20
	010014	初级工	工时	63.70	1.30	79.70	1.60	99.70	2.00	119.70	2.40	137.70	2.80	151.50	3.00
	010010	合计	工时	255.00	6.50	319.00	8.00	399.00	10.10	479.00	12.00	551.00	13.80	606.00	15.20
材料	060030	防锈漆	kg	1.70	0.04	2.13	0.05	2.67	0.07	3.20	0.08	3.68	0.09	4.05	0.10
	060020	调和漆	kg	3.42	0.09	4.27	0.11	5.33	0.13	6.40	0.16	7.36	0.18	8.10	0.20
	060070	汽油 综合	kg	3.20	0.08	4.00	0.10	5.00	0.12	6.00	0.15	6.90	0.17	7.59	0.19
	060121	液压油	kg	204.80	5.12	256.00	6.40	320.00	8.00	384.00	9.60	441.60	11.04	485.76	12.14
	060100	黄油	kg	0.64	0.02	0.80	0.02	1.00	0.03	1.20	0.03	1.38	0.03	1.52	0.04
	060190	酒精	瓶	2.56	0.06	3.20	0.08	4.00	0.10	4.80	0.12	5.52	0.14	6.08	0.16
	040090	氧气	m^3	1.79		2.24		2.80		3.36		3.86		4.25	
	040100	乙炔气	m^3	0.78		0.97		1.21		1.45		1.67		1.84	
	040050	电焊条 综合	kg	0.64		0.80		1.00		1.20		1.38		1.52	
	090742	无絮棉布	kg	3.20	0.42	4.00	0.54	5.00	0.66	6.00	0.80	6.90	0.92	7.59	1.02
	060310	变色硅胶	kg	1.00	1.00	1.00	1.00	1.50	1.50	1.50	1.50	2.00	2.00	2.00	2.00
	200010	其他材料费	%	5.00	10.00	5.00	10.00	5.00	10.00	5.00	10.00	5.00	10.00	5.00	10.00
机械	150520	电动葫芦 起重量 5 t	台时	4.16		5.20									
	150521	电动葫芦 起重量 10 t	台时					6.50		7.80		8.97		9.87	
	150280	柴油型汽车起重机 起重量 16 t	台时	4.16		5.20									
	150300	柴油型汽车起重机 起重量 25 t	台时					6.50		7.80		8.97		9.87	
	150530	千斤顶 起重量≤10 t	台时	6.24		7.80		9.75		11.70		13.46		9.87	
	180520	真空滤油机≤100 L/min	台时	4.16		5.20		6.50		7.80		8.97		9.87	
	180050	交流电焊机 25～30 kVA	台时	1.92		2.40		3.00		3.60		4.14		4.55	
	180090	气割枪 ACM～2	台时	4.16		5.20		6.50		7.80		8.97		9.87	
	200020	其他机械费	%	5.00		5.00		5.00		5.00		5.00		5.00	
定额编号				5-47	5-48	5-49	5-50	5-51	5-52	5-53	5-54	5-55	5-56	5-57	5-58

5.4 桥式起重机

维修工作内容：传动系统：减速器解体、清洗，检查齿轮、轴、轴承，修理、更换部件、组装，联轴器解体、清洗，检查齿轮、铜套、键槽，修理、更换部件、组装，拆卸卷筒、轴承座，清洗，检查、修理、更换部件、组装；电气系统：电磁刹车等解体，检查电机定转子绝缘、轴承等，测量、修理、更换配件，拆卸检修凸轮控制器，检修配电盘、屏及限位开关等，更换损坏元件及滑触线等；检查结构系统中相关部件（机座、轴承座、防护罩、销轴等），调修；轨道检查维护；调整组装，清污除锈、局部防腐，紧固、调试；现场清理。

养护工作内容：检查、紧固各紧固件；调整制动器间隙与行程开关，检查、维护制动装置；添加润滑油（脂）；清污除锈、局部防腐；整体清洁。

单位：台

电算编号		项目	单位	起重能力（t以下）			
				5		10	
				维修	养护	维修	养护
人工	010011	工长	工时	29.90		39.90	
	010012	高级工	工时	269.30		359.10	
	010013	中级工	工时	822.80	29.90	1097.30	40.00
	010014	初级工	工时	374.00	7.50	498.70	10.00
	010010	合计	工时	1496.00	37.40	1995.00	50.00
材料	060030	防锈漆	kg	3.75	0.11	5.00	0.15
	060020	调和漆	kg	7.50	0.23	10.00	0.30
	060090	机油	kg	16.88	0.51	22.50	0.68
	060011	油漆稀释剂	kg	11.25	0.34	15.00	0.45
	060080	柴油 综合	kg	14.06	0.42	18.75	0.56
	060100	黄油	kg	2.81	0.08	3.75	0.11
	040090	氧气	m^3	3.14		4.19	
	040100	乙炔气	m^3	1.37		1.82	
	040050	电焊条 综合	kg	1.13		1.50	
	090830	钢丝刷	把	5.63	0.17	7.50	0.23
	090742	无絮棉布	kg	5.63	0.90	7.50	1.20
	200010	其他材料费	%	3.00	5.00	3.00	5.00
机械	150520	电动葫芦 起重量 5 t	台时	10.97		14.63	
	150530	千斤顶 起重量≤10 t	台时	10.97		14.63	
	180050	交流电焊机 25～30 kVA	台时	3.38		4.50	
	180090	气割枪 ACM～2	台时	3.66		4.88	
	200020	其他机械费	%	3.00		3.00	
定额编号				5-59	5-60	5-61	5-62

续表

电算编号		项目	单位	起重能力（t以下）			
				16		20	
				维修	养护	维修	养护
人工	010011	工长	工时	53.20		79.80	
	010012	高级工	工时	478.80		718.20	
	010013	中级工	工时	1463.00	53.20	2194.50	79.80
	010014	初级工	工时	665.00	13.30	997.50	20.00
	010010	合计	工时	2660.00	66.50	3990.00	99.80
材料	060030	防锈漆	kg	6.67	0.20	10.00	0.30
	060020	调和漆	kg	13.33	0.40	20.00	0.60
	060090	机油	kg	30.00	0.90	45.00	1.35
	060011	油漆稀释剂	kg	20.00	0.60	30.00	0.90
	060080	柴油 综合	kg	25.00	0.75	37.50	1.13
	060100	黄油	kg	5.00	0.15	7.50	0.25
	040090	氧气	m^3	5.59		8.39	
	040100	乙炔气	m^3	2.43		3.65	
	040050	电焊条 综合	kg	2.00		3.00	
	090830	钢丝刷	把	10.00	0.30	15.00	0.45
	090742	无絮棉布	kg	10.00	1.60	15.00	2.40
	200010	其他材料费	%	3.00	5.00	3.00	5.00
机械	150520	电动葫芦 起重量 5 t	台时	19.50		29.25	
	150530	千斤顶 起重量≤10 t	台时	19.50		29.25	
	180050	交流电焊机 25～30 kVA	台时	6.00		9.00	
	180090	气割枪 ACM～2	台时	6.50		9.75	
	200020	其他机械费	%	3.00		3.00	
定额编号				5-63	5-64	5-65	5-66

续表

电算编号		项目	单位	起重能力（t以下）			
				32		50	
				维修	养护	维修	养护
人工	010011	工长	工时	119.70		179.60	
	010012	高级工	工时	1077.30		1616.00	
	010013	中级工	工时	3291.80	119.80	4937.90	179.50
	010014	初级工	工时	1496.20	29.90	2244.00	44.90
	010010	合计	工时	5985.00	149.70	8977.50	224.40
材料	060030	防锈漆	kg	15.00	0.45	22.50	0.68
	060020	调和漆	kg	30.00	0.90	45.00	1.35
	060090	机油	kg	67.50	2.03	101.25	3.04
	060011	油漆稀释剂	kg	45.00	1.35	67.50	2.03
	060080	柴油 综合	kg	56.25	1.69	84.38	2.53
	060100	黄油	kg	11.25	0.34	16.88	0.51
	040090	氧气	m^3	12.59		18.89	
	040100	乙炔气	m^3	5.48		8.22	
	040050	电焊条 综合	kg	4.50		6.75	
	090830	钢丝刷	把	22.50	0.68	33.75	1.01
	090742	无絮棉布	kg	22.50	3.60	33.75	5.40
	200010	其他材料费	%	3.00	5.00	3.00	5.00
机械	150520	电动葫芦 起重量 5 t	台时	43.88		65.82	
	150530	千斤顶 起重量≤10 t	台时	43.88		65.82	
	180050	交流电焊机 25～30 kVA	台时	13.50		20.25	
	180090	气割枪 ACM～2	台时	14.63		21.95	
	200020	其他机械费	%	3.00		3.00	
定额编号				5-67	5-68	5-69	5-70

注： 起重能力 50 t 以上，可在 50 t 以下定额基础上乘以系数 1.50。

5.5 电动葫芦

维修工作内容：电动葫芦拆卸，检查吊钩、滑轮、限位器、制动轮及制动弹簧，更换不合格配件，添加润滑油（脂），清污除锈、局部防腐，轨道检查维护，安装调试。

养护工作内容：检查各紧固件、紧固；添加润滑油（脂）；清污除锈、局部防腐；整体清洁。

单位：台

电算编号		项目	单位	起重能力（t以下）							
				1		3		5		10	
				维修	养护	维修	养护	维修	养护	维修	养护
人工	010011	工长	工时	3.60		6.00		8.40		13.20	
	010012	高级工	工时	18.00		26.40		37.20		61.20	
	010013	中级工	工时	44.40	1.78	66.00	2.64	92.40	3.70	153.60	6.14
	010014	初级工	工时	7.20	0.58	10.80	0.86	15.60	1.25	25.20	2.02
	010010	合计	工时	73.20	2.36	109.20	3.50	153.60	4.95	253.20	8.16
材料	091310	清洗剂	kg	0.90	0.03	1.05	0.03	1.20	0.04	1.73	0.05
	060100	黄油	kg	1.45	0.04	1.47	0.04	1.49	0.04	1.50	0.05
	060010	油漆 综合	kg	1.00	0.03	1.40	0.04	1.70	0.05	2.00	0.06
	060090	机油	kg	0.90	0.03	0.90	0.03	0.90	0.03	0.90	0.03
	060120	煤油	kg	1.60	0.05	1.60	0.05	1.60	0.05	1.60	0.05
	020060	木材 综合	m^3	0.02		0.02		0.02		0.02	
	080061	橡皮绝缘线	m	12.00	0.36	12.00	0.36	12.00	0.36	12.00	0.36
	200010	其他材料费	%	5.00	10.00	5.00	10.00	5.00	10.00	5.00	10.00
机械	150240	汽油型汽车起重机 起重量 5 t	台时	0.46		0.46		0.70		0.93	
	150570	卷扬机 起重量 5 t 单筒慢速	台时	4.64		4.64		6.95		9.27	
	140040	汽油型载重汽车 额定载质量 5 t	台时	0.46		0.46		0.70		0.93	
	200020	其他机械费	%							2.30	
定额编号				5-71	5-72	5-73	5-74	5-75	5-76	5-77	5-78

5.6 钢丝绳

5.6.1 钢丝绳上油

工作内容： 钢丝绳人工清污、检查、除锈、上油。

单位：10 m

电算编号		项目	单位	钢丝绳公称直径（mm 以下）							
				14	20	24	30	34	40	46	56
人工	010011	工长	工时								
	010012	高级工	工时								
	010013	中级工	工时	1.68	3.28	4.10	5.11	5.67	6.40	7.03	7.91
	010014	初级工	工时	0.42	0.80	1.05	1.43	1.68	2.06	2.43	3.06
	010010	合计	工时	2.10	4.08	5.15	6.54	7.35	8.46	9.46	10.97
材料	060080	柴油 综合	kg	0.56	0.75	0.88	1.07	1.20	1.39	1.58	1.91
	090831	铜丝刷	把	1.18	1.77	2.07	2.44	2.65	2.92	3.15	3.47
	090742	无絮棉布	kg	0.63	0.89	1.06	1.32	1.49	1.75	2.01	2.43
	060100	黄油	kg	0.79	1.10	1.30	1.60	1.80	2.11	2.41	2.91
	200010	其他材料费	%	10.00	10.00	10.00	10.00	10.00	10.00	10.00	10.00
定额编号				5-79	5-80	5-81	5-82	5-83	5-84	5-85	5-86

注： 钢丝绳水下部分防护材料另计。

5.6.2 钢丝绳更换

工作内容： 原钢丝绳拆除，新钢丝绳安装调试、上油。

单位：10 m

电算编号		项目	单位	钢丝绳公称直径（mm 以下）							
				14	20	24	30	34	40	46	56
人工	010011	工长	工时								
	010012	高级工	工时								
	010013	中级工	工时	1.68	3.28	4.10	5.11	5.67	6.40	7.03	7.91
	010014	初级工	工时	6.10	8.59	10.25	12.75	14.41	16.90	19.40	23.55
	010010	合计	工时	7.78	11.87	14.35	17.86	20.08	23.30	26.43	31.46
材料	060080	柴油 综合	kg	0.11	0.15	0.18	0.22	0.25	0.29	0.33	0.40
	090742	无絮棉布	kg	0.36	0.41	0.44	0.49	0.52	0.56	0.61	0.69
	060100	黄油	kg	0.79	1.10	1.30	1.60	1.80	2.11	2.41	2.91
	200010	其他材料费	%	5.00	5.00	5.00	5.00	5.00	5.00	5.00	5.00
机械	180110	钢筋切断机功率 7 kW	台时	0.16	0.31	0.41	0.56	0.66	0.80	0.95	1.20
	150500	电动葫芦起重量 2 t	台时	0.82	1.53	1.89	2.34	2.59	2.91	3.19	3.58
	200020	其他机械费	%	10.00	10.00	10.00	10.00	10.00	10.00	10.00	10.00
定额编号				5-87	5-88	5-89	5-90	5-91	5-92	5-93	5-94

注： 钢丝绳绳套浇锌费用另计。

6　闸门及清污设备

说　明

一、本章包括平面钢闸门、弧形钢闸门、人字形钢闸门、铸铁闸门、检修门、拍门、止水更换、滚轮更换、清污设备、金属结构防腐 10 节。

二、清污机定额综合考虑了格栅井深度因素，包括水下部分检修和防腐处理等工作内容。

三、金属结构喷锌（铝）定额按厚度 0.16 mm 制定。喷锌（铝）层厚度每增加 0.05 mm，人工与锌（铝）丝、氧气、乙炔气的用量相应增加 30%。

四、闸门埋设件、拦污栅、小型金属结构喷锌（铝）可套用桁架梁门体定额。

五、金属结构油漆按防锈漆、调和漆各 2 度制定。增加漆面 1 度，定额乘以系数 0.22 增列。

六、密闭舱内防腐施工时，定额乘以系数 1.15。

七、涂刷环氧类油漆等其他特殊油漆，金属结构油漆定额中人工乘以系数 1.15。

八、金属结构油漆按刷涂考虑，若发生喷涂施工时，人工乘以系数 0.3，材料乘以系数 1.16，增加喷涂机械台时消耗量。

6.1 平面钢闸门

维修工作内容：梁系、门叶及吊耳座清理、冲洗、校正、修复补强，局部除锈、防腐等；主、侧滚轮或滑块拆卸、清洗，检查、修复、更换配件等；止水清洗、检查、更换；组装、调试；现场清理。

养护工作内容：清污，局部除锈、防腐；整体清洁。

单位：扇

电算编号		项目	单位	自重（t）											
				≤3		≤5		≤10		≤15		≤20		≤25	
				维修	养护	维修	养护	维修	养护	维修	养护	维修	养护	维修	养护
人工	010011	工长	工时	7.70		9.60		11.80		14.40		17.10		19.90	
	010012	高级工	工时	69.50		86.80		105.80		129.80		153.70		178.90	
	010013	中级工	工时	212.30	7.70	265.10	9.60	323.40	11.80	369.60	14.40	469.70	17.00	546.70	19.90
	010014	初级工	工时	96.50	1.90	120.50	2.40	147.00	2.90	180.20	3.60	213.50	4.30	248.50	5.00
	010010	合计	工时	386.00	9.60	482.00	12.00	588.00	14.70	694.00	18.00	854.00	21.30	994.00	24.90
材料	091310	清洗剂	kg	3.28	0.11	4.10	0.14	5.00	0.17	6.50	0.22	8.50	0.28	11.00	0.37
	060100	黄油	kg	1.31	0.04	1.64	0.05	2.00	0.07	2.40	0.08	2.80	0.09	3.40	0.11
	060040	环氧富锌漆	kg	6.56	0.22	8.20	0.27	10.00	0.33	13.00	0.43	17.00	0.57	22.00	0.73
	060020	调和漆	kg	13.12	0.44	16.40	0.55	20.00	0.67	26.00	0.87	34.00	1.13	44.00	1.47
	040090	氧气	m^3	1.25		1.56		1.90		2.50		3.10		3.80	
	040100	乙炔气	m^3	0.54		0.68		0.83		1.08		1.35		1.65	
	040050	电焊条 综合	kg	1.81		2.26		2.75		3.62		4.49		5.50	
	090830	钢丝刷	把	1.13	0.04	1.88	0.06	3.75	0.13	5.63	0.19	7.50	0.25	9.38	0.31
	090742	无絮棉布	kg	1.13	0.15	1.88	0.25	3.75	0.50	5.63	0.75	7.50	1.00	9.38	1.25
	200010	其他材料费	%	5.00	10.00	5.00	10.00	5.00	10.00	5.00	10.00	5.00	10.00	5.00	10.00

续表

电算编号		项目	单位	自重（t）											
				≤3		≤5		≤10		≤15		≤20		≤25	
				维修	养护	维修	养护	维修	养护	维修	养护	维修	养护	维修	养护
机械	170230	离心水泵 单级 功率 5～10 kW	台时	0.78	0.78	1.30	1.30	2.60	2.60	3.90	3.90	5.20	5.20	6.50	6.50
	150280	柴油型汽车起重机 起重量 16 t	台时	6.50		6.50		6.50		6.50		6.50		6.50	
	180330	摇臂钻床 ϕ35～ ϕ50 mm	台时	2.06		2.75		3.66		4.88		6.50		8.13	
	150530	千斤顶 起重量≤10 t	台时	6.17		8.23		10.97		14.63		19.50		24.38	
	150520	电动葫芦 起重量 5 t	台时	6.17		8.23		10.97		14.63		19.50		24.38	
	180090	气割枪 ACM～2	台时	2.60		3.28		4.00		5.20		6.50		7.94	
	180050	交流电焊机 25～30 kVA	台时	2.98		3.73		4.55		5.98		7.41		9.10	
	200020	其他机械费	%	5.00		5.00		5.00		5.00		5.00		5.00	
定额编号				6-1	6-2	6-3	6-4	6-5	6-6	6-7	6-8	6-9	6-10	6-11	6-12

电算编号		项目	单位	自重（t）									
				≤30		≤40		≤50		≤60		＞60	
				维修	养护	维修	养护	维修	养护	维修	养护	维修	养护
人工	010011	工长	工时	23.90		29.80		37.30		44.70		53.70	
	010012	高级工	工时	214.70		268.40		335.50		402.70		483.10	
	010013	中级工	工时	656.20	23.20	820.10	30.20	1025.20	39.10	1230.40	50.90	1476.20	66.20
	010014	初级工	工时	298.20	5.80	372.70	7.50	466.00	9.80	559.20	12.70	671.00	16.50
	010010	合计	工时	1193.00	29.00	1491.00	37.70	1864.00	48.90	2237.00	63.60	2684.00	82.70

续表

电算编号		项目	单位	自重（t）									
				≤30		≤40		≤50		≤60		＞60	
				维修	养护	维修	养护	维修	养护	维修	养护	维修	养护
材料	091310	清洗剂	kg	13.20	0.44	16.50	0.55	20.63	0.69	24.76	0.83	29.71	0.99
	060100	黄油	kg	4.08	0.14	5.10	0.17	6.38	0.21	7.66	0.26	9.19	0.31
	060040	环氧富锌漆	kg	26.40	0.88	33.00	1.10	41.25	1.38	49.50	1.65	59.00	1.97
	060020	调和漆	kg	52.80	1.76	66.00	2.20	82.50	2.75	99.00	3.30	119.00	3.97
	040090	氧气	m^3	4.56		5.70		7.13		8.56		10.00	
	040100	乙炔气	m^3	1.98		2.48		3.10		3.72		4.00	
	040050	电焊条 综合	kg	6.60		8.25		10.31		12.37		15.00	
	090830	钢丝刷	把	11.25	0.38	15.00	0.50	18.75	0.63	22.50	0.75	26.25	0.88
	090600	棉纱头	kg	11.25	1.50	15.00	2.00	18.75	2.50	22.50	3.00	26.25	3.50
	200010	其他材料费	%	5.00	10.00	5.00	10.00	5.00	10.00	5.00	10.00	5.00	10.00
机械	170230	离心水泵 单级 功率 5～10 kW	台时	7.80	7.80	10.40	10.40	13.00	13.00	15.60	15.60	20.80	20.80
	150280	柴油型汽车起重机 起重量 16 t	台时	6.50		6.50		6.50		6.50		6.50	
	180330	摇臂钻床 ϕ35～ ϕ50 mm	台时	9.76		12.20		15.25		18.30		21.96	
	150530	千斤顶 起重量≤10 t	台时	29.26		36.58		45.73		54.88		65.86	
	150520	电动葫芦 起重量 5 t	台时	29.26		36.58		45.73		54.88		65.86	
	180090	气割枪 ACM～2	台时	9.53		11.91		14.89		17.87		21.44	
	180050	交流电焊机 25～30 kVA	台时	10.92		13.65		17.06		20.47		24.56	
	200020	其他机械费	%	5.00		5.00		5.00		5.00		5.00	
定额编号				6-13	6-14	6-15	6-16	6-17	6-18	6-19	6-20	6-21	6-22

6.2 弧形钢闸门

维修工作内容：梁系及门叶清理、冲洗、校正、修复补强，局部除锈、防腐等；支铰检查、清理、注油等；止水清洗、检查、更换；组装、调试；现场清理。

养护工作内容：清污，局部除锈、防腐；整体清洁。

单位：扇

电算编号		项目	单位	自重（t）									
				≤5		≤10		≤15		≤20		≤25	
				维修	养护	维修	养护	维修	养护	维修	养护	维修	养护
人工	010011	工长	工时	22.00		24.50		28.80		33.90		41.30	
	010012	高级工	工时	198.20		220.10		259.00		304.70		371.70	
	010013	中级工	工时	605.60	36.80	672.70	40.80	791.50	48.00	931.20	56.40	1135.80	68.80
	010014	初级工	工时	275.20	9.20	305.70	10.20	359.70	12.00	423.20	14.10	516.20	17.20
	010010	合计	工时	1101.00	46.00	1223.00	51.00	1439.00	60.00	1693.00	70.50	2065.00	86.00
材料	091310	清洗剂	kg	2.67	0.15	2.97	0.17	3.49	0.19	4.10	0.22	5.00	0.27
	060100	黄油	kg	1.06	0.06	1.18	0.07	1.39	0.08	1.64	0.09	2.00	0.11
	060040	环氧富锌漆	kg	21.33	1.17	23.70	1.30	27.88	1.53	32.80	1.81	40.00	2.20
	060020	调和漆	kg	42.66	2.35	47.40	2.61	55.76	3.07	65.60	3.61	80.00	4.40
	040090	氧气	m^3	3.36		3.73		4.39		5.17		6.30	
	040100	乙炔气	m^3	3.90		4.33		5.09		5.99		7.30	
	040050	电焊条 综合	kg	4.43		4.92		5.79		6.81		8.30	
	090830	钢丝刷	把	1.50	0.08	3.00	0.17	4.50	0.25	6.00	0.33	7.50	0.41
	090742	无絮棉布	kg	1.50	0.23	3.00	0.45	4.50	0.68	6.00	0.90	7.50	1.13
	200010	其他材料费	%	5.00	10.00	5.00	10.00	5.00	10.00	5.00	10.00	5.00	10.00

续表

电算编号		项目	单位	自重（t）									
				≤5		≤10		≤15		≤20		≤25	
				维修	养护	维修	养护	维修	养护	维修	养护	维修	养护
机械	170230	离心水泵 单级 功率 5～10 kW	台时	1.30	1.30	2.60	2.60	3.90	3.90	5.20	5.20	6.50	6.50
	150280	柴油型汽车起重机 起重量 16 t	台时	3.47		3.85		4.53		5.33		6.50	
	180330	摇臂钻床 ϕ35～ϕ50 mm	台时	4.16		4.62		5.44		6.40		7.80	
	150530	千斤顶 起重量≤10 t	台时	20.79		23.10		27.18		31.98		39.00	
	150520	电动葫芦 起重量 5 t	台时	3.47		3.85		13.59		15.99		19.50	
	180090	气割枪 ACM～2	台时	8.01		8.90		4.53		5.33		6.50	
	180050	交流电焊机 25～30 kVA	台时	3.83		4.25		10.47		12.32		15.02	
	200020	其他机械费	%	5.00		5.00		5.00		5.00		5.00	
定额编号				6-23	6-24	6-25	6-26	6-27	6-28	6-29	6-30	6-31	6-32

电算编号		项目	单位	自重（t）									
				≤30		≤40		≤50		≤60		>60	
				维修	养护	维修	养护	维修	养护	维修	养护	维修	养护
人工	010011	工长	工时	51.60		64.50		77.40		92.90		111.50	
	010012	高级工	工时	464.60		580.70		696.80		836.10		1003.30	
	010013	中级工	工时	1419.60	86.00	1774.30	107.60	2129.10	129.00	2554.80	154.80	3065.70	185.80
	010014	初级工	工时	645.20	21.50	806.50	26.90	967.70	32.30	1161.20	38.70	1393.50	46.50
	010010	合计	工时	2581.00	107.50	3226.00	134.50	3871.00	161.30	4645.00	193.50	5574.00	232.30

续表

电算编号		项目	单位	自重（t）									
				≤30		≤40		≤50		≤60		>60	
				维修	养护	维修	养护	维修	养护	维修	养护	维修	养护
材料	091310	清洗剂	kg	6.25	0.34	7.81	0.43	9.37	0.51	11.24	0.62	13.49	0.74
	060100	黄油	kg	2.50	0.14	3.13	0.17	3.76	0.21	4.51	0.25	5.41	0.30
	060040	环氧富锌漆	kg	50.00	2.75	62.50	3.44	75.00	4.13	90.00	4.95	108.00	5.94
	060020	调和漆	kg	100.00	5.50	125.00	6.87	150.00	8.25	180.00	9.90	216.00	11.88
	040090	氧气	m^3	7.88		9.85		11.82		14.18		17.02	
	040100	乙炔气	m^3	9.13		11.41		13.69		16.43		19.72	
	040050	电焊条 综合	kg	10.38		12.98		15.58		18.70		22.44	
	090830	钢丝刷	把	9.00	0.50	12.00	0.66	15.00	0.83	18.00	0.99	21.60	1.19
	090600	棉纱头	kg	9.00	1.35	12.00	1.80	15.00	2.25	18.00	2.70	21.60	3.24
	200010	其他材料费	%	5.00	10.00	5.00	10.00	5.00	10.00	5.00	10.00	5.00	10.00
机械	170230	离心水泵 单级 功率 5～10 kW	台时	7.80	7.80	10.40	10.40	13.00	13.00	15.60	15.60	20.80	20.80
	150280	柴油型汽车起重机 起重量 16 t	台时	8.13		10.16		12.19		14.63		17.56	
	180330	摇臂钻床 ϕ35～ϕ50 mm	台时	9.75		12.19		14.63		17.56		21.07	
	150530	千斤顶 起重量≤10 t	台时	48.75		60.94		73.13		87.76		105.31	
	150520	电动葫芦 起重量 5 t	台时	24.38		30.48		36.58		43.90		52.68	
	180090	气割枪 ACM～2	台时	8.13		10.16		12.19		14.63		17.56	
	180050	交流电焊机 25～30 kVA	台时	18.78		23.48		28.18		33.82		40.58	
	200020	其他机械费	%	5.00		5.00		5.00		5.00		5.00	
定额编号				6-33	6-34	6-35	6-36	6-37	6-38	6-39	6-40	6-41	6-42

6.3 人字形钢闸门

维修工作内容：梁系及门叶清理、冲洗、校正、修复补强，局部除锈、防腐等；推杆和齿排的检查修理；顶（底）枢、支枕块拆卸、清洗，检查、修复、更换配件等；止水清洗、检查、更换；组装、调试；现场清理。

养护工作内容：清污，局部除锈、防腐；整体清洁。

单位：扇

电算编号		项目	单位	自重（t）													
				≤30		≤40		≤50		≤60		≤80		≤100		>100	
				维修	养护	维修	养护	维修	养护	维修	养护	维修	养护	维修	养护	维修	养护
人工	010011	工长	工时	40.90		48.10		56.60		70.70		88.40		110.50		132.60	
	010012	高级工	工时	367.70		432.70		509.00		636.30		795.40		994.30		1193.20	
	010013	中级工	工时	1123.70	68.20	1322.20	80.20	1555.40	94.20	1944.30	117.80	2430.50	147.40	3038.20	184.20	3646.00	221.00
	010014	初级工	工时	510.70	17.10	601.00	20.10	707.00	23.60	883.70	29.50	1104.70	36.90	1381.00	46.10	1657.20	55.30
	010010	合计	工时	2043.00	85.30	2404.00	100.30	2828.00	117.80	3535.00	147.30	4419.00	184.30	5524.00	230.30	6629.00	276.30
材料	091310	清洗剂	kg	3.61	0.20	4.25	0.23	5.00	0.27	6.25	0.34	7.81	0.43	9.76	0.54	11.71	0.64
	060100	黄油	kg	1.45	0.08	1.70	0.09	2.00	0.11	2.50	0.14	3.13	0.17	3.91	0.21	4.69	0.26
	060040	环氧富锌漆	kg	28.90	1.59	34.00	1.87	40.00		50.00	2.75	62.50	3.44	78.13	4.30	93.76	5.16
	060020	调和漆	kg	57.80	3.18	68.00	3.74	80.00	4.40	100.00	5.50	125.00	6.87	156.25	8.59	187.50	10.31
	040090	氧气	m^3	5.49		6.46		7.60		9.50		11.88		14.85		17.82	
	040100	乙炔气	m^3	2.39		2.81		3.30		4.13		5.16		6.45		7.74	
	040050	电焊条 综合	kg	7.95		9.35		11.00		13.75		17.19		21.49		25.79	
	090830	钢丝刷	把	11.25	0.62	15.00	0.83	18.75	1.03	23.44	1.29	29.30	1.61	36.63	2.02	43.96	2.42
	090742	无絮棉布	kg	11.25	1.50	15.00	2.00	18.75	2.50	23.44	3.13	29.30	3.90	36.63	4.89	43.96	5.86
	200010	其他材料费	%	5.00	10.00	5.00	10.00	5.00	10.00	5.00	10.00	5.00	10.00	5.00	10.00	5.00	10.00

续表

电算编号		项目	单位	自重（t）													
				≤30		≤40		≤50		≤60		≤80		≤100		>100	
				维修	养护	维修	养护	维修	养护	维修	养护	维修	养护	维修	养护	维修	养护
机械	170230	离心水泵 单级 功率 5～10 kW	台时	7.80	7.80	10.40	10.40	13.00	13.00	15.60	15.60	20.80	20.80	26.00	26.00	31.20	31.20
	180330	摇臂钻床 $\phi35$～ $\phi50$ mm	台时	4.68		6.24		7.80		9.36		12.48		15.60		18.72	
	150531	千斤顶 起重量 50 t	台时	39.00		52.00											
	150532	千斤顶 起重量 100 t	台时					65.00		78.00							
	150533	千斤顶 起重量 200 t	台时									104.00		130.00		156.00	
	150520	电动葫芦 起重量 5 t	台时	11.70		15.60		19.50		23.40		31.20		39.00		46.80	
	150570	卷扬机 起重量 5 t 单筒慢速	台时	15.60		20.80		26.00		31.20		41.60		52.00		62.40	
	180090	气割枪 ACM～2	台时	13.00		11.07		13.00		16.27		20.33		25.41		30.49	
	180050	交流电焊机 25～30 kVA	台时	13.15		15.47		18.20		22.75		28.44		35.55		42.66	
	160980	驳船 载重量 20 t	艘时	6.50		6.50		6.50		6.50		6.50		6.50		6.50	
	200020	其他机械费	%	5.00		5.00		5.00		5.00		5.00		5.00		5.00	
定额编号				6-43	6-44	6-45	6-46	6-47	6-48	6-49	6-50	6-51	6-52	6-53	6-54	6-55	6-56

6.4 铸铁闸门

维修工作内容：门叶清洗，局部防腐等；止水清洗、检查、更换；调试；现场清理。

养护工作内容：清污，局部除锈、防腐；整体清洁。

单位：扇

电算编号		项目	单位	面积（m²）							
				≤1.0		≤1.5		≤3.0		≤4.0	
				维修	养护	维修	养护	维修	养护	维修	养护
人工	010011	工长	工时	0.40		0.40		0.80		1.00	
	010012	高级工	工时	3.20		4.00		6.80		9.40	
	010013	中级工	工时	9.90	2.20	12.10	2.60	20.90	4.60	28.60	6.20
	010014	初级工	工时	4.50	0.50	5.50	0.70	9.50	1.10	13.00	1.60
	010010	合计	工时	18.00	2.70	22.00	3.30	38.00	5.70	52.00	7.80
材料	091310	清洗剂	kg	0.28	0.06	0.36	0.07	0.49	0.10	0.62	0.12
	060100	黄油	kg	0.21	0.04	0.29	0.06	0.36	0.07	0.48	0.10
	060010	油漆 综合	kg	0.58	0.12	0.87	0.17	1.75	0.35	2.33	0.47
	040050	电焊条 综合	kg	0.04		0.06		0.13		0.17	
	090830	钢丝刷	把	0.03	0.01	0.04	0.01	0.08	0.02	0.10	0.02
	090742	无絮棉布	kg	0.03	0.02	0.04	0.03	0.08	0.06	0.10	0.08
	200010	其他材料费	%	10.00	10.00	10.00	10.00	10.00	10.00	10.00	10.00
机械	170230	离心水泵 单级 功率 5～10 kW	台时	0.10	0.10	0.16	0.16	0.31	0.31	0.42	0.42
	180500	台钻 Z4016	台时	0.18		0.27		0.54		0.72	
	150530	千斤顶 起重量≤10 t	台时	0.18		0.27		0.54		0.72	
	150520	电动葫芦 起重量 5 t	台时	0.18		0.27		0.54		0.72	
	180050	交流电焊机 25～30 kVA	台时	0.07		0.11		0.21		0.28	
	200020	其他机械费	%	10.00		10.00		10.00		10.00	
定额编号				6-57	6-58	6-59	6-60	6-61	6-62	6-63	6-64

续表

电算编号		项目	单位	面积（m²）							
				≤6.0		≤9.0		≤13.0		>13.0	
				维修	养护	维修	养护	维修	养护	维修	养护
人工	010011	工长	工时	1.70		2.20		2.50		2.80	
	010012	高级工	工时	14.90		19.40		22.70		25.40	
	010013	中级工	工时	45.70	10.00	59.40	13.00	69.30	15.10	77.60	17.00
	010014	初级工	工时	20.70	2.50	27.00	3.20	31.50	3.80	35.20	4.20
	010010	合计	工时	83.00	12.50	108.00	16.20	126.00	18.90	141.00	21.20
材料	091310	清洗剂	kg	0.79	0.16	1.03	0.21	1.49	0.30	2.13	0.43
	060100	黄油	kg	0.60	0.12	0.77	0.15	1.05	0.21	1.60	0.32
	060010	油漆 综合	kg	3.49	0.70	5.24	1.05	7.56	1.51	9.31	1.86
	040050	电焊条 综合	kg	0.25		0.38		0.54		0.67	
	090830	钢丝刷	把	0.15	0.03	0.23	0.05	0.33	0.07	0.38	0.08
	090600	棉纱头	kg	0.15	0.12	0.23	0.18	0.33	0.26	0.38	0.30
	200010	其他材料费	%	10.00	10.00	10.00	10.00	10.00	10.00	10.00	10.00
机械	170230	离心水泵 单级 功率 5～10 kW	台时	0.62	0.62	0.94	0.94	1.35	1.35	1.87	1.87
	180500	台钻 Z4016	台时	1.08		1.08		1.57		1.93	
	150530	千斤顶 起重量≤10 t	台时	1.08		1.08		1.57		1.93	
	150520	电动葫芦 起重量 5 t	台时	1.08		1.08		1.57		1.93	
	180050	交流电焊机 25～30 kVA	台时	0.42		0.62		0.90		1.11	
	200020	其他机械费	%	10.00		10.00		10.00		10.00	
定额编号				6-65	6-66	6-67	6-68	6-69	6-70	6-71	6-72

6.5　检修门

工作内容：调运、装卸、水下清理、检修门安装及拆除、堵漏。

单位：孔·次

电算编号		项目	单位	检修门槽水下清理	插板式检修门安装及拆除	插板式检修门堵漏	叠梁式检修门安装及拆除	叠梁式检修门堵漏
人工	010011	工长	工时	0.66	0.64		0.86	
	010012	高级工	工时	5.97	5.73		7.72	
	010013	中级工	工时	18.23	17.52	9.00	23.60	12.00
	010014	初级工	工时	8.29	7.96	18.00	10.73	24.00
	010010	合计	工时	33.15	31.85	27.00	42.91	36.00
材料	020041	锯材	m^3		0.01	0.50	0.20	0.30
	030180	铁件、预埋铁件	kg		2.00		2.00	
	050100	棉胎	kg			50.00		80.00
机械	150570	卷扬机 起重量 5 t 单筒慢速	台时		1.95		1.95	
	150531	千斤顶 起重量 50 t	台时				5.00	
	161020	驳船 载重量 100 t	艘时		1.25		1.50	
	161261	固定扒杆起重船 起重量 100 t	艘时		2.25			
	180860	潜水组	组时	12.00	1.50	9.00		12.00
	170320	潜水泵 功率 7 kW	台时	10.00	0.20	19.45		40.00
其他	200030	其他费用	%	1.05	0.28	0.74	1.50	0.37
定额编号				6-73	6-74	6-75	6-76	6-77

6.6 拍门

6.6.1 铸铁拍门

维修工作内容：检查门体、转动构件，门闩拆装、门页起吊安装、门座拆除起吊、更换密封条、加油、安装、调试、补漆清扫等。

养护工作内容：检查、门体清洁、补漆、增加润滑油（脂）、清扫等。

单位：扇

电算编号		项目	单位	面积（m²）											
				≤0.3		≤1.0		≤2.0		≤3.0		≤4.0		>4.0	
				维修	养护	维修	养护	维修	养护	维修	养护	维修	养护	维修	养护
人工	010011	工长	工时	0.50		1.00		1.40		2.00		2.60		2.90	
	010012	高级工	工时	4.20		8.90		12.90		18.30		23.10		26.00	
	010013	中级工	工时	12.90		27.20		39.50		55.90		70.60		79.60	
	010014	初级工	工时	5.90	3.00	12.40	5.10	18.00	7.10	25.40	8.60	32.10	9.10	36.20	10.20
	010010	合计	工时	23.50	3.00	49.50	5.10	71.80	7.10	101.60	8.60	128.40	9.10	144.70	10.20
材料	030430	螺栓带帽	kg	3.09		13.70		41.62		41.62		41.62		41.62	
	060100	黄油	kg	0.31		0.50		0.72		0.75		1.25		1.70	
	030126	镀锌铁丝 22#	kg	1.65		2.52		3.63		4.43		4.81		5.24	
	020041	锯材	m³	0.01		0.01		0.02		0.02		0.03		0.03	
	090742	无絮棉布	kg	0.80	0.25	0.80	0.40	0.80	0.43	1.00	0.45	1.00	0.45	1.00	0.50
	091310	清洗剂	kg	0.13	0.13	0.25	0.25	0.21	0.21	0.21	0.21	0.23	0.23	0.25	0.25
	060090	机油	kg	0.64	0.19	0.80	0.25	0.64	0.21	0.80	0.21	0.80	0.23	0.80	0.25
	060030	防锈漆	kg	0.13	0.01	0.42	0.04	0.84	0.08	1.24	0.13	1.68	0.17	2.10	0.21
	060020	调和漆	kg	0.25	0.03	0.84	0.08	1.68	0.17	2.47	0.25	3.36	0.34	4.20	0.42
	030780	铁砂布	张	2.25	0.23	3.75	0.38	5.25	0.53	6.38	0.64	6.75	0.68	7.50	0.75
	200010	其他材料费	%	5.00	10.00	5.00	10.00	5.00	10.00	5.00	10.00	5.00	10.00	5.00	10.00
机械	150520	电动葫芦 起重量 5 t	台时	13.00		13.00		15.60		15.60		15.60		15.60	
	200020	其他机械费	%	2.00		2.00		2.00		2.00		2.00		2.00	
定额编号				6-78	6-79	6-80	6-81	6-82	6-83	6-84	6-85	6-86	6-87	6-88	6-89

6.6.2 钢拍门

维修工作内容： 检查门体、转动构件，门闩拆装、门页起吊安装、门座拆除起吊、更换密封条、加油、安装、调试、补漆清扫等。

养护工作内容： 检查、门体清洁、补漆、增加润滑油（脂）、清扫等。

单位：扇

电算编号		项目	单位	面积（m²）											
				≤0.3		≤1.0		≤2.0		≤3.0		≤4.0		>4.0	
				维修	养护	维修	养护	维修	养护	维修	养护	维修	养护	维修	养护
人工	010011	工长	工时	0.80		1.40		1.80		2.50		3.00		3.40	
	010012	高级工	工时	7.10		12.20		16.60		22.40		27.40		30.90	
	010013	中级工	工时	21.70		37.20		50.70		68.40		83.80		94.30	
	010014	初级工	工时	9.80	4.40	16.90	7.30	23.00	10.20	31.10	12.40	38.10	13.20	42.90	14.60
	010010	合计	工时	39.40	4.40	67.70	7.30	92.10	10.20	124.40	12.40	152.30	13.20	171.50	14.60
材料	030430	螺栓带帽	kg	3.09		13.70		41.62		41.62		41.62		41.62	
	030020	钢板 δ3～δ30 mm	kg	2.70		6.00		7.50		11.25		11.70		21.00	
	060100	黄油	kg	0.31		0.50		0.72		0.75		1.25		1.70	
	030126	镀锌铁丝 22#	kg	1.65		2.52		3.63		4.22		4.81		5.24	
	020041	锯材	m³	0.01		0.01		0.02		0.20		0.03		0.03	
	040100	乙炔气	m³	1.68		3.03		4.54		4.94		5.89		10.39	
	040090	氧气	m³	4.19		7.59		11.34		15.96		14.77		25.97	
	090830	钢丝刷	把	0.10		0.15		0.30		0.45		0.60		0.75	
	090742	无絮棉布	kg	0.85	0.15	1.15	0.40	1.10	0.35	1.25	0.43	1.40	0.45	1.55	0.50
	091310	清洗剂	kg	0.15	0.15	0.25	0.25	0.35	0.35	0.43	0.43	0.45	0.45	0.50	0.50
	060090	机油	kg	0.64	0.12	0.64	0.21	0.64	0.29	0.80	0.35	0.80	0.37	0.80	0.41
	060040	环氧富锌漆	kg	0.12	0.01	0.41	0.04	0.82	0.08	1.24	0.12	1.65	0.16	1.94	0.21
	060020	调和漆	kg	0.25	0.02	0.82	0.08	1.65	0.16	2.47	0.25	3.30	0.33	3.88	0.41
	030780	铁砂布	张	3.00	0.30	5.00	0.50	7.00	0.70	8.50	0.85	9.00	0.90	10.00	1.00
	200010	其他材料费	%	5.00	10.00	5.00	10.00	5.00	10.00	5.00	10.00	5.00	10.00	5.00	10.00

续表

电算编号		项目	单位	面积（m²）											
				≤0.3		≤1.0		≤2.0		≤3.0		≤4.0		>4.0	
				维修	养护	维修	养护	维修	养护	维修	养护	维修	养护	维修	养护
机械	150520	电动葫芦 起重量 5 t	台时	13.00		13.00		15.60		15.60		15.60		15.60	
	200020	其他机械费	%	2.00		2.00		2.00		2.00		2.00		2.00	
定额编号				6-90	6-91	6-92	6-93	6-94	6-95	6-96	6-97	6-98	6-99	6-100	6-101

6.6.3 浮箱式钢拍门

维修工作内容：检查门体、转动构件，门闩折装、门页起吊安装、门座拆除起吊、更换密封条、加油、安装、调试、补漆清扫等。

养护工作内容：检查、门体清洁、补漆、增加润滑油（脂）、清扫等。

单位：扇

电算编号		项目	单位	浮箱式钢拍门（面积≤1.0 m²）	
				维修	养护
人工	010011	工长	工时	2.00	
	010012	高级工	工时	18.20	
	010013	中级工	工时	55.60	
	010014	初级工	工时	25.30	13.20
	010010	合计	工时	101.10	13.20
材料	030430	螺栓带帽	kg	15.44	
	060100	黄油	kg	1.70	
	030126	镀锌铁丝 22#	kg	5.24	
	020041	锯材	m³	0.03	
	040100	乙炔气	m³	0.49	
	040090	氧气	m³	1.24	
	090830	钢丝刷	把	0.60	
	090742	无絮棉布	kg	4.40	0.45
	091310	清洗剂	kg	0.45	0.45
	060090	机油	kg	0.64	0.12
	060040	环氧富锌漆	kg	0.62	0.06
	060020	调和漆	kg	1.24	0.12
	030780	铁砂布	张	8.00	0.80
	200010	其他材料费	%	5.00	10.00
机械	150520	电动葫芦 起重量 5 t	台时	13.00	
	200020	其他机械费	%	2.00	
定额编号				6-102	6-103

6.7 止水更换

工作内容：原止水拆除、局部清理，新止水橡皮放样、裁剪、打孔、安装。

单位：10延米

电算编号		项目	单位	止水装置更换
人工	010011	工长	工时	1.40
	010012	高级工	工时	12.60
	010013	中级工	工时	38.50
	010014	初级工	工时	17.50
	010010	合计	工时	70.00
材料	040100	乙炔气	m^3	7.19
	040090	氧气	m^3	18.04
	030240	型钢 综合	kg	5.04
	200010	其他材料费	%	10.00
机械	180420	电钻 ϕ20 mm 功率 1.5 kW	台时	22.75
	180090	气割枪 ACM～2	台时	15.82
	200020	其他机械费	%	10.00
定额编号				6-104

6.8 滚轮更换

工作内容：闸门主侧滚轮拆除、更换。

单位：只

电算编号		项目	单位	滚轮直径（mm以下）				
				ϕ200	ϕ300	ϕ400	ϕ600	ϕ800
人工	010011	工长	工时	0.96	1.37	1.78	2.60	3.42
	010012	高级工	工时	8.62	12.32	16.01	23.40	30.79
	010013	中级工	工时	26.34	37.63	48.92	71.49	94.07
	010014	初级工	工时	11.97	17.10	22.23	32.49	42.76
	010010	合计	工时	47.89	68.42	88.94	129.98	171.04
材料	020041	锯材	m^3	0.01	0.01	0.01	0.01	0.01
	030180	铁件、预埋铁件	kg	2.50	2.50	2.50	2.50	2.50
	030240	型钢 综合	kg	7.50	7.50	7.50	7.50	7.50
	040050	电焊条 综合	kg	1.25	1.25	1.25	1.25	1.25
	040090	氧气	m^3	1.75	1.75	1.75	1.75	1.75
	040100	乙炔气	m^3	0.63	0.63	0.63	0.63	0.63

续表

电算编号		项目	单位	滚轮直径（mm 以下）				
				ϕ200	ϕ300	ϕ400	ϕ600	ϕ800
机械	150500	电动葫芦 起重量 2 t	台时	1.75	2.50	3.25	4.75	6.25
	180060	交流电焊机 50 kVA	台时	1.08	1.54	2.00	2.92	3.84
	180080	气焊设备 容量 0.8 m³	台时	1.75	2.50	3.25	4.75	6.25
其他	200030	其他费用	%	0.29	0.29	0.29	0.29	0.29
定额编号				6-105	6-106	6-107	6-108	6-109

6.9 清污设备

6.9.1 清污机

维修工作内容：传动系统：减速器、联轴器解体、清洗，检查、修理、更换部件、组装；机体部分的滚筒及齿轮拆卸解体、清洗，检查、修理、更换部件、组装；电气系统：电磁刹车等解体，检查电机定转子绝缘、轴承等，测量、修理、更换 配件；检查结构系统中相关部件（机座、轴承、防护罩、销轴等），整形、调修；拆卸靠轮、齿耙等相关部件，检查、修理、更换部件、组装；清污，局部除锈、防腐；整机组装、调试；现场清理。

养护工作内容：检查、紧固各紧固件；清污，局部除锈、防腐；整体清洁。

6.9.1.1 抓斗式

单位：台

电算编号		项目	单位	栅体宽度							
				≤2.0 m		≤2.5 m		≤3.0 m		≤4.0 m	
				维修	养护	维修	养护	维修	养护	维修	养护
人工	010011	工长	工时	7.60		8.20		8.80		9.68	
	010012	高级工	工时	68.00		73.80		79.40		87.34	
	010013	中级工	工时	207.90	7.60	225.50	8.20	242.60	8.90	266.86	9.79
	010014	初级工	工时	94.50	1.90	102.50	2.00	110.20	2.20	121.22	2.42
	010010	合计	工时	378.00	9.50	410.00	10.20	441.00	11.10	485.10	12.21
材料	091310	清洗剂	kg	7.21	0.18	11.32	0.28	15.45	0.39	21.09	0.53
	060100	黄油	kg	3.08	0.08	5.13	0.13	8.20	0.21	13.11	0.34
	060090	机油	kg	15.42	0.39	15.42	0.39	15.42	0.39	15.42	0.39
	060040	环氧富锌漆	kg	15.38	0.38	16.40	0.41	18.45	0.46	20.76	0.52
	060020	调和漆	kg	30.75	0.77	32.80	0.82	36.90	0.92	41.51	1.04
	030271	不锈钢板	kg	10.40		12.48		15.60		19.50	
	040090	氧气	m³	2.10		3.15		5.25		8.75	
	040100	乙炔气	m³	0.69		1.05		1.74		2.88	
	040081	不锈钢焊条	kg	10.25		15.38		18.45		22.13	
	040050	电焊条 综合	kg	3.78		4.00		4.20		4.41	
	090660	砂轮片 ϕ100 mm	片	10.10		11.11		12.12		13.22	
	090830	钢丝刷	把	1.50	0.04	1.88	0.05	2.25	0.06	2.69	0.07
	090742	无絮棉布	kg	1.50	0.20	1.88	0.25	2.25	0.30	2.69	0.36
	200010	其他材料费	%	5.00	10.00	5.00	10.00	5.00	10.00	5.00	10.00

续表

电算编号		项目	单位	栅体宽度							
				≤2.0 m		≤2.5 m		≤3.0 m		≤4.0 m	
				维修	养护	维修	养护	维修	养护	维修	养护
机械	150280	柴油型汽车起重机 起重量 16 t	台时	6.50		6.50		6.50		6.50	
	150530	千斤顶 起重量≤10 t	台时	6.50		6.50		6.50		6.50	
	150520	电动葫芦 起重量 5 t	台时	6.50		6.50		6.50		6.50	
	180270	普通车床 ϕ250～ϕ400 mm	台时	8.29		8.29		8.29		8.29	
	180330	摇臂钻床 ϕ35～ϕ50 mm	台时	8.29		8.29		8.29		8.29	
	180191	剪板机 10×2500 mm	台时	9.75		9.75		9.75		9.75	
	180050	交流电焊机 25～30 kVA	台时	11.70		12.35		13.00		13.68	
	140030	汽油型载重汽车 额定载质量 4 t	台时	6.50		6.50		6.50		6.50	
	200020	其他机械费	%	5.00		5.00		5.00		5.00	
定额编号				6-110	6-111	6-112	6-113	6-114	6-115	6-116	6-117

6.9.1.2 回转式

单位：台

电算编号		项目	单位	栅体宽度											
				≤1.5 m		≤2.0 m		≤2.5 m		≤3.0 m		≤4.0 m		≤6.0 m	
				维修	养护	维修	养护	维修	养护	维修	养护	维修	养护	维修	养护
人工	010011	工长	工时	4.00		4.10		4.20		4.30		4.40		4.62	
	010012	高级工	工时	35.60		36.70		37.80		38.70		39.80		41.79	
	010013	中级工	工时	108.90	4.00	112.20	4.10	115.50	4.20	118.30	4.30	121.60	4.50	127.68	4.73
	010014	初级工	工时	49.50	1.00	51.00	1.00	52.50	1.10	53.70	1.10	55.50	1.10	58.28	1.16
	010010	合计	工时	198.00	5.00	204.00	5.10	210.00	5.30	215.00	5.40	221.30	5.60	232.37	5.88
材料	091310	清洗剂	kg	4.13	0.10	6.20	0.15	11.35	0.28	14.44	0.36	17.55	0.44	21.33	0.53
	060100	黄油	kg	2.05	0.05	3.08	0.08	5.13	0.13	6.15	0.15	8.20	0.21	10.93	0.28
	060090	机油	kg	10.40	0.26	10.40	0.26	10.40	0.26	10.40	0.26	10.40	0.26	10.40	0.26
	060040	环氧富锌漆	kg	5.13	0.13	6.15	0.15	7.18	0.18	9.23	0.23	10.25	0.26	11.38	0.29
	060020	调和漆	kg	10.25	0.26	12.30	0.31	14.35	0.36	18.45	0.46	20.50	0.51	22.78	0.57
	040090	氧气	m^3	1.05		1.58		2.10		2.63		3.15		3.77	
	040100	乙炔气	m^3	0.35		0.53		0.70		0.87		1.05		1.27	
	040050	电焊条 综合	kg	1.89		2.10		2.31		2.73		3.15		3.63	
	090660	砂轮片 ϕ100 mm	片	2.02		3.03		4.04		5.05		8.08		12.93	
	090830	钢丝刷	把	1.20	0.03	1.60	0.04	2.00	0.05	2.40	0.06	2.80	0.07	3.27	0.08
	090742	无絮棉布	kg	1.20	0.16	1.60	0.22	2.00	0.26	2.40	0.32	2.80	0.38	3.27	0.44
	200010	其他材料费	%	5.00	10.00	5.00	10.00	5.00	10.00	5.00	10.00	5.00	10.00	5.00	10.00

续表

电算编号		项目	单位	栅体宽度											
				≤1.5 m		≤2.0 m		≤2.5 m		≤3.0 m		≤4.0 m		≤6.0 m	
				维修	养护	维修	养护	维修	养护	维修	养护	维修	养护	维修	养护
机械	150280	柴油型汽车起重机 起重量 16 t	台时	6.50		6.50		6.50		6.50		6.50		6.50	
	150530	千斤顶 起重量≤10 t	台时	6.50		6.50		6.50		6.50		6.50		6.50	
	150520	电动葫芦 起重量 5 t	台时	6.50		6.50		6.50		6.50		6.50		6.50	
	180270	普通车床 ϕ250～ϕ400 mm	台时	5.53		5.53		5.53		5.53		5.53		5.53	
	180330	摇臂钻床 ϕ35～ϕ50 mm	台时	5.53		5.53		5.53		5.53		5.53		5.53	
	180191	剪板机 10×2500 mm	台时	3.58		3.58		3.58		3.58		3.58		3.58	
	180050	交流电焊机 25～30 kVA	台时	5.85		6.50		7.15		8.45		9.75		11.25	
	140030	汽油型载重汽车 额定载质量 4 t	台时	9.75		9.75		9.75		9.75		9.75		9.75	
	200020	其他机械费	%	5.00		5.00		5.00		5.00		5.00		5.00	
定额编号				6-118	6-119	6-120	6-121	6-122	6-123	6-124	6-125	6-126	6-127	6-128	6-129

6.9.2 拦污栅

工作内容：拦污栅检查、清理、校正，少量部件补焊，清洁，局部除锈、防腐等。

单位：10 m^2

电算编号		项目	单位	拦污栅
人工	010011	工长	工时	1.33
	010012	高级工	工时	6.66
	010013	中级工	工时	11.99
	010014	初级工	工时	6.66
	010010	合计	工时	26.64
材料	030020	钢板 δ3～δ30 mm	kg	7.95
	040050	电焊条 综合	kg	1.18
	060030	防锈漆	kg	1.55
	060010	油漆 综合	kg	1.69
	091230	毛巾	条	2.95
	091300	洗衣粉	kg	0.59
	091220	手套	副	4.80
	090830	钢丝刷	把	0.43
	090840	漆刷	把	1.42
	090700	砂纸	张	4.20
	040090	氧气	m^3	0.82
	040100	乙炔气	m^3	0.41
	200010	其他材料费	%	5.00
机械	180280	普通车床 ϕ400～ϕ600 mm	台时	3.20
	180040	直流电焊机 功率 30 kW	台时	1.00
	180810	电焊条烘箱 60×50×75 cm^3	台时	0.35
	150280	柴油型汽车起重机 起重量 16 t	台时	1.80
	140110	汽油型自卸汽车 额定载质量 3.5 t	台时	0.11
	160960	驳船 载重量 5 t	艘时	0.33
	180860	潜水组	组时	0.44
	200020	其他机械费	%	5.00
定额编号				6-130

6.9.3 输送机

维修工作内容：电机定转子、绕组及轴承等检查、测量、修理、更换。齿轮箱检查维护；绞滚、皮带等检查维护；机架加固、修整；更换损坏部件；清污，局部除锈、防腐；调试；整体清洁。

养护工作内容：检查、紧固各紧固件；清污，局部除锈、防腐；整体清洁。

单位：套

电算编号		项目	单位	输送机	
				维修	养护
人工	010011	工长	工时	24.38	
	010012	高级工	工时	121.88	
	010013	中级工	工时	219.38	8.78
	010014	初级工	工时	121.88	2.44
	010010	合计	工时	487.52	11.22
材料	060090	机油	kg	5.00	1.25
	060101	润滑脂	kg	2.50	0.63
	060010	油漆 综合	kg	20.00	5.00
	090840	漆刷	把	10.00	2.50
	090830	钢丝刷	把	10.00	2.50
	091310	清洗剂	kg	5.00	1.25
	091230	毛巾	条	20.00	5.00
	040050	电焊条 综合	kg	2.00	
	200010	其他材料费	%	5.00	10.00
机械	150520	电动葫芦 起重量 5 t	台时	10.00	
	180040	直流电焊机 功率 30 kW	台时	2.50	
	200020	其他机械费	%	5.00	
定额编号				6-131	6-132

6.10 金属结构防腐

6.10.1 金属结构油漆

工作内容：场地布置、冲洗清污、除锈、去毛刺、刷底漆、刷面漆、清场。

单位：10 m^2

电算编号		项目	单位	实腹梁门体	桁架梁门体	小型金属结构
人工	010011	工长	工时	0.83	0.83	0.62
	010012	高级工	工时	2.90	2.90	2.69
	010013	中级工	工时	7.25	7.25	6.83
	010014	初级工	工时	5.02	5.23	3.31
	010010	合计	工时	16.00	16.21	13.45
材料	060030	防锈漆	kg	4.50	4.86	5.22
	060020	调和漆	kg	3.60	3.96	4.32
	091310	清洗剂	kg	0.54	0.54	0.90
	090820	松节刷	把	1.62	1.76	1.89
	090830	钢丝刷	把	0.36	0.36	0.72
	090840	漆刷	把	0.54	0.54	0.90
	090700	砂纸	张	5.40	5.40	10.80
	090742	无絮棉布	kg	0.05	0.05	0.11
机械	170230	离心水泵 单级 功率 5～10 kW	台时	1.50	1.50	
其他	200030	其他费用	%	13.40	17.00	3.50
定额编号				6-133	6-134	6-135

6.10.2 金属结构喷锌（铝）

工作内容：场地布置、喷砂除锈、清砂、喷锌（铝）、测厚、检查、刷面漆、清场。

单位：10 m^2

电算编号		项目	单位	实腹梁门体	桁架梁门体
人工	010011	工长	工时	4.26	4.54
	010012	高级工	工时	17.04	18.18
	010013	中级工	工时	42.61	45.45
	010014	初级工	工时	21.30	22.66
	010010	合计	工时	85.2	90.8
材料	030203	锌（铝）丝	kg	12.64	12.96
	040090	氧气	m^3	6.99	7.60
	040100	乙炔气	m^3	3.04	3.31
	080530	石英砂 1.5 t/m^3	m^3	0.57	0.60
	060040	环氧富锌漆	kg	4.00	4.20
	200010	其他材料费	%	8.00	8.79

续表

电算编号		项目	单位	实腹梁门体	桁架梁门体
机械	170040	空压机 电动 移动式 9 m^3/min	台时	3.31	3.62
	180430	除锈喷砂机 3 m^3/min	台时	2.37	2.59
	200020	其他机械费	%	9.31	7.97
定额编号				6-136	6-137

7 其他设备设施

说 明

本章包括消防系统，观测设施，拦河设施，标志牌，界桩及里程桩 5 节。

7.1　消防系统

工作内容：消防泵清理，密封、轴、轴承等检查，修理、更换损坏部件；电机清理，定转子、绕组及轴承检查、测量、修理、更换；消防桶、消防锹、消防斧头等设施检查、更换；消防栓、消防箱内设备检查、更换；灭火器送检、更换。

单位：系统

电算编号		项目	单位	消防系统
人工	010011	工长	工时	12.87
	010012	高级工	工时	16.45
	010013	中级工	工时	24.31
	010014	初级工	工时	17.88
	010010	合计	工时	71.51
材料	060010	油漆　综合	kg	3.00
	090840	漆刷	把	2.00
	090830	钢丝刷	把	2.00
	091230	毛巾	条	10.00
	091300	洗衣粉	kg	1.00
	200010	其他材料费	%	0.50
定额编号				7-1

7.2　观测设施

工作内容：垂直位移标点（含工作基点）、测压管、断面桩等观测标点检查维护；搪瓷水尺安装：搬运、悬挂吊梯、焊螺钉、木垫板制作、安装、钉水尺；铸铁水尺安装：搬运、悬挂吊梯、割垫板、焊垫板、螺帽及帽筋，起吊水尺就位、安装。

电算编号		项目	单位	垂直位移标点	测压管	断面桩	搪瓷水尺安装	铸铁水尺安装
				10个	10个	10个	10m	10m
人工	010011	工长	工时	0.23	0.59	1.17	2.46	9.59
	010012	高级工	工时	0.3	0.75	1.5	3.14	12.26
	010013	中级工	工时	0.44	1.11	2.21	4.64	18.12
	010014	初级工	工时	0.33	0.81	1.63	3.41	13.33
	010010	合计	工时	1.30	3.26	6.51	13.65	53.30
材料	010030	水泥 42.5级	t			0.01		
	010050	黄砂	t			0.02		
	010060	碎石	t			0.04		
	090010	水	m^3		2.00	0.01		
	030553	螺纹管盖	只		1.00			
	030010	钢筋	kg			4.00		
	020041	锯材	m^3				0.04	0.02
	030240	型钢 综合	kg					20.00
	030180	铁件、预埋铁件	kg				3.90	
	040050	电焊条 综合	kg					3.00
	060120	煤油	kg				0.08	
	050040	水柏油	kg				0.71	
	060010	油漆 综合	kg					0.07
	200010	其他材料费	%		5.00	5.00		
机械	140350	胶轮车	台时			0.50		
	170230	离心水泵 单级 功率 5～10 kW	台时		1.25			
	150500	电动葫芦 起重量2 t	台时					2.50
	180050	交流电焊机 25～30 kVA	台时					8.00
其他	200030	其他费用	%	10.00	10.00	5.00		5.50
定额编号				7-2	7-3	7-4	7-5	7-6

7.3 拦河设施

工作内容： 拦船浮筒检查维护、局部补漆、扣件紧固等。

单位：100 m

电算编号		项目	单位	拦河设施
人工	010011	工长	工时	
	010012	高级工	工时	7.80
	010013	中级工	工时	31.20
	010014	初级工	工时	
	010010	合计	工时	39.00
材料	091320	救生衣	件	0.50
	030780	铁砂布	张	4.00
	060010	油漆 综合	kg	2.00
	060030	防锈漆	kg	1.00
	090840	漆刷	把	1.00
	200010	其他材料费	%	5.00
机械	160960	驳船 载重量 5 t	台时	8.00
	140350	胶轮车	台时	0.50
	200020	其他机械费	%	5.00
定额编号				7-7

注： 钢丝绳参考起重设备钢丝绳定额。

7.4 标志牌

工作内容： 标志牌清理、局部油漆和紧固。

单位：10 m²

电算编号		项目	单位	混凝土	钢结构
人工	010011	工长	工时	3.51	3.51
	010012	高级工	工时	4.49	4.49
	010013	中级工	工时	6.63	6.63
	010014	初级工	工时	4.88	4.88
	010010	合计	工时	19.51	19.51
材料	010060	碎石	t	0.12	
	010030	水泥 42.5 级	t	0.04	
	010050	黄砂	t	0.08	
	090010	水	m³	0.10	0.05
	030010	钢筋	kg	5.00	
	030020	钢板 δ3～δ30 mm	kg		5.00
	060030	防锈漆	kg		1.50
	060010	油漆 综合	kg	1.50	1.50
	090840	漆刷	把	2.00	4.00
	200010	其他材料费	%	5.00	5.00

续表

电算编号		项目	单位	混凝土	钢结构
机械	140350	胶轮车	台时	10.00	12.50
其他	200030	其他费用	%	5.00	5.00
定额编号				7-8	7-9

7.5 界桩、里程桩

工作内容：界桩、里程桩桩身及标识出新、埋实。

单位：10 根

电算编号		项目	单位	界桩、里程桩
人工	010011	工长	工时	2.34
	010012	高级工	工时	
	010013	中级工	工时	7.02
	010014	初级工	工时	2.34
	010010	合计	工时	11.70
材料	010060	碎石	t	0.20
	010030	水泥 42.5 级	t	0.05
	010050	黄砂	t	0.10
	090010	水	m^3	0.05
	060010	油漆 综合	kg	1.50
	091131	涂料 综合	kg	2.00
	090840	漆刷	把	4.00
	200010	其他材料费	%	5.00
其他	200030	其他费用	%	5.00
定额编号				7-10

8　电气调整试验

说　明

一、本章包括电机，变压器，电抗器及消弧线圈，互感器，断路器，GIS 组合开关，隔离开关、负荷开关，开关柜，套管，绝缘子，避雷器，电容器，母线，电缆，接地，保护装置，励磁系统，电源设备，柴油发电机组，油、气试验，表计校验，红外热像检测，安全工器具 23 节。

二、本章定额中考虑的工作内容，除另有说明外，均包括进场及开工前的准备，调试现场的布置，工作票、措施票的开具，完工后的清理及恢复，调试完成后的配合验收、资料归档等。

三、本章定额主要指设备的现场检修试验，不包括设备的返厂检修试验。

四、本章定额未包括装置和设备修复或更换后的重复试验。

五、定额使用及调整：

1. 本章定额按照设备大修后的试验项目编制。

2. 电力变压器仅进行预防性或例行试验时，定额乘以系数 0.5；单相变压器试验，按同电压等级相应定额子目乘以系数 0.6。

3. 电抗器及消弧线圈仅进行预防性或例行试验时，定额乘以系数 0.6。

4. 互感器仅进行预防性或例行试验时，定额乘以系数 0.6。

5. 断路器仅进行预防性或例行试验时，定额乘以系数 0.6。

6. 隔离开关、负荷开关仅进行预防性或例行试验时，定额乘以系数 0.5。

7. 套管仅进行预防性或例行试验时，定额乘以系数 0.5。

8. 绝缘子仅进行预防性或例行试验时，定额乘以系数 0.4；绝缘子单独进行零值测试时，定额乘以系 0.6。

9. 避雷器仅进行预防性或例行试验时，定额乘以系数 0.6；只检修一相时，定额乘以系数 0.4。

10. 电容器仅进行预防性或例行试验时，定额乘以系数 0.4。

11. 35 kV 以下母线试验只适用于母线大修后的特殊情况。

12. 接地装置仅进行预防性或例行试验时，定额乘以系数 0.6；进行接地网腐蚀性检测时，定额乘以系数 0.4。

13. 保护及自动装置部分检验时，定额乘以系数 0.6。

14. 变压器由三台单相变压器组成时，变压器间隔微机保护定额乘以系数 1.1。

15. 保护测控一体化装置进行检验时，按照相应电压等级保护装置调试定额乘以系数 1.6。

16. 双母线接线方式的微机母线保护按相应定额乘以系数 1.2。

17. 对于非微机型的保护装置，按微机型同类设备定额乘以系数 1.5。

18. 旁路间隔保护执行相同电压等级线路间隔保护定额。

8.1 电机

工作内容：电机绕组绝缘电阻和吸收比、绕组直流电阻、定子绕组泄漏电流和直流耐压、定子绕组交流耐压、绕线式电动机转子绕组交流耐压、同步电动机转子绕组交流耐压、可变电阻器或起动电阻器直流电阻、可变电阻器与同步电动机灭磁电阻器交流耐压、同步电动机及其励磁机轴承绝缘电阻、转子金属绑线交流耐压。

单位：台套

电算编号		项目	单位	低压电机（kW 以下）		高压电机（kW 以下）		
				100	500	1500	3000	10000
人工	010011	工长	工时	2.24	4.32	6.40	9.60	11.20
	010012	高级工	工时	5.60	10.80	16.00	24.00	28.00
	010013	中级工	工时	3.36	6.48	9.60	14.40	16.80
	010014	初级工	工时					
	010010	合计	工时	11.20	21.60	32.00	48.00	56.00
机械	190160	直流电阻测试仪	台时		0.50	1.00	1.50	1.75
	190500	交流耐压试验装置（设备耐压用 35 kV）	台时			2.00	3.00	3.50
	190650	数字万用表（数字式）	台时	0.50	1.00	1.00	1.50	1.75
	190580	绝缘电阻测试仪 BM12	台时	0.50	1.00	1.00	1.50	1.75
	190170	直流高压发生器 ZGF-200	台时			1.50	2.25	2.63
	190630	数字高压表 GYB-Ⅱ	台时			0.50	0.75	0.88
其他	200030	其他费用	%	5.00	5.00	5.00	5.00	5.00
定额编号				8-1	8-2	8-3	8-4	8-5

8.2 变压器

8.2.1 变压器

工作内容：1. 铁芯及夹件绝缘电阻。2. 绕组直流电阻。3. 绕组连同套管的绝缘电阻吸收比或极化指数。4. 绕组连同套管的 tan δ 。5. 电容型套管的 tan δ 和电容值。6. 穿心螺栓铁轭夹件、绑扎钢带、铁芯、绕组压环及屏蔽等的绝缘电阻。7. 绕组泄漏电流测试。8. 全电压下空载合闸试验。9. 有载分接开关的试验和检查。10. 冷却装置及其二次回路试验。11. 整体密封检查。12. 套管中的电流互感器试验。13. 绝缘纸(板)聚合度。14. 绝缘纸(板)含水量。15. 变压器短路阻抗测试。16. 整体密封性检查。

单位：台（三相）

电算编号		项目	单位	三相干式	三相油浸式		
				35 kV 以下	10 kV	35 kV	110 kV
人工	010011	工长	工时	5.81	8.43	36.76	51.52
	010012	高级工	工时	14.53	21.08	91.90	128.81
	010013	中级工	工时	8.72	12.65	55.14	77.28
	010014	初级工	工时				
	010010	合计	工时	29.06	42.16	183.80	257.61

续表

电算编号		项目	单位	三相干式	三相油浸式		
				35 kV 以下	10 kV	35 kV	110 kV
材料	080054	铜带 200 mm×0.2 mm	m	0.40	0.40	1.35	1.68
	080081	铜芯聚氯乙烯绝缘电线 500VBV-8	m	5.54	5.54	17.12	20.67
	090619	塑料带防辐照聚乙烯 20 mm×40 m	卷	0.69	0.69	2.75	2.72
	060270	丙酮	kg	0.40	0.40	1.31	1.36
	091290	取样瓶（袋）	只		2.77	8.32	8.32
	090742	无絮棉布	kg	0.69	0.69	2.08	2.04
	200010	其他材料费	%	2.00	2.00	2.00	2.00
机械	150250	柴油型汽车起重机 起重量 8 t	台时			3.59	7.28
	140060	柴油型载重汽车 额定载质量 8 t	台时	3.60	3.59	7.28	7.28
	180820	高空作业车 20 m 以内	台时			13.75	18.20
	180850	电力工程车	台时	1.60	1.99	3.18	7.95
	190290	变压器绝缘电阻测试仪	台时	7.29	7.28	20.59	20.56
	190160	直流电阻测试仪	台时	1.60	7.28	14.42	14.52
	190560	介质损耗测试仪	台时	7.29	7.28	14.42	14.52
	190270	TA 伏安特性、变比测试仪	台时	2.79	7.28	14.42	14.52
	190280	变比测试仪	台时	2.79	3.59	7.28	7.28
	190710	主变压器分接开关测试仪	台时			3.59	7.28
	190060	短路阻抗仪	台时	1.20	1.19	2.39	2.39
	190470	继电保护试验装置	台时		2.72	5.44	6.80
	190650	数字万用表（数字式）	台时	27.29	27.22	54.45	67.96
	190780	便携式维护终端	台时		7.28	7.28	14.53
定额编号				8-6	8-7	8-8	8-9

8.2.2 变压器绕组连同套管的交流耐压试验

工作内容：变压器绕组连同套管的交流耐压试验。

单位：台（三相）

电算编号		项目	单位	变压器绕组连同套管的交流耐压试验	
				10 kV	35 kV
人工	010011	工长	工时	3.87	10.33
	010012	高级工	工时	9.68	25.82
	010013	中级工	工时	5.81	15.49
	010014	初级工	工时		
	010010	合计	工时	19.36	51.64

续表

电算编号		项目	单位	变压器绕组连同套管的交流耐压试验	
				10 kV	35 kV
材料	080084	铜芯聚氯乙烯绝缘电线 25	m	3.00	5.00
	080184	铜接线端子 DT-35mm²	个	2.00	2.00
	090621	相色带 综合	卷	0.50	0.80
	090631	聚氯乙烯橡胶粘带 40 mm×50 m	卷	0.50	0.80
	060270	丙酮	kg	0.50	0.80
	200010	其他材料费	%	2.00	2.00
机械	140070	柴油型载重汽车 额定载质量 10 t	台时	1.42	9.60
	180850	电力工程车	台时	3.56	9.60
	190139	5 毫安绝缘电阻表（数字式）	台时	1.42	9.60
	190500	交流耐压试验装置（设备耐压用 35 kV）	台时	3.56	9.60
定额编号				8-10	8-11

8.3　电抗器及消弧线圈

8.3.1　干式电抗器及消弧线圈

工作内容：1. 阻抗测量。2. 绕组直流电阻。3. 交流耐压试验。

单位：台

电算编号		项目	单位	干式电抗器及消弧线圈	
				10 kV 以下	35 kV
人工	010011	工长	工时	3.01	4.51
	010012	高级工	工时	7.52	11.28
	010013	中级工	工时	4.51	6.77
	010014	初级工	工时		
	010010	合计	工时	15.04	22.56
材料	080081	铜芯聚氯乙烯绝缘电线 500VBV-8	m	0.10	0.10
	090619	塑料带防辐照聚乙烯 20 mm×40 m	卷	0.40	0.40
	200010	其他材料费	%	2.00	2.00
机械	180850	电力工程车	台时	0.80	0.80
	190290	变压器绝缘电阻测试仪	台时	3.05	3.05
	190500	交流耐压试验装置（设备耐压用 35 kV）	台时	5.14	5.93
	190650	数字万用表（数字式）	台时	18.15	30.25
定额编号				8-12	8-13

8.3.2 油浸式电抗器及消弧线圈

工作内容： 1. 阻抗测量。2. 绕组直流电阻。3. 绕组连同套筒的绝缘电阻吸收比或极化指数。4. 绕组连同套筒的 tan δ。5. 电容型套筒的 tan δ 和电容值。6. 铁芯及夹件绝缘电阻。7. 穿心螺栓铁轭夹件、绑扎钢带、铁芯、绕组压环及屏蔽等的绝缘电阻。8. 冷却装置及其二次回路检查试验。9. 整体密封检查。

单位：台

电算编号		项目	单位	油浸式电抗器		
				10 kV 以下	35 kV	110 kV
人工	010011	工长	工时	2.71	3.31	6.77
	010012	高级工	工时	6.77	8.27	16.92
	010013	中级工	工时	4.06	4.96	10.15
	010014	初级工	工时			
	010010	合计	工时	13.54	16.54	33.84
材料	080054	铜带 200 mm×0.2 mm	m	0.24	0.28	0.32
	080081	铜芯聚氯乙烯绝缘电线 500VBV-8	m	8.00	10.40	12.00
	090619	塑料带防辐照聚乙烯 20 mm×40 m	卷	0.40	0.64	0.80
	060270	丙酮	kg	0.40	0.40	0.40
	091290	取样瓶（袋）	只	0.80	1.20	1.60
	090742	无絮棉布	kg	0.80	1.04	1.20
	200010	其他材料费	%	2.00	2.00	2.00
机械	140060	柴油型载重汽车 额定载质量 8 t	台时	0.80	0.80	0.80
	180820	高空作业车 20 m 以内	台时		0.80	0.80
	180850	电力工程车	台时	1.59	1.59	1.59
	190290	变压器绝缘电阻测试仪	台时	0.80	1.59	1.59
	190160	直流电阻测试仪	台时	0.80	1.59	1.59
	190560	介质损耗测试仪	台时	0.80	0.80	0.80
	190150	油耐压试验仪	台时	0.80	0.80	0.80
	190180	直流高压发生器（6 万 V～12 万 V）	台时	0.80	0.80	0.80
	190650	数字万用表（数字式）	台时	30.25	48.40	60.50
	190780	便携式维护终端	台时	0.80	1.59	1.59
定额编号				8-14	8-15	8-16

单位：台

电算编号		项目	单位	油浸式消弧线圈		
				10 kV 以下	35 kV	110 kV
人工	010011	工长	工时	2.94	4.90	6.86
	010012	高级工	工时	7.35	12.26	17.16
	010013	中级工	工时	4.41	7.35	10.29
	010014	初级工	工时			
	010010	合计	工时	14.70	24.51	34.31
材料	080054	铜带 200 mm×0.2 mm	m	0.24	0.32	0.32
	080081	铜芯聚氯乙烯绝缘电线 500VBV-8	m	4.00	12.00	12.00
	090619	塑料带防辐照聚乙烯 20 mm×40 m	卷	0.40	0.40	0.40
	060270	丙酮	kg	0.40	0.40	0.40
	091290	取样瓶（袋）	只	0.80	1.60	1.60
	090742	无絮棉布	kg	0.40	0.40	0.40
	200010	其他材料费	%	2.00	2.00	2.00
机械	140060	柴油型载重汽车 额定载质量 8 t	台时	0.80	0.80	0.80
	180850	电力工程车	台时	1.59	1.59	1.59
	190290	变压器绝缘电阻测试仪	台时	1.75	1.99	1.99
	190160	直流电阻测试仪	台时	3.05	3.05	3.05
	190150	油耐压试验仪	台时	1.59	1.91	2.23
	190191	交流高压发生器（50 kVA 以下）	台时	3.18	3.18	3.18
	190650	数字万用表（数字式）	台时	30.25	48.40	60.50
	190780	便携式维护终端	台时	5.69	5.69	5.69
定额编号				8-17	8-18	8-19

8.4　互感器

8.4.1　互感器

工作内容： 1. 绕组及末屏的绝缘电阻。2. tan δ 电容量。3. 气体泄漏试验，气体湿度，密度继电器及压力表检查。4. 极性检查。5. 各分接头的变比。6. 绕组直流电阻。

单位：台

电算编号		项目	单位	互感器		
				10 kV 以下	35 kV	110 kV
人工	010011	工长	工时	1.78	3.41	3.53
	010012	高级工	工时	4.46	8.52	8.84
	010013	中级工	工时	2.68	5.11	5.30
	010014	初级工	工时			
	010010	合计	工时	8.92	17.04	17.67

续表

电算编号		项目	单位	互感器		
				10 kV 以下	35 kV	110 kV
材料	030930	角钢 综合	kg	0.48	0.96	1.20
	060191	乙醇	kg		0.12	0.36
	090940	安全网 尼龙网	m^2	0.05	0.10	0.12
	090742	无絮棉布	kg		0.12	0.36
	200010	其他材料费	%	2.00	2.00	2.00
机械	170090	汽油发电机 功率 10 kW	台时	0.10	0.21	0.31
	180850	电力工程车	台时	0.06	0.13	0.23
	190160	直流电阻测试仪	台时	0.10	0.19	0.28
	190560	介质损耗测试仪	台时		0.19	0.28
	190270	TA 伏安特性、变比测试仪	台时	0.10	0.19	0.28
	190280	变比测试仪	台时	0.10	0.19	0.28
	190200	无局部放电电源	台时			0.28
	190050	定性检漏仪	台时	0.19	0.39	0.56
	190650	数字万用表（数字式）	台时	1.34	2.02	2.69
定额编号				8-20	8-21	8-22

电算编号		项目	单位	电子式互感器		
				10 kV 以下	35 kV	110 kV
人工	010011	工长	工时	2.29	4.03	4.70
	010012	高级工	工时	5.72	10.08	11.76
	010013	中级工	工时	3.43	6.05	7.06
	010014	初级工	工时			
	010010	合计	工时	11.44	20.16	23.52
机械	180850	电力工程车	台时	0.64	1.44	2.55
	190160	直流电阻测试仪	台时	1.09	2.14	2.55
	190270	TA 伏安特性、变比测试仪	台时	1.09	2.14	2.55
	190280	变比测试仪	台时	1.09	2.14	2.55
	190200	无局部放电电源	台时			1.56
	190650	数字万用表（数字式）	台时	14.94	22.41	29.88
定额编号				8-23	8-24	8-25

8.4.2 互感器交流耐压试验

工作内容：互感器交流耐压试验。

单位：台

电算编号		项目	单位	互感器交流耐压试验	
				10 kV	35 kV
人工	010011	工长	工时	1.83	3.66
	010012	高级工	工时	4.59	9.15
	010013	中级工	工时	2.75	5.49
	010014	初级工	工时		
	010010	合计	工时	9.17	18.30
材料	080084	铜芯聚氯乙烯绝缘电线 25	m	0.60	0.99
	080083	铜芯聚氯乙烯绝缘电线 120	m	0.60	0.99
	080184	铜接线端子 DT-35 mm²	个	2.00	1.98
	080185	铜接线端子 DT-120 mm²	个	2.00	0.99
	090621	相色带 综合	卷	0.60	0.99
	090631	聚氯乙烯橡胶粘带 40 mm×50 m	卷	0.60	0.99
	060270	丙酮	kg	0.60	0.99
	200010	其他材料费	%	2.00	2.00
机械	150250	柴油型汽车起重机 起重量 8 t	台时	1.57	1.42
	140050	柴油型载重汽车 额定载质量 6.5 t	台时		1.42
	180850	电力工程车	台时	0.79	2.12
	190192	倍频电源发生器	台时		1.42
	190500	交流耐压试验装置（设备耐压用 35 kV）	台时	0.94	2.12
	190139	5 毫安绝缘电阻表（数字式）	台时	1.57	
	190940	功能检测分析平台(电脑)	台时		1.42
定额编号				8-26	8-27

8.5 断路器

8.5.1 断路器

工作内容： 1. 常规密封性试验(不含局部包扎的气体泄漏试验)。2. 辅助回路和控制回路绝缘电阻。3. 辅助回路和控制回路交流耐压试验。4. 断口间并联电容器的绝缘电阻、电容量和 tan δ 。5. 合闸电阻值和合闸电阻的投入时间。6. 绝缘电阻。7. 断路器的时间参量。8. 分、合闸电磁铁的动作电压。9. 导电回路电阻。10. 分、合闸线圈直流电阻。11. 操动机构在分闸、合闸及重合闸操作下的压力(气压、液压)下降值。12. 液(气)压操动机构的泄漏。13. 油(气)泵补压及零起打压的运转时间。14. 液压机构及采用差压原理的气动机构的防失压慢分试验。15. 闭锁、防跳跃及防止非全相合闸等辅助控制装置的动作性能。16. 触头磨损量测量。

单位：台

电算编号		项目	单位	SF_6断路器	
				10 kV 以下	35 kV
人工	010011	工长	工时	3.23	6.36
	010012	高级工	工时	8.07	15.90
	010013	中级工	工时	4.84	9.54
	010014	初级工	工时		
	010010	合计	工时	16.14	31.80
材料	030930	角钢 综合	kg		0.34
	080081	铜芯聚氯乙烯绝缘电线 500VBV-8	m	1.80	2.70
	090621	相色带 综合	卷	1.80	2.00
	060191	乙醇	kg		0.18
	090940	安全网 尼龙网	m^2		0.09
	090742	无絮棉布	kg		0.18
机械	170090	汽油发电机 功率 10 kW	台时	5.24	6.56
	180820	高空作业车 20 m 以内	台时		
	180850	电力工程车	台时	1.46	3.64
	190160	直流电阻测试仪	台时	3.96	4.97
	190740	综合特性测试仪（含 TA、TV）	台时	1.59	2.39
	190010	SF_6密度继电器校验仪	台时	4.75	5.93
	190050	定性检漏仪	台时	7.95	7.95
	190650	数字万用表（数字式）	台时	6.80	13.60
定额编号				8-28	8-29

电算编号		项目	单位	少油断路器	
				10 kV 以下	35 kV
人工	010011	工长	工时	3.43	6.87
	010012	高级工	工时	8.58	17.17
	010013	中级工	工时	5.15	10.30
	010014	初级工	工时		
	010010	合计	工时	17.16	34.34

续表

电算编号		项目	单位	少油断路器	
				10 kV 以下	35 kV
材料	030930	角钢 综合	kg		0.38
	080081	铜芯聚氯乙烯绝缘电线 500VBV-8	m	2.00	3.00
	090621	相色带 综合	卷	2.00	3.00
	060191	乙醇	kg	0.20	0.20
	090940	安全网 尼龙网	m²		0.10
	090742	无絮棉布	kg		0.20
机械	170090	汽油发电机 功率 10 kW	台时	4.66	5.83
	180820	高空作业车 20 m 以内	台时		3.24
	180850	电力工程车	台时	1.29	3.24
	190160	直流电阻测试仪	台时	3.52	4.42
	190740	综合特性测试仪（含 TA、TV）	台时	3.52	4.42
	190600	开关特性测试仪 综合	台时	0.35	4.42
	190450	继电保护测试系统	台时	0.60	1.21
	190650	数字万用表（数字式）	台时	6.05	12.09
定额编号				8-30	8-31

电算编号		项目	单位	真空断路器	
				10 kV	35 kV
人工	010011	工长	工时	3.03	6.16
	010012	高级工	工时	7.57	15.40
	010013	中级工	工时	4.54	9.24
	010014	初级工	工时		
	010010	合计	工时	15.14	30.80
材料	030930	角钢 综合	kg		0.38
	080081	铜芯聚氯乙烯绝缘电线 500VBV-8	m	2.00	3.00
	090621	相色带 综合	卷	2.00	3.00
	060191	乙醇	kg		0.20
	090940	安全网 尼龙网	m²		0.10
	090742	无絮棉布	kg		0.20
机械	180820	高空作业车 20 m 以内	台时		0.80
	180850	电力工程车	台时	0.81	2.03
	190160	直流电阻测试仪	台时	2.20	2.76
	190740	综合特性测试仪（含 TA、TV）	台时	2.20	2.76
	190600	开关特性测试仪 综合	台时	2.20	2.76
	190450	继电保护测试系统	台时	0.38	0.76
	190370	高压开关真空度测试仪	台时	7.56	11.33
	190650	数字万用表（数字式）	台时	3.78	7.56
定额编号				8-32	8-33

8.5.2 断路器交流耐压试验

工作内容： 断路器交流耐压试验。

单位：台

电算编号		项目	单位	断路器交流耐压试验	
				10 kV	35 kV
人工	010011	工长	工时	3.67	9.17
	010012	高级工	工时	9.17	22.93
	010013	中级工	工时	5.50	13.76
	010014	初级工	工时		
	010010	合计	工时	18.34	45.86
材料	080084	铜芯聚氯乙烯绝缘电线 25	m	0.50	0.55
	080184	铜接线端子 DT-35 mm^2	个	1.00	1.10
	200010	其他材料费	%	2.00	2.00
机械	140060	柴油型载重汽车 额定载质量 8 t	台时		5.98
	180850	电力工程车	台时	3.42	5.98
	190500	交流耐压试验装置（设备耐压用 35 kV）	台时	3.42	5.98
	190590	绝缘电阻测试仪（2500～10000 V、＞2 mA)	台时	3.42	5.98
定额编号				8-34	8-35

8.6 GIS 组合开关

8.6.1 GIS 组合开关

工作内容： 1. 常规密封性试验(不含局部包扎的气体泄漏试验)。2. 辅助回路和控制回路绝缘电阻。3. 辅助回路和控制回路交流耐压试验。4. 断口间并联电容器的绝缘电阻、电容量和 tan δ 。5. 合闸电阻值和合闸电阻的投入时间。6. 绝缘电阻。7. 断路器的时间参量。8. 分、合闸电磁铁的动作电压。9. 导电回路电阻。10. 分、合闸线圈直流电阻。11. 操动机构在分闸、合闸及重合闸操作下的压力(气压、液压)下降值。12. 液(气)压操动机构的泄漏。13. 油(气)泵补压及零起打压的运转时间。14. 液压机构及采用差压原理的气动机构的防失压慢分试验。15. 闭锁、防跳跃及防止非全相合闸等辅助控制装置的动作性能。16. 触头磨损量测量。

单位：间隔

电算编号		项目	单位	GIS 组合开关	
				35 kV	110 kV
人工	010011	工长	工时	24.88	30.78
	010012	高级工	工时	62.20	76.95
	010013	中级工	工时	37.32	46.17
	010014	初级工	工时		
	010010	合计	工时	124.40	153.90
材料	030930	角钢 综合	kg	2.00	2.40
	080081	铜芯聚氯乙烯绝缘电线 500VBV-8	m	3.20	4.00
	090621	相色带 综合	卷	3.20	3.20
	060191	乙醇	kg	0.80	0.96
	090940	安全网 尼龙网	m²	0.20	0.24
	090742	无絮棉布	kg	0.80	0.96
机械	170090	汽油发电机 功率 10 kW	台时	20.98	20.98
	180820	高空作业车 20 m 以内	台时	8.50	11.65
	180850	电力工程车	台时	8.50	11.65
	190160	直流电阻测试仪	台时	14.23	15.79
	190740	综合特性测试仪（含 TA、TV）	台时	14.23	15.79
	190600	开关特性测试仪 综合	台时	14.23	15.79
	190151	阻性电流分析仪	台时	14.23	15.79
	190180	直流高压发生器（6 万～12 万 V）	台时	14.23	15.79
	190010	SF_6密度继电器校验仪	台时	19.03	19.03
	190050	定性检漏仪	台时	5.97	5.97
	190650	数字万用表（数字式）	台时	45.34	90.67
定额编号				8-36	8-37

8.6.2 GIS 交流耐压试验

工作内容： GIS 交流耐压试验。

单位：台

电算编号		项目	单位	GIS 交流耐压试验
				35 kV
人工	010011	工长	工时	11.29
	010012	高级工	工时	28.22
	010013	中级工	工时	16.93
	010014	初级工	工时	
	010010	合计	工时	56.44
材料	080084	铜芯聚氯乙烯绝缘电线 25	m	1.06
	080083	铜芯聚氯乙烯绝缘电线 120	m	1.58
	080184	铜接线端子 DT-35 mm²	个	1.06
	080185	铜接线端子 DT-120 mm²	个	1.06
	090621	相色带 综合	卷	0.40
	090631	聚氯乙烯橡胶粘带 40 mm×50 m	卷	0.40
	060270	丙酮	kg	0.40
	200010	其他材料费	%	3.00
机械	150250	柴油型汽车起重机 起重量 8 t	台时	7.52
	140050	柴油型载重汽车 额定载质量 6.5 t	台时	7.52
	180850	电力工程车	台时	5.47
	190490	交流耐压试验装置（设备耐压用 220 kV）	台时	7.52
定额编号				8-38

8.7 隔离开关、负荷开关

工作内容： 1. 支持绝缘子及提升杆的绝缘电阻。2. 操动机构的动作情况。3. 二次回路的绝缘电阻。4. 二次回路交流耐压试验。5. 操动机构的动作电压试验。6. 导电回路电阻测量。

8.7.1 户内隔离开关

单位：组

电算编号		项目	单位	户内隔离开关（电流）		
				600 A 以下	2000 A 以下	4000 A 以下
人工	010011	工长	工时	1.21	1.51	2.02
	010012	高级工	工时	3.03	3.79	5.05
	010013	中级工	工时	1.82	2.27	3.03
	010014	初级工	工时			
	010010	合计	工时	6.06	7.57	10.10
材料	060270	丙酮	kg	0.65	1.15	1.50
	090742	无絮棉布	kg	0.30	0.60	1.20
	200010	其他材料费	%	2.00	2.00	2.00
机械	180820	高空作业车 20 m 以内	台时		0.86	1.71
	190440	回路电阻测试仪	台时	4.06	4.06	6.79
	190450	继电保护测试系统	台时	4.06	0.81	1.62
	190650	数字万用表（数字式）	台时	4.06	8.12	16.24
定额编号				8-39	8-40	8-41

8.7.2 户外隔离开关

单位：组

电算编号		项目	单位	户外隔离开关（电压）		
				10 kV 以下	35 kV	110 kV
人工	010011	工长	工时	3.03	5.53	8.93
	010012	高级工	工时	7.57	13.83	22.32
	010013	中级工	工时	4.54	8.30	13.39
	010014	初级工	工时			
	010010	合计	工时	15.14	27.66	44.64
材料	060270	丙酮	kg	0.60	0.96	0.96
	090742	无絮棉布	kg	0.30	0.48	0.48
	200010	其他材料费	%	2.00	2.00	2.00
机械	180820	高空作业车 20 m 以内	台时		1.44	4.30
	190440	回路电阻测试仪	台时	4.06	4.06	4.06
	190450	继电保护测试系统	台时	0.81	1.30	1.95
	190650	数字万用表（数字式）	台时	8.12	12.99	19.49
定额编号				8-42	8-43	8-44

8.8 开关柜

工作内容： 1. 常规密封性试验(不含局部包扎的气体泄漏试验)。2. 辅助回路和控制回路绝缘电阻。3. 辅助回路和控制回路交流耐压试验。4. 断口间并联电容器的绝缘电阻、电容量和 tan δ。5. 合闸电阻值和合闸电阻的投入时间。6. 绝缘电阻。7. 断路器的时间参量。8. 分、合闸电磁铁的动作电压。9. 导电回路电阻。10. 分、合闸线圈直流电阻。11. 操动机构在分闸、合闸及重合闸操作下的压力(气压、液压)下降值。12. 液(气)压操动机构的泄漏。13. 油(气)泵补压及零起打压的运转时间。14. 液压机构及采用差压原理的气动机构的防失压慢分试验。15. 闭锁、防跳跃及防止非全相合闸等辅助控制装置的动作性能。16. 触头磨损量测量。

单位：面

电算编号		项目	单位	开关柜		
				400 V	10 kV	35 kV
人工	010011	工长	工时	2.02	3.33	6.66
	010012	高级工	工时	5.05	8.33	16.66
	010013	中级工	工时	3.03	5.00	10.00
	010014	初级工	工时			
	010010	合计	工时	10.10	16.66	33.32
材料	030930	角钢 综合	kg	0.45	0.60	1.20
	080081	铜芯聚氯乙烯绝缘电线 500VBV-8	m	0.90	1.20	2.40
	090621	相色带 综合	卷	0.45	0.60	1.20
	060191	乙醇	kg	0.24	0.30	0.60
	090940	安全网 尼龙网	m^2	0.05	0.06	0.12
	090742	无絮棉布	kg	0.24	0.30	0.60
机械	170090	汽油发电机 功率 10 kW	台时	6.11	7.28	14.57
	180850	电力工程车	台时	7.94	9.07	15.94
	190160	直流电阻测试仪	台时	4.67	5.60	11.29
	190740	综合特性测试仪（含 TA、TV）	台时	4.67	5.60	11.29
	190600	开关特性测试仪 综合	台时	4.67	5.59	11.26
	190180	直流高压发生器（6 万～12 万 V）	台时	4.67	5.59	11.26
	190010	SF_6 密度继电器校验仪	台时	6.07	6.70	13.19
	190050	定性检漏仪	台时	11.21	13.17	26.46
	190450	继电保护测试系统	台时	0.38	0.76	1.13
	190650	数字万用表（数字式）	台时	3.78	7.56	11.33
定额编号				8-45	8-46	8-47

8.9 套管

工作内容： 1. 主绝缘及电容型套管末屏对地绝缘电阻。2. 主绝缘及电容型套管对地末屏 tan δ 与电容量。3. 密封检查。

单位：支

电算编号		项目	单位	套管		
				10 kV 以下	35 kV	110 kV
人工	010011	工长	工时	0.98	1.18	2.94
	010012	高级工	工时	2.45	2.94	7.35
	010013	中级工	工时	1.47	1.76	4.41
	010014	初级工	工时			
	010010	合计	工时	4.90	5.88	14.70
材料	060270	丙酮	kg	0.85	0.85	1.70
	090742	无絮棉布	kg	0.43	0.85	1.70
	200010	其他材料费	%	2.00	2.00	2.00
机械	150250	柴油型汽车起重机 起重量 8 t	台时		0.84	0.84
	180820	高空作业车 20 m 以内	台时			0.84
	190560	介质损耗测试仪	台时	1.17	1.51	2.37
	190590	绝缘电阻测试仪（2500～10000 V、＞2 mA)	台时	1.01	1.51	3.23
定额编号				8-48	8-49	8-50

工作内容： 穿墙套管交流耐压试验。

单位：支

电算编号		项目	单位	穿墙套管交流耐压	
				10kV	35kV
人工	010011	工长	工时	1.42	3.56
	010012	高级工	工时	3.56	8.90
	010013	中级工	工时	2.14	5.34
	010014	初级工	工时		
	010010	合计	工时	7.12	17.80
材料	080084	铜芯聚氯乙烯绝缘电线 25	m	0.30	0.60
	080083	铜芯聚氯乙烯绝缘电线 120	m	0.30	0.60
	080184	铜接线端子 DT-35 mm²	个	1.00	1.00
	080185	铜接线端子 DT-120 mm²	个	1.00	1.00
	090621	相色带 综合	卷	0.50	0.50
	090631	聚氯乙烯橡胶粘带 40 mm×50 m	卷	0.50	0.50
	060270	丙酮	kg	0.50	0.50
	200010	其他材料费	%	2.00	2.00
机械	150250	柴油型汽车起重机 起重量 8 t	台时	1.68	2.51
	140050	柴油型载重汽车 额定载质量 6.5 t	台时	1.68	2.51
	180850	电力工程车	台时	4.19	5.87
	190500	交流耐压试验装置（设备耐压用 35 kV）	台时	4.19	5.87
定额编号				8-51	8-52

8.10 绝缘子

工作内容： 1. 绝缘子零值测量。2. 绝缘电阻。3. 交流耐压（35 kV 及以下进行）。

电算编号		项目	单位	悬式绝缘子（10片）		支柱绝缘子（10柱）			
				70～160 型	210～300 型	400 V	10 kV	35 kV	110 kV
人工	010011	工长	工时	0.42	0.53	3.01	4.66	7.22	13.54
	010012	高级工	工时	1.06	1.32	7.52	11.66	18.05	33.84
	010013	中级工	工时	0.63	0.79	4.51	6.99	10.83	20.30
	010014	初级工	工时						
	010010	合计	工时	2.11	2.64	15.04	23.31	36.10	67.68
材料	060270	丙酮	kg	0.10	0.10	2.00	2.00	2.00	2.00
	090742	无絮棉布	kg	0.05	0.10	1.00	1.00	1.00	1.00
	200010	其他材料费	%			2.00	2.00	2.00	2.00
机械	180820	高空作业车 20 m 以内	台时	0.40	0.40			3.98	4.78
	190500	交流耐压试验装置（设备耐压用 35 kV）	台时	4.19	4.19	8.38	12.57	17.60	
	190590	绝缘电阻测试仪（2500～10000 V、＞2 mA）	台时	0.71	0.87	1.80	2.62	2.62	3.98
定额编号				8-53	8-54	8-55	8-56	8-57	8-58

8.11 避雷器

工作内容： 1. 绝缘电阻。2. 底座绝缘电阻。3. 检查放电计数。4. 直流 1 mA 电压 U_{1MA} 及 $0.75U_{1MA}$ 下的泄漏电流。

单位：组

电算编号		项目	单位	避雷器		
				10 kV	35 kV	110 kV
人工	010011	工长	工时	4.34	4.96	8.52
	010012	高级工	工时	10.84	12.39	21.30
	010013	中级工	工时	6.51	7.44	12.78
	010014	初级工	工时			
	010010	合计	工时	21.69	24.79	42.60
材料	080081	铜芯聚氯乙烯绝缘电线	m	0.42	0.84	1.26
	090620	塑料带 20 mm×40 m	卷	0.21	0.21	0.21
	060270	丙酮	kg	0.08	0.08	0.08
	090742	无絮棉布	kg	0.04	0.04	0.04
	200010	其他材料费	%	2.00	2.00	2.00
机械	180820	高空作业车 20 m 以内	台时		0.29	0.52
	190180	直流高压发生器（6 万～12 万 V）	台时	0.39	0.51	0.51
	190140	氧化锌避雷阻性电流分析仪	台时	0.51	0.96	1.23
	190590	绝缘电阻测试仪（2500～10000 V、＞2 mA)	台时	0.08	0.11	0.14
	190860	放电计数器校验器	台时	0.01	0.01	0.01
定额编号				8-59	8-60	8-61

8.12　电容器

工作内容：1. 极间的绝缘电阻。2. 电容值。3. 外观及渗漏油检查。4. 低压端对地绝缘电阻。5. 电容的介质损耗因素。6. 交流耐压试验。

单位：只

电算编号		项目	单位	电容器		
				10 kV	35 kV	110 kV
人工	010011	工长	工时	1.96	2.94	3.92
	010012	高级工	工时	4.90	7.35	9.80
	010013	中级工	工时	2.94	4.41	5.88
	010014	初级工	工时			
	010010	合计	工时	9.80	14.70	19.60
材料	080081	铜芯聚氯乙烯绝缘电线	m	0.25	0.50	1.50
	090619	塑料带防辐照聚乙烯 20 mm×40 m	卷	0.08	0.13	0.25
	060270	丙酮	kg	0.03	0.05	0.10
	200010	其他材料费	%	2.00	2.00	2.00
机械	190560	介质损耗测试仪	台时	0.17	0.55	1.82
	190500	交流耐压试验装置（设备耐压用 35 kV）	台时	0.72	0.72	
	190650	数字万用表（数字式）	台时	1.89	3.78	7.96
定额编号				8-62	8-63	8-64

8.13　母线

工作内容：1. 系统检查。2. 绝缘电阻测量。3. 交流耐压试验。

单位：段

电算编号		项目	单位	母线	
				10 kV 以下	35 kV 以下
人工	010011	工长	工时	4.41	10.78
	010012	高级工	工时	11.03	26.96
	010013	中级工	工时	6.62	16.18
	010014	初级工	工时		
	010010	合计	工时	22.06	53.92
材料	080081	铜芯聚氯乙烯绝缘电线	m	0.10	0.10
	080083	铜芯聚氯乙烯绝缘电线 120	m	0.01	0.01
	090620	塑料带 20 mm×40 m	卷	0.50	0.50
	200010	其他材料费	%	2.00	2.00
机械	190191	交流高压发生器（50 kVA 以下）	台时	0.33	1.07
	190500	交流耐压试验装置（设备耐压用 35 kV）	台时	0.33	1.07
	190590	绝缘电阻测试仪（2500～10000 V、＞2 mA)	台时	0.57	0.57
	190220	三相精密测试电源	台时	1.63	3.40
定额编号				8-65	8-66

8.14　电缆

工作内容：1. 系统检查。2. 绝缘电阻测量。3. 交流耐压试验。

单位：段

电算编号		项目	单位	电缆	
				10 kV 以下	35 kV 以下
人工	010011	工长	工时	6.62	16.18
	010012	高级工	工时	16.54	40.44
	010013	中级工	工时	9.93	24.26
	010014	初级工	工时		
	010010	合计	工时	33.09	80.88
材料	080081	铜芯聚氯乙烯绝缘电线	m	0.15	0.15
	080083	铜芯聚氯乙烯绝缘电线 120	m	0.02	0.02
	090620	塑料带 20 mm×40 m	卷	0.75	0.75
	200010	其他材料费	%	2.00	2.00

续表

电算编号		项目	单位	电缆	
				10 kV 以下	35 kV 以下
机械	190191	交流高压发生器（50 kVA 以下）	台时	0.49	1.60
	190500	交流耐压试验装置（设备耐压用 35 kV）	台时	0.49	1.60
	190590	绝缘电阻测试仪（2500～10000 V、＞2 mA)	台时	0.85	0.85
	190220	三相精密测试电源	台时	2.45	5.10
定额编号				8-67	8-68

8.15 接地

8.15.1 接地装置

工作内容：1. 电力设备的接地电阻。2. 检查有效接地系统，电力设备接地引下线与接地网导通情况测试。3. 抽样开挖检查变电站接地网腐蚀情况。

单位：站

电算编号		项目	单位	接地装置	
				35 kV	110 kV
人工	010011	工长	工时	2.94	7.84
	010012	高级工	工时	7.35	19.61
	010013	中级工	工时	4.41	11.76
	010014	初级工	工时		
	010010	合计	工时	14.70	39.21
材料	080082	铜芯聚氯乙烯绝缘电线	m	2.33	3.50
	080083	铜芯聚氯乙烯绝缘电线 120	m	0.12	0.23
	090700	砂纸	张	0.82	1.17
	090742	无絮棉布	kg	0.05	0.07
	200010	其他材料费	%	2.00	2.00
机械	190540	接地网接地电阻测量系统	台时	1.32	1.85
	190321	接地引下线导通测试仪	台时	1.33	2.65
定额编号				8-69	8-70

8.15.2　阻抗测试

工作内容： 1. 调试前准备工作。2. 接地网阻抗测试:交流法接地电阻、接触电势、跨步电压测试。3. 记录、整理试验数据。

单位：站/基

电算编号		项目	单位	接地网阻抗		独立避雷针接地阻抗测试
				35 kV	110 kV	
人工	010011	工长	工时	5.93	15.60	1.78
	010012	高级工	工时	14.82	39.01	4.46
	010013	中级工	工时	8.89	23.40	2.67
	010014	初级工	工时			
	010010	合计	工时	29.64	78.01	8.91
材料	080081	铜芯聚氯乙烯绝缘电线	m	352.00	880.00	10.00
	080084	铜芯聚氯乙烯绝缘电线 25	m	4.00	10.00	0.50
	080184	铜接线端子 DT-35 mm²	个	8.80	22.00	2.20
	080185	铜接线端子 DT-120 mm²	个	0.88	2.20	0.22
	090621	相色带 综合	卷	0.44	1.10	0.11
	090631	聚氯乙烯橡胶粘带 40 mm×50 m	卷	0.44	1.10	0.11
	060270	丙酮	kg	0.44	1.10	0.11
	200010	其他材料费	%	2.00	2.00	2.00
机械	140040	汽油型载重汽车 额定载质量 5 t	台时	11.55	30.40	
	180850	电力工程车	台时	11.55	30.40	
	190540	接地网接地电阻测量系统	台时			1.52
	190230	大容量变频接地网测试电源	台时	4.33	11.40	
	190320	大型接地网接地电阻测量系统	台时	4.33	11.40	
定额编号				8-71	8-72	8-73

8.16 保护装置

8.16.1 单、双母线接线方式的线路间隔微机保护

工作内容： 1. 检验前准备工作。2. 回路检验。3. 二次回路绝缘检查。4. 外观检查、清扫。5. 上电检查。6. 逆变电源检查。7. 开关量输入回路检验。8. 输出触点及输出信号检查。9. 整定值的整定及检验。10. 纵联保护通道检验。11. 整组试验。12. 与厂站自动化、继电保护及故障信息管理系统配合进行遥控、遥测和遥信等校验。13. 与主站端配合调试。14. 装置投运。

单位：间隔

电算编号		项目	单位	单、双母线接线方式的线路间隔		
				10 kV	35 kV	110 kV
人工	010011	工长	工时	6.72	9.41	27.43
	010012	高级工	工时	16.81	23.53	68.57
	010013	中级工	工时	10.08	14.12	41.14
	010014	初级工	工时			
	010010	合计	工时	33.61	47.06	137.14
材料	080064	铜芯橡皮绝缘线	m	5.40	5.40	9.00
	080080	塑料绝缘软铜导线	m	5.40	5.40	9.00
	081080	绝缘胶带 20 mm×20 m	卷	0.90	0.90	2.70
	090622	标签色带 综合	卷	0.45	0.45	0.90
	090641	自粘橡胶带 25 mm×20 m	卷	0.90	0.90	2.70
	090743	擦拭纸	盒	0.90	0.90	0.90
机械	190070	多功能相位伏安表	台时	2.87	2.87	4.60
	190450	继电保护测试系统	台时	10.34	13.22	45.96
	190115	便携式波形记录仪	台时			4.60
	190090	数字存储示波器	台时			4.60
	190123	保护故障子站模拟系统	台时			4.60
	190124	光万用表（光源、光功率计、光纤在线测试）	台时	0.57	0.57	4.60
	190125	数据分析仪	台时			4.60
	190780	便携式维护终端	台时	5.75	5.75	36.77
定额编号				8-74	8-75	8-76

8.16.2 单、双母线接线方式的双绕组变压器间隔微机保护

工作内容：1. 检验前准备工作。2. 回路检验。3. 二次回路绝缘检查。4. 外观检查、清扫。5. 上电检查。6. 逆变电源检查。7. 开关量输入回路检验。8. 输出触点及输出信号检查。9. 模数变换系统检查。10. 整定值的整定及检验。11. 整组试验。12. 与厂站自动化系统、继电保护及故障信息管理系统配合进行遥控、遥测、遥信等校验。13. 装置投运。14. 非电量保护检验。15. 与主站端配合调试。

单位：间隔

电算编号		项目	单位	单、双母线接线方式的双绕组变压器间隔		
				10 kV	35 kV	110 kV
人工	010011	工长	工时	10.46	23.16	52.66
	010012	高级工	工时	26.14	57.89	131.65
	010013	中级工	工时	15.69	34.73	78.99
	010014	初级工	工时			
	010010	合计	工时	52.29	115.78	263.30
材料	040021	焊锡丝	kg			0.08
	040020	焊锡膏	kg			0.08
	080064	铜芯橡皮绝缘线	m	2.40	4.00	6.40
	080080	塑料绝缘软铜导线	m	2.40	4.00	6.40
	090061	尼龙扎带 L=400 mm	根	8.00	8.00	12.00
	081080	绝缘胶带 20 mm×20 m	卷	0.80	0.80	2.40
	090622	标签色带 综合	卷	0.40	0.40	0.80
	090641	自粘橡胶带 25 mm×20 m	卷	0.80	0.80	2.48
	090743	擦拭纸	盒	0.40	0.40	1.20
机械	190440	回路电阻测试仪	台时	0.64	0.64	5.11
	190740	综合特性测试仪（含 TA、TV）	台时	0.64	1.28	5.11
	190281	电阻箱	台时	0.64	0.64	5.11
	190070	多功能相位伏安表	台时	3.19	3.19	5.11
	190450	继电保护测试系统	台时	19.15	25.54	47.88
	190470	继电保护试验装置	台时	12.77	12.77	38.30
	190115	便携式波形记录仪	台时	3.19	3.19	5.11
	190090	数字存储示波器	台时	1.28	1.28	5.11
	190120	微机型高压断路器模拟装置（断路器模拟试验仪）	台时	3.19	3.19	28.73
	190123	保护故障子站模拟系统	台时	0.64	1.28	5.11
	190780	便携式维护终端	台时	12.77	12.77	76.61
定额编号				8-77	8-78	8-79

8.16.3 微机母线保护

工作内容： 1. 检验前准备工作。2. 回路检验。3. 二次回路绝缘检查。4. 外观检查、清扫。5. 上电检查。6. 逆变电源检查。7. 开关量输入回路检验。8. 输出触点及输出信号检查。9. 模数变换系统检查。10. 整定值的整定及检验。11. 整组试验。12. 与厂站自动化系统、继电保护及故障信息管理系统配合进行遥控、遥测、遥信等校验。13. 装置投运。14. 与主站端配合调试。

单位：套

电算编号		项目	单位	母线保护	
				10 kV	35 kV
人工	010011	工长	工时	15.69	26.14
	010012	高级工	工时	39.21	65.36
	010013	中级工	工时	23.53	39.22
	010014	初级工	工时		
	010010	合计	工时	78.43	130.72
材料	080064	铜芯橡皮绝缘线	m	8.00	8.00
	080080	塑料绝缘软铜导线	m	8.00	8.00
	081080	绝缘胶带 20 mm×20 m	卷	0.80	0.80
	090622	标签色带 综合	卷	0.80	0.80
	090641	自粘橡胶带 25 mm×20 m	卷	0.80	0.80
	090743	擦拭纸	盒	0.80	0.80
机械	190440	回路电阻测试仪	台时	6.38	6.38
	190740	综合特性测试仪（含 TA、TV）	台时	3.83	3.83
	190281	电阻箱	台时	3.19	3.83
	190070	多功能相位伏安表	台时	6.38	6.38
	190450	继电保护测试系统	台时	6.38	12.77
	190470	继电保护试验装置	台时	6.38	12.77
	190090	数字存储示波器	台时	3.19	3.19
	190123	保护故障子站模拟系统	台时	3.19	3.19
	190780	便携式维护终端	台时	12.77	12.77
定额编号				8-80	8-81

8.16.4　微机母联、分段开关保护

工作内容：1. 检验前准备工作。2. 回路检验。3. 二次回路绝缘检查。4. 外观检查、清扫。5. 上电检查。6. 逆变电源检查。7. 开关量输入回路检验。8. 输出触点及输出信号检查。9. 模数变换系统检查。10. 整定值的整定及检验。11. 整组试验。12. 与厂站自动化系统、继电保护及故障信息管理系统配合进行遥控、遥测、遥信等校验。13. 装置投运。14. 与主站端配合调试。

单位：套

电算编号		项目	单位	母联、分段开关保护	
				10 kV	35 kV
人工	010011	工长	工时	8.22	10.46
	010012	高级工	工时	20.54	26.14
	010013	中级工	工时	12.32	15.69
	010014	初级工	工时		
	010010	合计	工时	41.08	52.29
材料	040021	焊锡丝	kg	0.02	0.02
	040020	焊锡膏	kg	0.02	0.02
	080064	铜芯橡皮绝缘线	m	4.80	4.80
	080081	铜芯聚氯乙烯绝缘电线	m	4.80	4.80
	090061	尼龙扎带 L=400 mm	根	8.00	8.00
	081080	绝缘胶带 20 mm×20 m	卷	0.80	0.80
	090622	标签色带 综合	卷	3.20	3.20
	090641	自粘橡胶带 25 mm×20 m	卷	6.40	6.40
	090743	擦拭纸	盒	6.40	6.40
机械	190440	回路电阻测试仪	台时	3.19	3.19
	190740	综合特性测试仪（含 TA、TV）	台时	3.83	3.83
	190070	多功能相位伏安表	台时	3.19	3.19
	190450	继电保护测试系统	台时	6.38	9.58
	190120	微机型高压断路器模拟装置（断路器模拟试验仪）	台时	5.11	5.11
	190780	便携式维护终端	台时	6.38	6.38
	190530	接地电阻测试仪（数字式）	台时	1.28	1.92
定额编号				8-82	8-83

8.16.5 电容器保护

工作内容： 1. 检验前准备工作。2. 回路检验。3. 二次回路绝缘检查。4. 外观检查、清扫。5. 上电检查。6. 逆变电源检查。7. 开关量输入回路检验。8. 输出触点及输出信号检查。9. 模数变换系统检查。10. 整定值的整定及检验。11. 整组试验。12. 与厂站自动化系统、继电保护及故障信息管理系统配合进行遥控、遥测、遥信等校验。13. 装置投运。14. 清扫。15. 与主站端配合调试。

单位：套

电算编号		项目	单位	电容器保护	
				10 kV	35 kV
人工	010011	工长	工时	3.57	4.62
	010012	高级工	工时	8.93	11.55
	010013	中级工	工时	5.36	6.93
	010014	初级工	工时		
	010010	合计	工时	17.86	23.10
材料	040021	焊锡丝	kg	0.01	0.01
	040020	焊锡膏	kg	0.01	0.01
	080064	铜芯橡皮绝缘线	m	2.70	2.70
	080081	铜芯聚氯乙烯绝缘电线	m	2.70	2.70
	090061	尼龙扎带 *L*=400 mm	根	4.50	4.50
	081080	绝缘胶带 20 mm×20 m	卷	0.45	0.45
	090622	标签色带 综合	卷	0.23	0.23
	090641	自粘橡胶带 25 mm×20 m	卷	0.45	0.45
	090743	擦拭纸	盒	0.45	0.45
机械	190440	回路电阻测试仪	台时	1.80	2.51
	190740	综合特性测试仪（含 TA、TV）	台时	2.51	2.87
	190070	多功能相位伏安表	台时	1.80	1.80
	190450	继电保护测试系统	台时	3.59	5.39
	190120	微机型高压断路器模拟装置（断路器模拟试验仪）	台时	1.80	1.80
	190780	便携式维护终端	台时	3.59	3.59
	190530	接地电阻测试仪（数字式）	台时	0.72	1.08
定额编号				8-84	8-85

8.17 励磁系统

工作内容： 开关、调压设备、整流变压器、硅整流设备及一、二次回路的调试，可控硅控制系统调试。

单位：系统（台）

电算编号		项目	单位	励磁系统(A 以下)		
				100	500	1000
人工	010011	工长	工时	28.42	33.79	46.08
	010012	高级工	工时	71.04	84.48	115.20
	010013	中级工	工时	42.62	50.69	69.12
	010014	初级工	工时			
	010010	合计	工时	142.08	168.96	230.40
机械	190653	数字万用表 F-87	台时	43.20	51.84	73.44
	190840	电压电流表	台时	25.92	34.56	51.84
	190090	数字存储示波器	台时	34.56	43.20	56.16
	190720	自动 LCR 测量仪 ZL6	台时	34.56	43.20	56.16
	190570	晶体管图示仪 XJ-4810	台时	25.92	34.56	47.52
	190800	标准电阻、电容箱 EX25a	台时	43.20	51.84	73.44
	190430	模拟负载电阻装置 150 A/0.2 Ω四组	台时	4.32	8.64	12.96
	190760	最佳阻容调节器 RCK	台时	34.56	43.20	56.16
	190580	绝缘电阻测试仪 BM12	台时	8.64	12.96	21.60
其他	200030	其他费用	%	1.00	1.00	1.00
定额编号				8-86	8-87	8-88

8.18　电源设备

工作内容：1. 直流屏外观检查。2. 表计检查。3. 交流切换装置自动切换试验。4. 监控单元检验。5. 报警及保护功能检验。6. 充电控制程序试验。7. 稳压功能检查。8. 蓄电池管理单元检测值核对。9. 蓄电池组核容。10. 放电后对电池进行均衡充电试验。11. 内阻测试。

单位：套

电算编号		项目	单位	蓄电池馈线屏	蓄电池自充电装置			UPS 不停电装置（kVA 以下）						事故照明切换装置	逆变电源装置
					48 V	110 V	220 V	3	15	30	60	80	105		
人工	010011	工长	工时	22.22	7.94	11.90	12.70	11.20	14.01	16.81	18.67	21.47	23.34	14.29	25.96
	010012	高级工	工时	55.55	19.84	29.76	31.75	28.01	35.01	42.02	46.68	53.69	58.36	35.71	64.89
	010013	中级工	工时	33.33	11.90	17.86	19.05	16.81	21.01	25.21	28.01	32.21	35.01	21.43	38.93
	010014	初级工	工时												
	010010	合计	工时	111.10	39.68	59.52	63.50	56.02	70.03	84.04	93.36	107.37	116.71	71.43	129.78
材料	080064	铜芯橡皮绝缘线 500VBX-2.5	m	55.00	55.00	55.00	55.00	22.00	22.00	22.00	22.00	22.00	22.00	22.00	22.00
	080080	塑料绝缘软铜导线 BVR-2.5 mm²	m	55.00	55.00	55.00	55.00	15.00	22.00	26.00	29.00	32.00	36.00	22.00	22.00
	081080	绝缘胶带 20 mm×20 m	卷	6.60	8.80	9.00	9.20	3.30	3.30	3.30	3.30	3.30	3.30	3.30	3.30
	090622	标签色带 综合	卷	5.50	8.80	9.00	9.20	3.30	3.30	3.30	3.30	3.30	3.30	3.30	3.30
	090641	自粘橡胶带 25 mm×20 m	卷	5.50	8.80	9.00	9.20	3.30	3.30	3.30	3.30	3.30	3.30	3.30	3.30
	090743	擦拭纸	盒	3.30	3.30	3.30	3.30	2.20	2.20	2.20	2.20	2.20	2.20	2.20	2.20
机械	190440	回路电阻测试仪	台时	7.98	7.98	7.98	9.58	7.98	7.98	11.97	14.36	14.36	15.96	7.98	7.98
	190090	数字存储示波器	台时	7.98	3.99	3.99	6.38							7.98	7.98
	190116	蓄电池放电仪	台时	7.98	7.98	7.98	9.58							7.98	7.98
	190117	充电机特性测试仪	台时	7.98	3.99	3.99	6.38	7.98	7.98	7.98	7.98	7.98	7.98	7.98	7.98
	190118	蓄电池内阻测试仪	台时	7.98	3.99	3.99	3.99								
	190119	蓄电池活化仪	台时		7.98	7.98	7.98								
	190780	便携式维护终端	台时	31.92	23.94	31.92	39.90							7.98	7.98
定额编号				8-89	8-90	8-91	8-92	8-93	8-94	8-95	8-96	8-97	8-98	8-99	8-100

8.19 柴油发电机组

工作内容：1. 柴油发电机的控制功能试验。2. 柴油发电机各保护功能检查。3. 报警信号回路检查。4. 运行试验。

单位：系统

电算编号		项目	单位	柴油发电机组	
				400 V	10 kV
人工	010011	工长	工时	22.40	26.14
	010012	高级工	工时	56.01	65.36
	010013	中级工	工时	33.61	39.21
	010014	初级工	工时		
	010010	合计	工时	112.02	130.71
机械	190141	微机继电保护测试仪	台时	15.96	31.92
定额编号				8-101	8-102

8.20 油、气试验

8.20.1 绝缘油试验

工作内容：1. 准备取样工器具。2. 取样前准备工作。3. 按照不同试验项目对油样的要求进行取样。4. 仪器参数设定。5. 启动测量包括绝缘油瓶取样、注射器取样、介质损耗及体积电阻率试验、水溶性酸值（pH 值）试验、酸值试验、闭口闪点试验、界面张力试验、水分（微水）试验、色谱分析试验、油中含气量试验、油中颗粒度试验、油泥与沉淀试验等调试技术规范要求的试验项目。6. 检查试验数据记录。

单位：台

电算编号		项目	单位	变压器绝缘油试验（kVA 以下）		互感器（断路器）绝缘油试验
				20000	80000	
人工	010011	工长	工时	53.04	76.94	5.35
	010012	高级工	工时	132.59	192.34	13.38
	010013	中级工	工时	79.55	115.40	8.03
	010014	初级工	工时			
	010010	合计	工时	265.18	384.68	26.76
材料	060191	乙醇	kg	0.34	0.51	
	060192	氢氧化钾乙醇溶液（分析纯）	kg	0.09	0.13	
	060410	丁酮（分析纯）	kg		0.60	
	060370	溴百里香草酚蓝（BTB）指示剂	瓶	1.09	1.63	
	060390	石油醚（分析纯）	kg	2.35	3.60	0.40
	060420	铬酸洗液	kg		0.60	
	060430	卡尔费休试剂 500 mL	瓶	0.15	0.19	
	060400	石油液化气	m^3	4.00	6.00	
	060330	氮气（高纯）20 L	瓶	0.90	0.90	0.60
	060340	氢气（高纯）20 L	瓶	0.30	0.30	0.20
	060350	氩气（高纯）20 L	瓶	0.30	0.30	0.20
	060440	色谱用标准混合气体 8 L	瓶	0.15	0.15	0.10
	060450	压缩空气（干燥）20 L	瓶	0.90	0.90	0.60
	060380	蒸馏水	kg	74.50	111.50	10.00
	090742	无絮棉布	kg	35.00	56.75	6.00
	060360	专用吸油纸	张	116.50	162.50	14.00
	200010	其他材料费	%	2.00	2.00	2.00
机械	190150	油耐压试验仪	台时	6.08	7.60	
	190400	酸值测试仪	台时	6.27	9.41	
	190142	自动张力仪	台时		6.84	
	190550	介损与体积电阻率试验仪	台时	13.68	18.24	
	190390	气相色谱仪	台时	6.84	6.84	4.56
	190100	水特性测试仪	台时	5.70	7.12	
	190770	闭口闪点测定仪	台时	3.80	5.70	
	190110	水浴加热振荡仪（加热水浴）	台时	3.04	4.56	
	190730	自动色谱脱气振荡仪	台时	6.84	6.84	4.56
定额编号				8-103	8-104	8-105

8.20.2 六氟化硫气体试验

工作内容： 1. 准备取样工器具。2. 取样前准备工作。3. 按照不同试验项目对 SF_6 的要求进行取样及试验等。

电算编号		项目	单位	六氟化硫气体试验					
				SF_6 取样	SF_6 检漏	SF_6 露点	SF_6 成分（纯度）	SF_6 成分（组分）	SF_6 全分析
				样	样	样	样	样	气瓶
人工	010011	工长	工时	0.45	1.60	1.60	1.60	1.72	6.24
	010012	高级工	工时	1.11	4.01	4.01	4.01	4.31	15.59
	010013	中级工	工时	0.67	2.41	2.41	2.41	2.59	9.36
	010014	初级工	工时						
	010010	合计	工时	2.23	8.02	8.02	8.02	8.62	31.19
材料	090420	塑料薄膜	m^2		10.00	10.00	10.00	10.00	
	090619	塑料带防辐照聚乙烯 20 mm×40 m	卷		5.00	5.00	5.00	5.00	
	091290	取样瓶（袋）	只	0.10					
	060500	羧甲基纤维素	kg						0.05
	060191	乙醇	kg						0.66
	060490	四氯化碳 95%	kg						2.20
	060480	硫酸纯度 38%	kg						0.28
	060193	氢氧化钠（烧碱）99.5%	kg						0.12
	060330	氮气（高纯）20 L	瓶						0.05
	060340	氢气（高纯）20 L	瓶						0.05
	200010	其他材料费	%	2.00	2.00	2.00	2.00	2.00	
机械	180700	六氟化硫气体回收装置	台时	0.76					
	190030	SF_6 微水分析仪	台时			6.08			1.90
	190040	定量检漏仪	台时		4.56				
	190050	定性检漏仪	台时		4.56				
	190020	SF_6 气体成分测试仪	台时				1.14	1.67	
	190390	气相色谱仪	台时						1.98
	190143	红外光谱仪	台时						4.56
定额编号				8-106	8-107	8-108	8-109	8-110	8-111

8.21 表计校验

8.21.1 电力仪表校验

工作内容:1. 调试前准备工作。2. 检查并准备仪器。3. 启动测量。

单位：块

电算编号		项目	单位	单相仪表	三相仪表	综合仪表
人工	010011	工长	工时	0.78	1.56	3.12
	010012	高级工	工时	1.96	3.91	7.82
	010013	中级工	工时	1.18	2.35	4.70
	010014	初级工	工时			
	010010	合计	工时	3.92	7.82	15.64
机械	190071	三相电能表现场校验仪	台时	1.02	2.04	4.08
	190650	数字万用表(数字式)	台时	0.25	0.50	1.00
其他	200030	其他费用	%	5.00	5.00	5.00
定额编号				8-112	8-113	8-114

8.21.2 气体继电器校验

工作内容：1. 查看送检样品。2. 检查并准备仪器。3. 开户试验仪器。4. 连接试验接头。5. 连接试验管道。6. 启动仪器。7. 进行检验。8. 分析及判断等。

单位：只

电算编号		项目	单位	气体继电器
人工	010011	工长	工时	4.24
	010012	高级工	工时	10.61
	010013	中级工	工时	6.37
	010014	初级工	工时	
	010010	合计	工时	21.22
材料	080890	聚四氟乙烯生料带	卷	0.43
机械	190380	气体继电器校验装置	台时	7.75
定额编号				8-115

8.21.3 压力表、压力释放阀校验

工作内容：1. 查看送检样品。2. 检查并准备仪器。3. 开户试验仪器。4. 连接试验接头。5. 连接试验管道。6. 启动仪器。7. 进行检验。8. 分析及判断等。

单位：只

电算编号		项目	单位	压力释放阀	压力表
人工	010011	工长	工时	4.32	2.05
	010012	高级工	工时	10.80	5.12
	010013	中级工	工时	6.48	3.07
	010014	初级工	工时		
	010010	合计	工时	21.60	10.24
材料	080890	聚四氟乙烯生料带	卷	0.26	0.17
机械	190381	压力标准装置	台时		3.88
	190382	压力释放阀校验装置	台时	5.17	0.76
定额编号				8-116	8-117

8.22 红外热像检测

工作内容：检测设备本体及电气连接部位运行时温升、温差有无异常。

单位：台套

电算编号		项目	单位	变压器	高压电机	开关柜	其他电气设备
人工	010011	工长	工时	0.48	0.60	0.24	0.12
	010012	高级工	工时	3.00	3.75	1.50	0.75
	010013	中级工	工时	1.08	1.35	0.54	0.27
	010014	初级工	工时				
	010010	合计	工时	4.56	5.70	2.28	1.14
机械	190144	红外成像仪（640×480 像素）	台时	1.00	1.25	0.50	0.25
	180630	便携式计算机	台时	2.00	2.00	1.50	1.00
其他	200030	其他费用	%	5.00	5.00	5.00	5.00
定额编号				8-118	8-119	8-120	8-121

8.23　安全工器具

工作内容： 1. 外观检查。2. 绝缘电阻测量。3. 交流耐压试验。

单位：10样

电算编号		项目	单位	安全工器具
人工	010011	工长	工时	2.94
	010012	高级工	工时	7.35
	010013	中级工	工时	4.41
	010014	初级工	工时	
	010010	合计	工时	14.70
材料	080081	铜芯聚氯乙烯绝缘电线	m	0.10
	080083	铜芯聚氯乙烯绝缘电线 120	m	0.01
	090620	塑料带 20 mm×40 m	卷	0.50
	200010	其他材料费	%	2.00
机械	190191	交流高压发生器（50 kVA 以下）	台时	0.26
	190500	交流耐压试验装置（设备耐压用 35 kV）	台时	0.26
	190590	绝缘电阻测试仪（2500～10000 V、＞2 mA)	台时	0.57
	190220	三相精密测试电源	台时	1.13
定额编号				8-122

注： 小于“10样”以“10样”计。

III

附录

附录A　土石方分级

表 A.1　土石方松实系数换算

项目	自然方	松方	实方	码方
土方	1.00	1.33	0.85	
石方	1.00	1.53	1.31	
砂方	1.00	1.07	0.94	
混合料	1.00	1.19	0.88	
块石	1.00	1.75	1.43	1.67

注： 1. 松实系数是指土石料体积的比例关系，供一般土石方工程换算时参考；

2. 块石实方指堆石坝坝体方，块石松方即块石堆方。

表 A.2　一般工程土类分级

土质级别	土质名称	坚固系数 f	自然湿密度（g/cm^3）	外形特征	简单判别方法
Ⅰ	1. 砂土 2. 种植土	0.5～0.6	1.65～1.75	疏松，粘着力差或易透水，略有黏性	用锹或略加脚踩开挖
Ⅱ	1. 壤土 2. 淤泥 3. 含壤种植土	0.6～0.8	1.75～1.85	开挖时能成块，并易打碎	用锹需用脚踩开挖
Ⅲ	1. 黏土 2. 干燥黄土 3. 干淤泥 4. 含少量砾石黏土	0.8～1.0	1.80～1.95	粘手，看不见砂粒或干硬	用锹需用力加脚踩开挖
Ⅳ	1. 坚硬黏土 2. 砾质黏土 3. 含卵石黏土	1.0～1.5	1.90～2.10	土壤结构坚硬，将土分裂后成块状或含粘粒砾石较多	用镐、三齿耙撬挖

表 A.3　岩石分级

岩石级别	岩石名称	实体岩石自然湿度时的平均密度（g/cm^3）	净钻时间（min/m）用直径 30 mm 合金钻头，凿岩机打眼（工作气压为 0.46 MPa）	极限抗压强度（MPa）	坚固系数 f
Ⅴ	1. 砂藻土及软的白垩岩	1.50	≤3.5 (淬火钻头)	≤19.61	1.5～2
	2. 硬的石炭纪的黏土	1.95			
	3. 胶结不紧的砾岩	1.90～2.20			
	4. 各种不坚实的页岩	2.00			
Ⅵ	1. 软的有孔隙的节理多的石灰岩及贝壳石灰岩	2.20	4（3.5～4.5）(淬火钻头)	19.61～39.23	2～4
	2. 密实的白垩	2.60			
	3. 中等坚实的页岩	2.70			
	4. 中等坚实的泥灰岩	2.30			
Ⅶ	1. 水成岩卵石经石灰质胶结而成的砾石	2.2	6（4.5～7）(淬火钻头)	39.23～58.84	4～6
	2. 风化的节理多的黏土质砂岩	2.2			
	3. 坚硬的泥质页岩	2.8			
	4. 坚实的泥灰岩	2.5			
Ⅷ	1. 角砾状花岗岩	2.3	6.8（5.7～7.7）	58.84～78.46	6～8
	2. 泥灰质石灰岩	2.3			
	3. 黏土质砂岩	2.2			
	4. 云母页岩及砂质页岩	2.3			
	5. 硬石膏	2.9			
Ⅸ	1. 软的风化较甚的花岗岩、片麻岩及正长岩	2.50	8.5（7.8～9.2）	78.46～98.07	8～10
	2. 滑石质的蛇纹岩	2.40			
	3. 密实的石灰岩	2.50			
	4. 水成岩卵石经硅质胶结的砾岩	2.50			
	5. 砂岩	2.50			
	6. 砂质石灰质的页岩	2.50			
Ⅹ	1. 白云岩	2.70	10（9.3～10.8）	98.07～117.68	10～12
	2. 坚实的石灰岩	2.70			
	3. 大理石	2.70			
	4. 石灰质胶结的致密的砂岩	2.60			
	5. 坚硬的砂质页岩	2.60			

续表

岩石级别	岩石名称	实体岩石自然湿度时的平均密度（g/cm^3）	净钻时间（min/m） 用直径 30 mm 合金钻头，凿岩机打眼（工作气压为 0.46 MPa）	极限抗压强度（MPa）	坚固系数 f
XI	1. 粗粒花岗岩	2.80	11.2（10.9～11.5）	117.68～137.30	12～14
	2. 特别坚实的白云岩	2.90			
	3. 蛇纹岩	2.60			
	4. 火成岩卵石经石灰质胶结的砾岩	2.80			
	5. 石灰质胶结的坚实的砂岩	2.70			
	6. 粗粒正长岩	2.70			
XII	1. 有风化痕迹的安山岩及玄武岩	2.70	12.2（11.6～13.3）	137.30～156.91	14～16
	2. 片麻岩、粗面岩	2.60			
	3. 特别坚实的石灰岩	2.90			
	4. 火成岩卵石经硅质胶结的砾岩	2.60			
XIII	1. 中粒花岗岩	3.10	14.1（13.4～14.8）	156.91～176.53	16～18
	2. 坚实的片麻岩	2.80			
	3. 辉绿岩	2.70			
	4. 玢岩	2.50			
	5. 坚实的粗面岩	2.80			
	6. 中粒正长岩	2.80			
XIV	1. 特别坚实的细粒花岗岩	3.30	15.5（14.9～18.2）	176.53～196.14	18～20
	2. 花岗片麻岩	2.90			
	3. 闪长岩	2.90			
	4. 最坚实的石灰岩	3.10			
	5. 坚实的玢岩	2.70			
XV	1. 安山岩、玄武岩、坚实的角闪岩	3.10	20（18.3～24）	196.14～245.18	20～25
	2. 最坚实的辉绿岩及闪长岩	2.90			
	3. 坚实的辉长岩及石英岩	2.80			
XVI	1. 钙钠长石质橄榄石质玄武岩	3.30	＞24	＞245.18	＞25
	2. 特别坚实的辉长岩、辉绿岩、石英岩及玢岩	3.00			

表 A.4　水力冲挖土类分级

土类	土类名称	自然湿密度（g/cm³）	外形特征	鉴别方法
Ⅰ	1. 稀淤	1.50～1.80	含水饱和，搅动即成糊状	用容器装运
	2. 流砂		含水饱和，能缓缓流动，挖而复涨	
Ⅱ	1. 砂土	1.65～1.75	颗粒较粗，无凝聚性和可塑性，空隙大，易透水	用铁锹开挖
	2. 砂壤土		土质松软，由砂与壤土组成，易成浆	
Ⅲ	1. 烂淤	1.70～1.85	行走陷足，粘锹粘筐	用铁锹或长苗大锹开挖
	2. 壤土		手触感觉有砂的成分，可塑性好	
	3. 含根种植土		有植物根系，能成块，易打碎	
Ⅳ	1. 黏土	1.75～1.90	颗粒较细，粘手滑腻，能压成块	用三齿叉撬挖
	2. 干燥黄土		粘手，看不见砂粒	
	3. 干淤土		水分在饱和点以下，质软易挖	

表 A.5　河道疏浚工程土(砂)分级

土（砂）类别		土名状态	粒组、塑性图分类		贯入击数 $N_{63.5}$	锥体沉入土中深度 h（mm）	饱和密度 P_t（g/cm^3）	液性指数 I_L	相对密度 D_r	粒径（mm）	含量占权重（%）	附着力 F（kN/m^2）
			符号	典型土、砂名称举例								
泥土、细砂	Ⅰ	流动淤泥	OH	中、高塑性有机黏土	0	＞10	≤1.55	≥1.50				
		液塑淤泥	OH	中、高塑性有机黏土	≤2	＞10	1.55～1.70	1.55～1.00				
	Ⅱ	软塑淤泥	OL	低、中塑性有机粉土，有机粉黏土	≤4	7～10	1.8	1.00～0.75				
	Ⅲ	可塑砂壤土	CL	低塑性黏土，砂质黏土，黄土	5～8	3～7	＞1.8	0.75～0.25				
		可塑壤土	CI	中塑性黏土，粉质黏土	5～8	3～7	＞1.8	0.75～0.25				
		可塑黏土	CH	高塑性黏土，肥黏土，膨胀土	5～8	3～7	＞1.8	0.75～0.25				＜9.81
		松散粉、细砂	SM，SC，S-M，S-C	粉（黏）质土砂，微含粉（黏）质土砂	≤4		1.90		0～0.33	0.05～0.25		
	Ⅳ	硬塑砂壤土	CL	低塑性黏土，砂质黏土，黄土	9～14	2～3	1.85～1.90	0.25～0				＜9.81
		硬塑壤土	CI	中塑性黏土，粉质黏土	9～14	2～3	1.85～1.90	0.25～0				＜9.81
		中密粉细砂	SM，SC，S-M，S-C	粉（黏）质土砂，不良级配砂，黏（粉）土砂混合料	5～10		1.90		0.33～0.67	0.05～0.25		
	Ⅴ	硬塑黏土	CH	高塑性黏土，肥黏土，膨胀土	9～14	2～3	1.85～1.90	0.25～0				＞24.52
		密实粉、细砂	SM，SC，S-M，S-C	粉（黏）质土砂，不良级配砂，黏（粉）土砂混合料	10～30		2.00		0.67～1.0	0.05～0.25		
	Ⅵ	坚硬砂壤土	CL	砂质黏土，低塑性黏土、黄土	15～30	＜2	1.90～1.95	＜0				＜9.81
		坚硬壤土	CI	中塑性黏土，粉质黏土	15～30	＜2	1.90～2.00	＜0				＜9.81
	Ⅶ	坚硬黏土	CH	高塑性黏土，肥黏土，膨胀土	15～30	＜2	1.90～2.00	＜0				＞24.52
		弱胶结砂礓土			15～31							

续表

土（砂）类别		土名状态	粒组、塑性图分类		贯入击数 $N_{63.5}$	锥体沉入土中深度 h（mm）	饱和密度 P_t（g/cm^3）	液性指数 I_L	相对密度 D_r	粒径（mm）	含量占权重（%）	附着力 F（kN/m^2）
		符号	典型土、砂名称举例									
砂	中砂	松散中砂	SM，SC，SP	粉（黏）质土砂，砂、粉（黏）土混合料，不良级配砂	0～15		2.00		0～0.33	0.25～0.50	＞50	
砂	中砂	中密中砂	SM，SC，SW，SP	粉（黏）质土砂，良好（不良）级配砂	15～30		2.05		0.33～0.67	0.25～0.50	＞50	
砂	中砂	紧密中砂（含铁板砂）	SM（C），SW（P），GM（C），G-M（C）	粉（黏）质土砂，良好（不良）级配砂，粉（黏）质土砾，砾、砂、粉（黏）土 混合料，砾质砂	30～50		＞2.05		0.67～1.00	0.25～0.50	＞50	
砂	粗砂	松散粗砂	SM，SC，SP	粉（黏）土砂，砂、粉（黏）土混合料，不良级配砂	0～15		2.00		0～0.33	0.5～2.0	＞50	
砂	粗砂	中密粗砂	SM，SC，SW	粉（黏）质土砂，砂、粉（黏）土混合 料，良好级配砂	15～30		2.05		0.33～0.67	0.5～2.0	＞50	
砂	粗砂	紧密粗砂（含铁板砂）	SM（C），SW（P），GM（C），G-M（C）	粉（黏）质土砂，良好（不良）级配砂，微含粉（黏）质土砾，砾、砂、粉（黏） 土混合料，砾质砂	30～50		＞2.05		0.67～1.00	0.5～2.0	＞50	

表 A.6　工程地层分类与特征

地层名称	特性	备注
黏土	塑性指数＞17，人工回填压实或天然的黏土层，包含黏土含石	包括≤50%含石量的地层
砂壤土	1＜塑性指数≤17，人工回填压实或天然的砂壤土层，包含土砂、壤土、砂土互层、壤土含石和砂土	包括≤50%含石量的地层
淤泥	包含天然空隙比＞1.5 的淤泥和天然空隙比＞1 并且≤1.5 的黏土和亚黏土	包括≤50%含石量的地层
粉细砂	d_{50}≤0.25 mm，塑性指数≤1，包含粉砂、粉细砂含石	包括≤50%含石量的地层
中粗砂	d_{50}＞0.25 mm，并且 d_{50}≤2 mm，包含中粗砂含石	包括≤50%含石量的地层
砾石	粒径 2～20 mm 的颗粒占全重 50%的地层，包含砂砾石和砂砾	
卵石	粒径 20～200 mm 的颗粒占全重 50%的地层，包含砂砾卵石	
漂石	粒径 200～800 mm 的颗粒占全重 50%的地层，包含漂卵石	
混凝土	指水下浇筑、龄期不超过 28 d 的防渗漏墙接头混凝土	
基岩	指全风化、强风化、弱风化的岩石	
孤石	粒径＞800 mm 需做专项处理，处理后孤石按基岩定额计算	

附录B 水工混凝土、砂浆配合比及材料用量

1. 混凝土配合比有关说明

（1）混凝土及水泥砂浆强度等级以28天龄期的抗压强度为准。各配合比及水泥用量是根据水工混凝土施工规范要求结合我省具体情况进行综合制定的，系按一般常用的组合，作为编制概、预算的依据。实际施工时，应根据到工地的材料情况，按工地试验值进行配料施工。

（2）各配合比表中，包括材料的场内运输及操作损耗量。材料的密度、堆积密度及场内损耗见表B.1。

表B.1 材料的密度、堆积密度及场内损耗

项目	水泥	黄砂	碎石	粉煤灰	外加剂
密度（g/cm^3）	3.1	2.6	2.7	2.0	
堆积密度(g/cm^3)	1.2	1.5	1.5	0.8	
场内损耗（%）	1.5	4.0	2.5	1.5	1.5

（3）熟料运输和浇筑、砌抹损耗，已计入混凝土工程和砌石工程等相应定额中。

（4）胶凝材料包括水泥、粉煤灰，粉煤灰采用I级或II级灰。掺粉煤灰混凝土的水灰比采用基准混凝土的水灰比。

（5）有抗冻要求的混凝土必须掺引气型高效减水剂，混凝土所用石子、砂的坚固性应符合相关规范要求，有抗渗抗冻要求时，水灰比选用见表B.2。

表B.2 混凝土抗渗等级、抗冻等级、水灰比对照

抗渗混凝土		抗冻混凝土		
抗渗等级	水灰比	抗冻等级	基本要求	
			水灰比	含气量
W4	<0.65	F50	<0.58	4.0
W6	<0.60	F100	<0.55	4.5
W8	<0.55	F150	<0.52	4.5
W12	<0.50	F200	<0.50	5.0

注：表中含气量指新拌混凝土含气量。

（6）外加剂的掺量采用各配合比表中胶凝材料总用量的百分比计算。

（7）附表中为有抗冻要求的混凝土时，外加剂为引气型高效减水剂掺量，否则为高效减水剂。

2. 普通塑性混凝土配合比材料用量

普通塑性混凝土配合比材料用量见表B.3。

3. 泵送混凝土配合比材料用量

泵送混凝土配合比材料用量见表 B.4。

4. 常规水下混凝土（采用泥浆护壁工艺浇注的灌注桩、地连墙等）配合比材料用量

常规水下混凝土（采用泥浆护壁工艺浇注的灌注桩、地连墙等）配合比材料用量见表 B.5。

5. 水下不分散混凝土配合比材料用量

混凝土强度用水中成型试块的强度表示，水中成型试块比大气中成型试块的抗压强度低约 20%～30%。水下不分散混凝土配合比材料用量见表 B.6。

6. 自密实自流平混凝土配合比材料用量

自密实自流平混凝土配合比材料用量见表 B.7。

7. 无砂透水混凝土配合比材料用量

无砂透水混凝土坍落度为 0 cm，属塑性很小的干硬性混凝土。无砂透水混凝土配合比材料 用量见表 B.8。

8. 砂浆配合比材料用量

砂浆配合比材料用量见表 B.9。

9. 硫磺砂浆配合比材料用量

硫磺砂浆配合比材料用量见表 B.10。

表 B.3　普通塑性混凝土配合比材料用量

单位：1 m^3

电算编号	项目	单位	混凝土强度等级									
			C10					C15				
			碎石最大粒径（mm）									
			20	25	31.5	40	80	20	25	31.5	40	80
	水灰比		0.75					0.62				
010020	水泥 P.C32.5 级	t	0.277	0.270	0.264	0.250	0.230	0.336	0.328	0.320	0.302	0.286
010050	黄砂	t	0.780	0.775	0.768	0.755	0.725	0.736	0.732	0.727	0.718	0.686
010060	碎石	t	1.201	1.219	1.237	1.274	1.339	1.185	1.202	1.221	1.258	1.320
090010	水	m^3	0.205	0.200	0.195	0.185	0.170	0.205	0.200	0.195	0.185	0.170
电 算 编 号			010120	010121	010122	010123	010124	010125	010126	010127	010128	010129
电算编号	项 目	单位	混凝土强度等级									
			C20					C25				
			碎石最大粒径（mm）									
			20	25	31.5	40	80	20	25	31.5	40	80
	水灰比		0.51					0.42				
010020	水泥 P.C32.5 级	t	0.414	0.404	0.394	0.375	0.344	0.510	0.497	0.486	0.462	0.425
010050	黄砂	t	0.668	0.665	0.660	0.652	0.615	0.579	0.576	0.573	0.566	0.531
010060	碎石	t	1.171	1.189	1.208	1.247	1.329	1.158	1.179	1.199	1.240	1.326
090010	水	m^3	0.208	0.203	0.198	0.188	0.173	0.211	0.206	0.201	0.191	0.176
电算编号			010130	010131	010132	010133	010134	010135	010136	010137	010138	010139

注： 普通塑性混凝土采用中砂拌制，塌落度为 5～7 cm。

单位：1 m^3

电算编号	项目	单位	混凝土强度等级									
			C15					C20				
			碎石最大粒径（mm）									
			20	25	31.5	40	80	20	25	31.5	40	80
	水灰比		0.69					0.60				
010030	水泥 42.5 级	t	0.301	0.294	0.287	0.272	0.250	0.347	0.338	0.330	0.313	0.287
010050	黄砂	t	0.789	0.785	0.780	0.780	0.722	0.723	0.719	0.704	0.704	0.673
010060	碎石	t	1.167	1.185	1.202	1.227	1.322	1.187	1.205	1.233	1.261	1.333
090010	水	m^3	0.205	0.200	0.195	0.185	0.170	0.205	0.200	0.195	0.185	0.170
电算编号			010140	010141	010142	010143	010144	010145	010146	010147	010148	010149

电算编号	项 目	单位	混凝土强度等级									
			C25					C30				
			碎石最大粒径（mm）									
			20	25	31.5	40	80	20	25	31.5	40	80
	水灰比		0.5					0.45				
010030	水泥 42.5 级	t	0.416	0.406	0.396	0.376	0.345	0.463	0.451	0.439	0.417	0.384
010050	黄砂	t	0.658	0.654	0.640	0.640	0.614	0.618	0.615	0.610	0.607	0.584
010060	碎石	t	1.181	1.200	1.220	1.261	1.333	1.175	1.194	1.214	1.251	1.322
090010	水	m^3	0.205	0.200	0.195	0.185	0.170	0.205	0.200	0.195	0.185	0.170
电算编号			010150	010151	010152	010153	010154	010155	010156	010157	010158	010159

电算编号	项目	单位	混凝土强度等级									
			C35									
			碎石最大粒径（mm）									
			20	25	31.5	40	80					
	水灰比		0.39									
010030	水泥 42.5 级	t	0.541	0.529	0.516	0.489	0.451					
010050	黄砂	t	0.543	0.541	0.538	0.537	0.505					
010060	碎石	t	1.164	1.186	1.207	1.244	1.329					
090010	水	m^3	0.208	0.203	0.198	0.188	0.173					
电算编号			010160	010161	010162	010163	010164					

注： 普通塑性混凝土采用中砂拌制，塌落度为 5～7 cm。

单位：1 m^3

电算编号	项目	单位	混凝土强度等级									
			C35					C40				
			碎石最大粒径（mm）									
			20	25	31.5	40	80	20	25	31.5	40	80
	水灰比		0.52					0.46				
010040	水泥 52.5 级	t	0.401	0.391	0.381	0.361	0.332	0.453	0.442	0.430	0.408	0.376
010050	黄砂	t	0.674	0.670	0.666	0.665	0.627	0.628	0.624	0.621	0.617	0.582
010060	碎石	t	1.181	1.200	1.220	1.251	1.333	1.175	1.194	1.214	1.251	1.333
090010	水	m^3	0.205	0.200	0.195	0.185	0.170	0.205	0.200	0.195	0.185	0.170
电算编号			010165	010166	010167	010168	010169	010170	010171	010172	010173	010174

电算编号	项目	单位	混凝土强度等级									
			C45									
			碎石最大粒径（mm）									
			20	25	31.5	40	80					
	水灰比		0.39									
010040	水泥 52.5 级	t	0.541	0.529	0.516	0.489	0.451					
010050	黄砂	t	0.543	0.541	0.538	0.534	0.505					
010060	碎石	t	1.164	1.186	1.207	1.247	1.329					
090010	水	m^3	0.208	0.203	0.198	0.188	0.173					
电算编号			010175	010176	010177	010178	010179					

注： 普通塑性混凝土采用中砂拌制，塌落度为 5～7 cm。

单位：1 m^3

电算编号	项目	单位	混凝土强度等级									
			C20					C25				
			碎石最大粒径（mm）									
			20	25	31.5	40	80	20	25	31.5	40	80
	水灰比		0.6					0.5				
010030	水泥 42.5 级	t	0.284	0.277	0.271	0.257	0.236	0.341	0.333	0.325	0.309	0.284
010050	黄砂	t	0.751	0.743	0.734	0.726	0.642	0.743	0.735	0.728	0.721	0.676
010060	碎石	t	1.261	1.280	1.299	1.329	1.445	1.212	1.231	1.251	1.282	1.363
090010	水	m^3	1.705	1.663	1.626	1.541	1.731	2.050	2.000	1.950	1.830	1.705
电算编号			010180	010181	010182	010183	010184	010185	010186	010187	010188	010189

电算编号	项目	单位	混凝土强度等级									
			C30					C35				
			碎石最大粒径（mm）									
			20	25	31.5	40	80					
	水灰比		0.45					0.39				
010030	水泥 42.5 级	t	0.379	0.369	0.361	0.343	0.316	0.446	0.431	0.424	0.403	0.369
010050	黄砂	t	0.704	0.698	0.691	0.688	0.644	0.635	0.629	0.624	0.622	0.589
010060	碎石	t	1.212	1.231	1.251	1.279	1.363	1.208	1.234	1.249	1.281	1.363
090010	水	m^3	2.280	2.220	2.170	2.060	1.894	2.680	2.590	2.550	2.420	2.217
电算编号			010190	010191	010192	010193	010194	010195	010196	010197	010198	010199

注：普通塑性混凝土采用中砂拌制、掺外加剂（减水率 18%），塌落度为 5～7 cm。

表 B.4　泵送混凝土配合比材料用量

单位：1 m^3

电算编号	项目	单位	混凝土强度等级								
			C15			C20			C25		
			碎石最大粒径（mm）								
			20	25	31.5	20	25	31.5	20	25	31.5
	水灰比		0.62			0.51			0.42		
010020	水泥 P.C32.5 级	t	0.368	0.360	0.352	0.458	0.448	0.437	0.457	0.447	0.435
010050	黄砂	t	0.766	0.766	0.762	0.677	0.676	0.675	0.676	0.676	0.677
010060	碎石	t	1.052	1.064	1.081	1.043	1.060	1.076	1.088	1.102	1.117
010770	粉煤灰	t									
010771	外加剂	kg							2.790	2.730	2.650
090010	水	m^3	0.225	0.220	0.215	0.230	0.225	0.220	0.189	0.185	0.180
电算编号			010200	010201	010202	010203	010204	010205	010206	010207	010208

注：泵送混凝土采用中砂拌制、掺外加剂（减水率 18%），塌落度为 12～16 cm。

单位：1 m^3

电算编号	项目	单位	混凝土强度等级								
			C15			C20			C25		
			碎石最大粒径（mm）								
			20	25	31.5	20	25	31.5	20	25	31.5
	水灰比		0.67			0.60			0.50		
010030	水泥 42.5 级	t	0.341	0.335	0.327	0.381	0.373	0.363	0.315	0.298	0.292
010050	黄砂	t	0.784	0.785	0.788	0.749	0.752	0.753	0.736	0.753	0.755
010060	碎石	t	1.061	1.071	1.081	1.056	1.066	1.079	1.100	1.114	1.124
010770	粉煤灰	t							0.073	0.069	0.067
010771	外加剂	kg							2.370	2.240	2.190
090010	水	m^3	0.225	0.220	0.215	0.225	0.220	0.215	0.187	0.177	0.173
电算编号			010209	010210	010211	010212	010213	010214	010215	010216	010217

续表

电算编号	项目	单位	混凝土强度等级								
			C30			C35			C40		
			碎石最大粒径（mm）								
			20	25	31.5	20	25	31.5	20	25	31.5
	水灰比		0.45			0.4			0.36		
010030	水泥 42.5 级	t	0.348	0.332	0.326	0.445	0.424	0.413			0.505
010050	黄砂	t	0.698	0.714	0.717	0.635	0.654	0.661			0.605
010060	碎石	t	1.097	1.111	1.121	1.092	1.107	1.117			1.122
010770	粉煤灰	t	0.077	0.073	0.071	0.057	0.054	0.053			
010771	外加剂	kg	2.600	2.470	2.420	3.060	2.910	2.840			3.050
090010	水	m^3	0.190	0.180	0.176	0.195	0.185	0.180			0.180
电算编号			010218	010219	010220	010221	010222	010223	010224	010225	010256
电算编号	项目	单位	混凝土强度等级								
			C40			C45			C50		
			碎石最大粒径（mm）								
			20	25	31.5	20	25	31.5	20	25	31.5
	水灰比		0.46			0.4			0.36		
010030	水泥 42.5 级	t	0.348	0.332	0.326	0.445	0.424	0.413			0.505
010050	黄砂	t	0.698	0.714	0.717	0.635	0.654	0.661			0.605
010060	碎石	t	1.097	1.111	1.121	1.092	1.107	1.117			1.122
010770	粉煤灰	t	0.077	0.073	0.071	0.057	0.054	0.053			
010771	外加剂	kg	2.600	2.470	2.420	3.060	2.910	2.840			3.050
090010	水	m^3	0.190	0.180	0.176	0.225	0.185	0.180			0.180
电算编号			010257	010258	010259	010260	010261	010262	010263	010264	010265

注：泵送混凝土采用中砂拌制、掺外加剂（减水率 18%），塌落度为 12～16 cm。

表 B.5　常规水下混凝土配合比材料用量

单位：1 m^3

电算编号	项目	单位	混凝土强度等级											
			C15				C20				C25			
			碎石最大粒径（mm）											
			20	25	31.5	40	20	25	31.5	40	20	25	31.5	40
	水灰比		0.63				0.53				0.44			
010020	水泥 P.C32.5 级	t		0.341	0.332	0.323		0.414	0.403	0.392		0.506	0.497	0.483
010050	黄砂	t		0.784	0.783	0.782		0.709	0.710	0.711		0.615	0.614	0.618
010060	碎石	t		1.074	1.091	1.107		1.071	1.088	1.104		1.069	1.085	1.102
010770	粉煤灰	t												
010771	外加剂	kg		2.080	2.030	1.970		2.520	2.460	2.390		3.080	3.030	2.940
090010	水	m^3		0.212	0.206	0.200		0.215	0.209	0.203		0.217	0.211	0.205
电算编号			010266	010267	010268	010269	010270	010271	010272	010273	010274	010275	010276	010277

注：常规水下混凝土采用中砂拌制、掺外加剂（减水率 18%），坍落度为 18～22 cm。

单位：1 m^3

电算编号	项目	单位	混凝土强度等级											
			C15			C20			C25			C30		
			碎石最大粒径（mm）											
			25	31.5	40	25	31.5	40	25	31.5	40	25	31.5	40
	水灰比		0.67			0.60			0.53			0.47		
010030	水泥 42.5 级	t	0.245	0.239	0.232	0.284	0.277	0.270	0.321	0.314	0.306	0.371	0.361	0.353
010050	黄砂	t	0.751	0.753	0.750	0.756	0.753	0.750	0.744	0.742	0.738	0.675	0.678	0.678
010060	碎石	t	1.076	1.089	1.106	1.069	1.089	1.106	1.068	1.084	1.102	1.068	1.081	1.097
010770	粉煤灰	t	0.134	0.131	0.128	0.094	0.092	0.090	0.073	0.071	0.070	0.084	0.083	0.081
010771	外加剂	kg	2.310	2.240	2.200	2.310	2.250	2.200	2.400	2.350	2.290	2.770	2.710	2.650
090010	水	m^3	0.205	0.200	0.195	0.205	0.200	0.195	0.205	0.200	0.195	0.210	0.205	0.200
电算编号			010278	010279	010280	010281	010282	010283	010284	010285	010286	010287	010288	010289

注：常规水下混凝土采用中砂拌制、掺外加剂（减水率 18%），坍落度为 18～22 cm。

单位：1 m^3

电算 编号	项目	单位	混凝土强度等级											
			C15			C20			C15			C25		
			碎石最大粒径（mm）											
			25	31.5	40	25	31.5	40	25	31.5	40	25	31.5	40
	水灰比		0.62			0.53			0.67			0.53		
010020	水泥 P.C32.5 级	t	0.417	0.409	0.401	0.498	0.488	0.479						
010030	42.5 级水泥	t							0.371	0.363	0.355	0.469	0.460	0.450
010050	黄砂	t	0.717	0.714	0.712	0.633	0.633	0.632	0.763	0.761	0.759	0.664	0.662	0.662
010060	碎石	t	1.020	1.035	1.051	1.015	1.030	1.046	1.030	1.046	1.061	1.030	1.046	1.061
010770	粉煤灰	t												
010771	外加剂	kg												
090010	水	m^3	0.255	0.250	0.245	0.260	0.255	0.250	0.245	0.240	0.235	0.245	0.240	0.235
电算编号			010290	010300	010301	010302	010303	010304	010305	010306	010307	010308	010309	010310

注：常规水下混凝土采用中砂拌制、掺外加剂（减水率 18%），坍落度为 18～22 cm。

表 B.6　水下不分散混凝土配合比材料用量

单位：1 m³

电算编号	项目	单位	混凝土强度等级					
			C15		C20			
			碎石最大粒径（mm）					
			20	25	20	25		
	水灰比		0.49		0.43			
010030	水泥 42.5 级	t	0.518	0.508	0.590	0.579		
010050	黄砂	t	0.608	0.614	0.536	0.541		
010060	碎石	t	1.030	1.040	1.029	1.040		
010772	絮凝剂	kg	42.100	41.200	47.900	47.000		
090010	水	m^3	0.255	0.250	0.255	0.250		
电算编号			010311	010312	010313	010314		

注： 水下不分散混凝土采用中砂拌制、掺絮凝剂、混凝土强度为水中成型试块的强度，坍落度 21～25 cm、坍扩度 43～47 cm。

单位：1 m³

电算编号	项目	单位	混凝土强度等级					
			C20		C25		C30	
			碎石最大粒径（mm）					
			20	25	20	25	20	25
	水灰比		0.52		0.46		0.39	
010040	水泥 52.5 级	t	0.518	0.508	0.590	0.579	0.660	0.639
010050	黄砂	t	0.608	0.614	0.536	0.541	0.463	0.478
010060	碎石	t	1.030	1.040	1.029	1.040	1.025	1.035
010772	絮凝剂	kg	42.100	41.200	47.900	47.000	53.600	51.900
090010	水	m^3	0.255	0.250	0.255	0.250	0.255	0.250
电算编号			010311	010312	010313	010314	010319	010320

注： 水下不分散混凝土采用中砂拌制、掺絮凝剂、混凝土强度为水中成型试块的强度，坍落度 21～25 cm、坍扩度 43～47 cm。

表 B.7　自密实自流平混凝土配合比材料用量

单位：1 m^3

电算编号	项目	单位	混凝土强度等级							
			C20		C25		C30		C35	
			碎石最大粒径（mm）							
			20	25	20	25	20	25	20	25
	水灰比		0.60		0.50		0.44		0.38	
010030	水泥 42.5 级	t	0.297	0.291	0.343	0.336	0.406	0.397	0.475	0.459
010050	黄砂	t	0.880	0.894	0.880	0.894	0.880	0.894	0.880	0.894
010060	碎石	t	0.882	0.861	0.882	0.861	0.882	0.861	0.882	0.861
010770	粉煤灰	t	0.178	0.194	0.132	0.149	0.069	0.088		0.027
010771	外加剂	kg	6.180	6.310	6.180	6.310	6.180	6.310	6.180	6.310
090010	水	m^3	0.176	0.179	0.176	0.179	0.176	0.179	0.176	0.179
电算编号			010321	010322	010323	010324	010325	010326	010327	010328

注：自密实自流平混凝土采用中砂拌制、掺粉煤灰、掺外加剂（减水率＞30%），坍落度 25～27 cm、扩展度 60～75 cm。

单位：1 m^3

电算编号	项目	单位	混凝土强度等级							
			C25		C30		C35		C40	
			碎石最大粒径（mm）							
			20	25	20	25	20	25	20	25
	水灰比		0.64		0.58		0.52		0.45	
010030	水泥 42.5 级	t	0.279	0.273	0.343	0.336	0.406	0.397	0.397	0.388
010050	黄砂	t	0.880	0.894	0.880	0.894	0.880	0.894	0.880	0.884
010060	碎石	t	0.882	0.861	0.882	0.861	0.882	0.861	0.882	0.861
010770	粉煤灰	t	0.196	0.212	0.132	0.149	0.069	0.088	0.078	0.097
010771	外加剂	kg	6.180	6.310	6.180	6.310	6.180	6.310	6.180	6.310
090010	水	m^3	0.176	0.179	0.176	0.179	0.176	0.179	0.176	0.179
电算编号			010329	010330	010331	010332	010333	010334	010335	010336

注：自密实自流平混凝土采用中砂拌制、掺粉煤灰、掺外加剂（减水率＞30%），坍落度 25～27 cm、扩展度 60～75 cm。

表 B.8 无砂透水混凝土配合比材料用量

单位：1 m^3

电算编号	项目	单位	混凝土强度等级			
			C10			
			碎石最大粒径（mm）			
			16	25	31.5	40
010030	水泥 42.5 级	t	0.305	0.335	0.355	0.386
010050	黄砂	t	0	0	0	0
010060	砾石	t	1.435	1.435	1.435	1.384
090010	水	m^3	0.095	0.095	0.101	0.106
电算编号			010337	010338	010339	010340

表 B.9 砂浆配合比材料用量

单位：1 m^3

电算编号	项目	单位	水泥砂浆标号						
			M5	M7.5	M10	M12.5	M15	M7.5	M10
010020	水泥 P.C32.5 级	t	0.301	0.329	0.361	0.400	0.450		
010030	水泥 42.5 级	t						0.301	0.316
010050	黄砂	t	1.539	1.514	1.481	1.434	1.385	1.539	1.530
090010	水	m^3	0.270	0.270	0.270	0.275	0.275	0.270	0.270
电算编号			010620	010621	010622	010623	010624	010625	010626
电算编号	项目	单位	水泥砂浆标号						
			M12.5	M15	M20	M25	M30	M40	
010020	水泥 P.C32.5 级	t							
010030	水泥 42.5 级	t	0.331	0.347	0.388	0.437	0.503	0.720	
010050	黄砂	t	1.512	1.490	1.450	1.394	1.326	1.098	
090010	水	m^3	0.270	0.275	0.275	0.280	0.280	0.285	
电算编号			010627	010628	010629	010630	010631	010632	

注： *砂浆采用砂浆稠度 4～6 cm。*

表 B.10 硫磺砂浆配合比材料用量

单位：1 m^3

电算 编号	项目	单位	硫磺砂浆抗压强度（MPa）			
			25	30	35	40
010030	水泥 42.5 级	t	0.269	0.288	0.408	0.483
010050	黄砂	t	0.559	0.783	0.817	0.825
060220	硫磺	t	1.242	0.988	0.817	0.705
电算编号			010640	010641	010642	010643

附录C　未计价材料损耗率

序号	材料名称	损耗率（%）	说明
1	钢板（齐边）		
1.1	压力钢管直管制作	5	
1.2	压力钢管弯管、叉管、渐变管制作	15	
1.3	容器制作	10	
2	钢板（毛边）		
2.1	压力钢管、容器等制作综合取定	17	
3	镀锌铁板综合取定（主要制作通风管）	10	
4	型钢、小型钢构件	5	
5	管材及管件	3	
6	石棉水泥板及制品	8	
7	电力电缆	1	不包括备用段、连接段、预留长及走曲线的增长
8	控制电缆、市话电缆	1.5	同上
9	绝缘导线	1.8	
10	硬母线（包括铜、铝、铜质的带形、管形及槽形母线）	2.3	
11	裸质导线（包括铜、铝、钢及钢芯铝线）	1.3	包括弧垂及高低杆位差的增长
12	压接式线头、螺栓、垫圈、铝端子头、护线条及紧固圈	2	
13	金具	1	
14	绝缘子	2	不包括绝缘试验时作废的损耗该项进入材料价格
15	塑料制品	5	
16	照明灯具及辅助器具（成套灯具、镇流器、电容器）	1	
17	标准件联接螺栓	2	
18	油类		
18.1	挥发油	6	
18.2	非挥发油	1.8	

注：电气连接支线的弧度和预留长度应计入基本长度中。

附录 D　补充材料电算编号及单价取定表

电算编号	材料名称	规格型号	单位	增值税税率（%）	采购及仓储费率（%）	取定价	
						含税单价（元）	除税单价（元）
	一、人工、水泥及砂石材料						
010041	白水泥		kg	13.00	1.00	0.36	0.32
010051	绿豆砂		t	3.00	1.00	124.34	120.75
010082	白石子	比重 2.7，容重 1.5	t	3.00	1.00	106.23	103.17
010660	二灰结石		t	3.00	2.00	90.20	85.82
010670	沥青混凝土		t	3.00	2.00	429.20	408.37
010765	混凝土自锁块		m^3	3.00	2.00	380.00	361.55
010766	混凝土砖（砌块）		m^3	13.00	2.00	394.47	350.00
010774	中麻刀白灰		m^3	13.00	2.00	958.01	850.00
010780	107 胶水泥浆		m^3	13.00	2.00	571.75	507.29
010790	纸筋灰		m^3	13.00	2.00	4508.28	4000.00
	二、木材及其制品						
020041	锯材		m^3	13.00	1.00	1725.00	1511.28
020071	板条		百根	13.00	2.00	73.26	65.00
020072	木压条	10×10 mm	m	13.00	1.00	0.51	0.45
	三、金属及其制品						
030031	钢板网		m^2	13.00	2.00	16.37	14.52
030062	不锈钢管 ϕ31.8×1.0		m	13.00	2.00	21.02	18.65
030063	不锈钢管 ϕ60×1.0		m	13.00	2.00	39.65	35.18
030064	不锈钢管 ϕ89×1.5		m	13.00	2.00	88.23	78.28
030127	镀锌铁丝	综合	kg	13.00	2.00	7.50	6.50
030174	扣钉		kg	13.00	2.00	6.45	5.72
030182	铁脚		个	13.00	2.00	16.91	15.00
030251	钢压条		kg	13.00	2.00	4.82	4.18
030261	镀锌钢材		kg	13.00	2.00	7.66	6.80
030271	不锈钢板		kg	13.00	2.00	19.10	16.56
030351	不锈钢法兰盘	ϕ59	只	13.00	2.00	43.08	38.22
030551	木螺丝		kg	13.00	2.00	5.59	4.96
030552	不锈钢螺栓		根	13.00	2.00	4.87	4.32

续表

电算编号	材料名称	规格型号	单位	增值税税率（%）	采购及仓储费率（%）	取定价	
						含税单价（元）	除税单价（元）
030553	螺纹管盖		只	13.00	2.00	3.38	3.00
030851	纱窗		m^2	13.00	2.00	115.01	102.04
030970	卸扣		kg	13.00	2.00	127.60	113.21
	四、焊接材料						
040081	不锈钢焊条		kg	13.00	2.00	45.08	40.00
040082	铸钢焊条		kg	13.00	2.00	60.86	54.00
040111	氮气		m^3	13.00	2.00	20.29	18.00
040140	不锈钢焊丝		kg	13.00	2.00	34.70	30.79
	五、止水材料						
050051	油毡		m^2	13.00	2.00	3.72	3.30
050090	止水压板		m	13.00	2.00	28.18	25.00
050100	棉胎		kg	13.00	2.00	30.00	26.02
	六、化工及燃料						
060011	油漆稀释剂		kg	13.00	2.00	22.54	20.00
060041	绝缘漆		kg	13.00	2.00	47.90	42.50
060101	润滑脂		kg	13.00	2.00	9.67	8.58
060122	透平油		kg	13.00	2.00	9.67	8.58
060181	防腐油		kg	13.00	2.00	8.04	7.13
060191	乙醇		kg	13.00	2.00	8.09	7.18
060192	氢氧化钾乙醇溶液（分析纯）		kg	13.00	2.00	3.45	3.06
060193	氢氧化钠（烧碱）99.5%		kg	13.00	2.00	2.69	2.39
060211	油灰		kg	13.00	3.00	1.69	1.50
060230	环氧厚浆		kg	13.00	2.00	36.07	32.00
060240	无水乙二胺		kg	13.00	2.00	22.54	20.00
060241	乙二胺		kg	13.00	2.00	29.87	26.50
060250	邻苯二甲酸二丁酯		kg	13.00	2.00	12.27	10.89
060260	丙烯酸酯共聚乳液		kg	13.00	2.00	22.54	20.00
060270	丙酮		kg	13.00	2.00	11.55	10.25
060280	二丁酯		kg	13.00	2.00	31.56	28.00
060290	胶油		kg	13.00	2.00	9.02	8.00
060300	二甲苯		kg	13.00	2.00	6.65	5.90

续表

电算编号	材料名称	规格型号	单位	增值税税率（%）	采购及仓储费率（%）	取定价	
						含税单价（元）	除税单价（元）
060310	变色硅胶		kg	13.00	2.00	33.81	30.00
060320	导电润滑脂		kg	13.00	2.00	4.86	4.31
060330	氮气（高纯）	20 L	瓶	13.00	2.00	21.58	19.15
060340	氢气（高纯）	20 L	瓶	13.00	2.00	21.58	19.15
060350	氩气（高纯）	20 L	瓶	13.00	2.00	32.37	28.72
060360	专用吸油纸		张	13.00	2.00	3.22	2.86
060370	溴百里香草酚蓝（BTB）指示		瓶	13.00	2.00	30.21	26.80
060380	蒸馏水		kg	13.00	2.00	0.16	0.14
060390	石油醚（分析纯）		kg	13.00	2.00	32.37	28.72
060400	石油液化气		m^3	13.00	2.00	3.46	3.07
060410	丁酮（分析纯）		kg	13.00	2.00	7.01	6.22
060420	铬酸洗液		kg	13.00	2.00	68.19	60.50
060430	卡尔费休试剂	500 mL	瓶	13.00	2.00	172.62	153.16
060440	色谱用标准混合气体	8 L	瓶	13.00	2.00	53.94	47.86
060450	压缩空气（干燥)	20 L	瓶	13.00	2.00	12.95	11.49
060460	着色渗透探伤剂		组	13.00	2.00	73.80	65.48
060470	香蕉水		kg	13.00	2.00	16.91	15.00
060480	硫酸纯度 38%		kg	13.00	2.00	1.62	1.44
060490	四氯化碳 95%		kg	13.00	2.00	24.28	21.54
060500	羧甲基纤维素		kg	13.00	2.00	19.96	17.71
	七、火工材料						
070011	空心钢钎		kg	13.00	2.00	6.00	5.20
	八、电杆线材及电工材料						
080054	铜带	200 mm×0.2 mm	m	13.00	2.00	21.14	18.76
080055	铝包带		kg	13.00	2.00	31.56	28.00
080064	铜芯橡皮绝缘线	500VBX-2.5	m	13.00	2.00	2.10	1.86
080065	铜芯橡皮绝缘线	500VBX-16	m	13.00	2.00	9.81	8.70
080081	铜芯聚氯乙烯绝缘电线	500VBV-8	m	13.00	2.00	5.83	5.17
080082	铜芯聚氯乙烯绝缘电线	500VBV-4	m	13.00	2.00	3.03	2.69
080083	铜芯聚氯乙烯绝缘电线 120		m	13.00	2.00	126.23	112.00
080084	铜芯聚氯乙烯绝缘电线 25		m	13.00	2.00	25.13	22.30
080085	绝缘导线		m	13.00	2.00	2.75	2.44

续表

电算编号	材料名称	规格型号	单位	增值税税率（%）	采购及仓储费率（%）	取定价	
						含税单价（元）	除税单价（元）
080091	塑料软线		m	13.00	2.00	0.56	0.50
080092	双绞屏蔽导线	RWP48/0.2×2	m	13.00	2.00	4.51	4.00
080151	光缆接续器材 6 芯		套	13.00	2.00	22.54	20.00
080231	平板橡胶	B=450 mm	m	13.00	2.00	123.98	110.00
080232	耐油平板橡皮		kg	13.00	2.00	22.54	20.00
080251	石棉纸		kg	13.00	2.00	6.65	5.90
080261	塑料布		kg	13.00	2.00	14.50	12.90
080359	金具		kg	13.00	2.00	22.54	20.00
080471	悬式绝缘子		套	13.00	2.00	95.80	85.00
080481	胶木板		m²	13.00	2.00	18.28	16.22
080491	橡皮护套圈	ϕ6~32	个	13.00	2.00	20.06	17.80
080521	滤油芯		组	13.00	2.00	207.40	184.02
080841	环氧树脂板 5 mm		kg	13.00	2.00	23.27	20.65
080842	环氧树脂组合剂		kg	13.00	2.00	78.89	70.00
080843	环氧树脂及固化剂		kg	13.00	2.00	412.51	366.00
080891	聚四氟乙烯垫		个	13.00	2.00	0.62	0.55
081080	绝缘胶带	20 mm×20 m	卷	13.00	2.00	1.94	1.72
081090	绝缘带		卷	13.00	2.00	24.34	21.60
081100	绝缘清洗剂		kg	13.00	2.00	45.08	40.00
081110	绝缘橡胶垫		kg	13.00	2.00	21.75	19.30
081120	绝缘纸板		kg	13.00	2.00	8.45	7.50
081130	绝缘红钢纸	0.5 mm	kg	13.00	2.00	12.84	11.39
081131	绝缘青壳纸	0.8 mm 以下	kg	13.00	2.00	12.84	11.39
081140	酚醛层压板		kg	13.00	2.00	40.00	34.69
	九、其他材料						
090051	白棕绳	ϕ16	kg	13.00	2.00	8.98	7.97
090061	尼龙扎带	L=400 mm	根	13.00	2.00	0.18	0.16
090062	皮带		m	13.00	2.00	225.41	200.00
090441	乳胶		kg	13.00	2.00	9.58	8.50
090442	404 胶		kg	13.00	2.00	11.78	10.45
090443	409 胶粘剂		kg	13.00	2.00	16.91	15.00

续表

电算编号	材料名称	规格型号	单位	增值税税率（%）	采购及仓储费率（%）	取定价	
						含税单价（元）	除税单价（元）
090444	丁基粘结剂		kg	13.00	2.00	21.08	18.70
090445	粘结剂		kg	13.00	2.00	20.29	18.00
090446	改性沥青粘结剂		kg	13.00	2.00	5.20	4.51
090447	801 胶		kg	13.00	2.00	2.00	1.73
090448	密封胶		支	13.00	2.00	12.14	10.53
090449	厌氧胶	325 号 200 g	瓶	13.00	2.00	43.16	38.29
090451	植筋粘合剂	330 mL	支	13.00	2.00	197.24	175.00
090541	聚酯乙烯泡沫塑料		kg	13.00	2.00	15.15	13.44
090542	聚苯乙烯泡沫塑料板		m^3	13.00	2.00	172.62	153.16
090591	硬聚氯乙烯塑料管	ϕ32 mm	m	13.00	2.00	8.53	7.57
090601	棉花胎		kg	13.00	2.00	20.00	17.35
090619	塑料带防辐照聚乙烯	20 mm×40 m	卷	13.00	2.00	3.32	2.95
090621	相色带	综合	卷	13.00	2.00	2.03	1.80
090622	标签色带	综合	卷	13.00	2.00	19.42	17.23
090631	聚氯乙烯橡胶粘带	40 mm×50 m	卷	13.00	2.00	10.86	9.64
090641	自粘橡胶带	25 mm×20 m	卷	13.00	2.00	7.65	6.79
090701	水砂纸		张	13.00	2.00	0.90	0.80
090721	标牌 钢结构		m^2	13.00	2.00	56.35	50.00
090731	白绸带	20 mm×20 m	卷	13.00	2.00	8.07	7.16
090741	无纺布		m^2	13.00	2.00	6.91	6.13
090742	无絮棉布		kg	13.00	2.00	9.79	8.69
090743	擦拭纸		盒	13.00	2.00	2.89	2.56
090771	记号笔		支	13.00	2.00	2.65	2.35
090811	玻璃纤维带		盘	13.00	2.00	5.64	5.00
090831	铜丝刷		把	13.00	2.00	11.16	9.90
090841	毛刷		把	13.00	2.00	2.82	2.50
090881	瓦垄铁钉带垫圈		个	13.00	2.00	1.13	1.00
090882	瓦铁螺钉带铁、毡垫圈		kg	13.00	2.00	10.14	9.00
091021	苯丙涂料封底漆		kg	13.00	2.00	10.51	9.11
091031	外墙乳胶漆		kg	13.00	2.00	23.00	19.95
091032	封闭乳胶底漆		kg	13.00	2.00	22.00	19.08

续表

电算编号	材料名称	规格型号	单位	增值税税率（%）	采购及仓储费率（%）	取定价	
						含税单价（元）	除税单价（元）
091050	架空隔热板		m^3	13.00	2.00	1972.37	1750.00
091060	沥青玛蹄脂		m^3	13.00	2.00	15435.22	13695.00
091070	建筑油膏		kg	13.00	2.00	3.94	3.50
091080	油麻丝		kg	13.00	2.00	11.05	9.80
091090	基础处理剂		kg	13.00	2.00	6.76	6.00
091100	聚氨酯嵌缝膏		kg	13.00	2.00	9.58	8.50
091110	聚氨酯甲料		kg	13.00	2.00	20.29	18.00
091120	聚氨酯乙料		kg	13.00	2.00	20.29	18.00
091130	浅色保护涂料		kg	13.00	2.00	27.00	23.42
091131	涂料 综合		kg	13.00	2.00	39.45	35.00
091140	三元乙丙橡胶卷材		m^2	13.00	2.00	26.52	23.53
091150	氯丁橡胶卷材		m^2	13.00	2.00	12.29	10.90
091160	SBS 聚酯胎乙烯膜卷材		m^2	13.00	2.00	22.00	19.08
091170	APP 及 SBS 基层处理剂		kg	13.00	2.00	4.60	3.99
091180	SBS 封口油膏		kg	13.00	2.00	7.50	6.50
091190	铁锹		把	13.00	2.00	78.89	70.00
091200	镰刀		把	13.00	2.00	3.38	3.00
091210	凿子		只	13.00	2.00	11.27	10.00
091220	手套		副	13.00	2.00	1.69	1.50
091230	毛巾		条	13.00	2.00	2.25	2.00
091240	扫帚		把	13.00	2.00	13.52	12.00
091250	簸箕		只	13.00	2.00	11.27	10.00
091270	引诱材料		kg	13.00	2.00	11.27	10.00
091271	饵剂		袋	13.00	2.00	2.93	2.60
091272	标记装		根	13.00	2.00	7.89	7.00
091280	10%吡虫啉悬浮剂		kg	13.00	2.00	107.07	95.00
091281	药剂		kg	13.00	2.00	26.79	23.77
091290	取样瓶（袋）		只	13.00	2.00	5.40	4.79
091300	洗衣粉		kg	13.00	2.00	3.38	3.00
091310	清洗剂		kg	13.00	2.00	11.27	10.00
091320	救生衣		件	13.00	2.00	112.71	100.00
091330	驱鸟器		个	13.00	2.00	40.00	34.69

附录 E　补充施工机械台时费定额（除税）

电算编号	机械名称及规格型号	第一类费用（元）				第二类费用									第三类费用(元)	基价(元)	备注
		折旧费	修理及替换设备费	安装拆卸费	小计	中级工(工时)	汽油(kg)	柴油(kg)	电(kW·h)	风(m³)	水(m³)	煤(kg)	重油(kg)	小计(元)			
一	**土石方机械**																
110481	手扶振动压实机 工作质量 1 t	2.60	2.08	1.13	5.81			1.14						3.42		9.23	
二	**基础处理设备**																
120530	履带式震动打桩机	38.25	24.98	3.27	66.50	2.70		14.90						68.73		135.23	
三	**混凝土机械**																
130071	真空泵 功率 37 kW	3.23	1.83	1.69	6.75				30.06					20.74		27.49	
130100	喷浆机 75 L	1.98	6.58	0.34	8.90	1.30			2.00	111.80				27.48		36.38	
四	**运输机械**																
140343	沥青混凝土摊铺机 TX150	5.41	1.99	0.67	8.07	1.30		3.00						20.57		28.64	
五	**起重机械**																
150010	门座式起重机 10/30 t 高架 起重量 10～30 t	90.86	29.97		120.83	3.90			90.80					97.36		218.19	
150521	电动葫芦 起重量 10 t	6.45	4.49		10.94				10.57					7.29		18.23	
150531	千斤顶　起重量 50 t	0.11	0.06		0.17									0.00		0.17	
150532	千斤顶　起重量 100 t	0.37	0.11		0.48									0.00		0.48	
150533	千斤顶　起重量 200 t	0.48	0.17		0.65									0.00		0.65	
六	**工程船舶机械**																
161261	固定扒杆起重船 起重量 100 t	117.79	102.50		220.29	13.00		59.40			0.60			294.78	63.81	578.88	
161400	测量船 60 kW	13.93	31.68		45.61	3.90		15.60						81.51		127.12	
161410	测量船 75 kW	29.36	41.96		71.32	5.20		19.20						103.88		175.20	
161420	测量船 90 kW	36.70	47.81		84.51	5.20		23.20						115.88		200.39	
161430	测量船 110 kW	61.39	60.90		122.29	7.80		29.20						157.02		279.31	
161440	住宿船 11～20 床位	16.01	13.70		29.71	3.90		2.00						40.71		70.42	

续表

电算编号	机械名称及规格型号	第一类费用（元）				第二类费用									第三类费用(元)	基价(元)	备注
		折旧费	修理及替换设备费	安装拆卸费	小计	中级工(工时)	汽油(kg)	柴油(kg)	电(kW·h)	风(m³)	水(m³)	煤(kg)	重油(kg)	小计(元)			
七	**辅助设备**																
170011	空压机 电动 移动式 0.9 m³/min	0.96	2.06	3.05	6.07			8.06						24.18		30.25	
八	**加工及其他机械**																
180141	管子切断机 ϕ60 mm	0.76	0.62	1.30	2.68				0.96					0.66		3.34	
180191	剪板机 10×2500 mm	4.38	0.95		5.33	1.30			8.74					17.60		22.93	
180491	二氧化碳气体保护焊机 电流 250 A	2.66	2.89	3.82	9.37				4.90					3.38		12.75	
180511	滤油机 120 L/h 以内	1.12	0.50	0.18	1.80	1.30			3.28					13.83		15.63	
180521	高真空净油机 12000 L/h 以内	92.54	97.78		190.32	2.60			200.46					161.46		351.78	
180661	磁轮气割机 （CGD-325）	0.55	0.42	1.31	2.28				81.76					56.41		58.69	
180770	高压无气喷漆机	0.38	0.35		0.73	1.30								11.57		12.30	
180800	自动喷药车	0.23	0.41	0.22	0.86	2.10	3.97							32.99		33.85	
180810	电焊条烘箱 60×50×75 cm³	0.45	0.49		0.94	2.60			8.00					28.66		29.60	
180820	高空作业车 20 m 以内	66.56	13.07	0.00	79.63	2.60		8.43						48.43		128.06	
180830	平台升降车	16.39	13.02	7.61	37.02			9.65						28.95		65.97	
180840	液压升降机	5.43	2.41	0.32	8.16	1.30			2.09					13.01		21.17	
180850	电力工程车	16.08	4.40		20.48	1.30	3.73							25.00		45.48	
180860	潜水组	17.15	4.38	48.00	69.53	14.30			4.84					130.61	96.00	296.14	
180870	割草机 5 匹	1.06	2.12	0.71	3.89	2.00	0.64							20.11		24.00	

附录F　补充仪器仪表台时费（除税）

电算编号	仪器仪表名称及规格型号	基价（元）
190010	SF_6密度继电器校验仪	38.30
190020	SF_6气体成分测试仪	206.82
190021	直流保护测试仪	207.08
190030	SF_6微水分析仪	35.63
190040	定量检漏仪	63.92
190050	定性检漏仪	10.43
190060	短路阻抗仪	39.02
190070	多功能相位伏安表	20.94
190071	三相电能表现场校验仪	113.50
190072	光电头	4.51
190073	数字化电能表校验仪	206.71
190080	手提式多功能化学测试仪	101.96
190090	数字存储示波器	71.26
190100	水特性测试仪	165.20
190110	水浴加热振荡仪（加热水浴）	13.38
190115	便携式波形记录仪	10.05
190116	蓄电池放电仪	40.74
190117	充电机特性测试仪	42.76
190118	蓄电池内阻测试仪	45.42
190119	蓄电池活化仪	51.10
190120	微机型高压断路器模拟装置（断路器模拟试验仪）	30.58
190121	直流标准源	47.10
190122	网络测试仪	21.37
190123	保护故障子站模拟系统	40.73
190124	光万用表（光源、光功率计、光纤在线测试）	24.62
190125	数据分析仪	24.62
190130	微控全自动界面张力仪	156.56
190139	5毫安绝缘电阻表（数字式）	205.61
190140	氧化锌避雷阻性电流分析仪	527.02
190141	微机继电保护测试仪	109.48
190142	自动张力仪	167.14
190143	红外光谱仪	604.22

续表

电算编号	仪器仪表名称及规格型号	基价（元）
190144	红外成像仪（640×480 像素）	129.60
190150	油耐压试验仪	51.56
190151	阻性电流分析仪	56.71
190160	直流电阻测试仪	6.21
190170	直流高压发生器 ZGF-200	5.03
190180	直流高压发生器（6 万～12 万 V）	17.00
190190	交流高压发生器（6 万～12 万 V）	89.74
190191	交流高压发生器（50kVA 以下）	184.39
190192	倍频电源发生器	57.00
190200	无局部放电电源	639.83
190201	局部放电测量仪	116.37
190210	直流稳压稳流电源 WYK-6005	3.91
190220	三相精密测试电源	128.19
190230	大容量变频接地网测试电源	453.28
190240	精密交直流稳压电源 SB861	6.27
190250	智能式绝缘油含气量测定仪	154.09
190260	手持光损耗测试仪 MS9020A	3.69
190270	TA 伏安特性、变比测试仪	32.73
190271	TA 二次负载测试仪	12.73
190280	变比测试仪	28.68
190281	电阻箱	9.90
190290	变压器绝缘电阻测试仪	17.36
190300	变压器油液颗粒度分析仪	169.17
190310	便携式气体分析仪	1048.41
190320	大型接地网接地电阻测量系统	2737.69
190321	接地引下线导通测试仪	77.69
190330	电缆测试仪 JH5132	1.31
190340	电缆故障测试仪 DGC-711E	6.37
190350	电能校验仪 ST9040	7.03
190360	高压绝缘电阻测试仪 3124	5.61
190370	高压开关真空度测试仪	90.28
190380	气体继电器校验装置	108.64
190381	压力标准装置	5.24
190382	压力释放阀校验装置	53.16
190383	二等铂电阻温度计标准装置	37.78

续表

电算编号	仪器仪表名称及规格型号	基价（元）
190384	绕组温度计测试装置	34.42
190390	气相色谱仪	91.58
190400	酸值测试仪	37.67
190410	脉冲计数器 PM6665/036	5.89
190420	脉冲信号发生器 NF-1513A	1.73
190430	模拟负载电阻装置 150 A/0.2 Ω四组	0.89
190440	回路电阻测试仪	11.28
190450	继电保护测试系统	65.21
190460	继电保护测试仪 JBC	4.29
190470	继电保护试验装置	37.67
190480	监测仪器	10.30
190490	交流耐压试验装置（设备耐压用 220 kV）	852.91
190500	交流耐压试验装置（设备耐压用 35 kV）	68.90
190510	交流试验变压器 TSB-10/50	3.50
190520	轻型试验变压器 TSB	19.14
190530	接地电阻测试仪(数字式)	2.04
190540	接地网接地电阻测量系统	719.64
190550	介损与体积电阻率试验仪	75.31
190560	介质损耗测试仪	33.25
190570	晶体管图示仪 XJ-4810	1.78
190580	绝缘电阻测试仪 BM12	4.76
190590	绝缘电阻测试仪（2500 V～10000 V、＞2 mA)	59.66
190600	开关特性测试仪综合	73.52
190610	手持光纤多用表 AV2496	2.31
190620	数字电压表 PZ38	0.66
190630	数字高压表 GYB-Ⅱ	0.80
190640	数字毫秒计 DM3-802H	0.95
190650	数字万用表（数字式）	3.26
190651	数字万用表 7151	4.22
190652	数字万用表 DF-11±（10 μV~1000 V）	0.95
190653	数字万用表 F-87	0.77
190654	数字万用表 HP-34401A	2.48
190655	数字万用表 PF-56	0.84
190660	数字转速表	3.07
190670	相位电压测试仪	2.04

续表

电算编号	仪器仪表名称及规格型号	基价（元）
190680	相位频率计 704-3	1.76
190690	携带型单臂电桥	2.91
190700	真空断路测试仪 VIBAR	26.05
190710	主变压器分接开关测试仪	38.05
190720	自动 LCR 测量仪 ZL6	0.95
190730	自动色谱脱气振荡仪	2.04
190740	综合特性测试仪（含 TA、TV）	64.22
190750	综合校验仪 D-063	1.55
190760	最佳阻容调节器 RCK	0.94
190770	闭口闪点测定仪	20.35
190780	便携式维护终端	10.18
190790	便携式综合校验仪 2422	4.28
190800	标准电阻、电容箱 EX25a	0.90
190810	标准信号发生器 KSG-4100	5.47
190820	电桥 YY2814	2.57
190830	电压、电流互感升流器 HJ12-E	1.13
190840	电压电流表	2.87
190850	放电棒	2.04
190851	模拟开关（试验用）	2.04
190852	绝缘电阻表（数字式）	3.18
190860	放电计数器校验器	2.38
190870	酒精灯	2.38
190871	温湿度计	0.80
190880	示波器 SR10	1.53
190890	定位系统 DGPS ±1 m	26.34
190900	定位系统 RTK-GPS ±(5 mm+1 ppm)	77.43
190910	全站仪 ±(2 mm+2 ppm×d)；2 "	24.18
190911	全站仪 ±(1 mm+3 ppm×d)；0.5 "	64.97
190920	单波束测深仪 ±3 cm	20.97
190930	水准仪 ±0.3 mm	10.46
190931	水准仪 ±0.7 mm	8.67
190932	水准仪 ±2 mm	2.83
190940	功能检测分析平台(电脑)	7.06

江苏省水利工程维修养护预算编制规定

江苏省水利工程维修养护预算编制规定

编　委　会

目　录

总　则

一、为加强水利工程维修养护资金管理，规范水利工程维修养护预算编制，合理确定工程投资，提高资金使用效率，根据国家及水利部、江苏省有关规定和文件精神，结合江苏省水利工程维修养护实际，江苏省水利厅、江苏省财政厅组织编制了《江苏省水利工程维修养护预算编制规定》（以下简称《编制规定》）。

二、《编制规定》是编制和审批水利工程维修养护项目资金、财政和审计部门进行财政和审计监督的依据，也是水利工程维修养护购买社会服务的指导性标准。

三、《编制规定》适用于江苏省水利工程的维修养护项目。

四、《编制规定》系按照一般计税方法的相关要求和条件进行制定。计算建筑工程维修养护单价、设备维修养护单价时，直接工程费、间接费、利润、未计价材料费不包含增值税进项税额；计算设备及配件单价时，设备及配件原价包含增值税进项税额。

五、除另有说明外，《编制规定》中各专有名词的含义同《江苏省水利工程设计概（估）算编制规定》。

六、《编制规定》由江苏省水利厅负责管理和解释。

第一章　预算组成与编制依据

第一节　预算组成

江苏省水利工程维修养护预算由建筑工程维修养护、设备维修养护、临时工程及安全文明措施、独立费用4项组成。

第二节　编制依据

1. 有关法律法规、规程规范、制度文件等。

2. 江苏省水利工程维修养护预算编制规定。

3. 江苏省水利工程维修养护预算定额。

4. 相关行业的编制规定、定额。

5. 设计文件和图纸。

6. 有关合同协议。

7. 其他相关文件和技术资料。

第二章　预算文件组成

第一节　预算正件组成

一、编制说明

（一）工程概况

工程及项目基本情况、维修养护缘由及内容，项目实施方案，有关费用的计算说明等。

（二）编制依据

1. 有关法律法规、规程规范、制度文件等。

2. 江苏省水利工程维修养护预算编制规定。

3. 江苏省水利工程维修养护预算定额。

4. 相关行业的编制规定、定额。

5. 设计文件和图纸。

6. 有关合同协议。

7. 其他相关文件和技术资料。

（三）编制成果

工程预算总金额，主要工程量，主要设备及配件数量等。

二、预算表

1. 预算汇总表。

2. 预算表。

3. 建筑工程维修养护预算表。

4. 设备维修养护预算表。

5. 临时工程及安全文明措施预算表。

6. 独立费用预算表。

第二节　预算附表组成

预算附表由以下内容组成：

1. 主要材料预算单价汇总表。

2. 建筑工程维修养护单价计算表。

3. 设备维修养护单价计算表。

第三章　工程分类和项目划分

第一节　工程分类

一、工程分类

根据工程性质和特点，江苏省水利工程维修养护一般划分为水利工程维修和水利工程养护 2 类。

二、水利工程维修

对已建的水利工程及附属设施运行、检查中发现工程或设施设备遭受局部损坏，通过简单的修理、较小的工作量或通过更换、改造局部设备和设施，恢复工程或设备功能和运行。

三、水利工程养护

对已建的水利工程及附属设施进行保养，及时处理局部、表面、轻微的缺陷，以保持工程完好、设施设备完整清洁及操作灵活，包括工程日常维护中的零星修理、水土保持及材料消耗等。

第二节　项目划分

水利工程维修养护预算由建筑工程维修养护、设备维修养护、临时工程及安全文明措施、独立费用 4 部分构成。具体的项目划分可参照《江苏省水利工程设计概（估）算编制规定》附录 C 中三级项目。

第四章　费用构成

一、费用构成

水利工程维修养护费用由维修养护费、设备及配件费和独立费用 3 部分构成。

二、维修养护费

维修养护费由直接工程费、间接费、利润、未计价材料费和税金 5 项组成。各项费用的具体组成参照《江苏省水利工程设计概（估）算编制规定》附录 D，不设零星工程费。

三、设备及配件费

设备及配件费由原价、运杂费、采购及保管费 3 项组成。各项费用的具体组成参照《江苏省水利工程设计概（估）算编制规定》附录 E。

四、独立费用

独立费用由项目管理费、监理费、联合试运转费、勘测设计费、预算编制费和其他费 6 项组成。各项费用的具体组成参照《江苏省水利工程设计概（估）算编制规定》附录 F。

第五章　预算编制

第一节　基础单价计算

一、人工预算单价

维修养护定额中的人工分为工长、高级工、中级工和初级工 4 级。施工机械台时费定额中的人工按中级工计。

人工预算工时单价按江苏省水利厅发布的标准执行。

二、材料预算单价

采用工程所在地造价管理部门发布的信息价格。

三、施工用电预算单价

（1）电网供电预算单价

$$DW=\frac{DJ}{1-K}+T$$

式中：

DW ——电网供电预算单价（元/千瓦时）。

DJ ——基本电价（元/千瓦时）。

K ——综合损耗率，包括高压输电线路损耗率、变配电设备及配电线路损耗率等，取 12%。

T ——供电设施维修摊销费，取 0.025 元/千瓦时。

（2）柴油发电机供电预算单价

$$DC=\frac{C}{D\times(1-K_1)\times K_2}+W+T$$

式中：

DC ——柴油发电机供电预算单价（采用循环冷却水，元/千瓦时）。

C ——柴油发电机组（台）时总费用（元）。

D ——柴油发电机额定容量之和（千瓦）。

K_1 ——变配电设备及配电线路损耗率，取 8.0%。

K_2 ——发电机出力系数，取 0.80。

W ——单位循环冷却水费，取 0.05 元/千瓦时。

T ——供电设施维修摊销费，取 0.03 元/千瓦时。

四、施工机械台时费

施工机械台时费根据《江苏省水利工程施工机械台时费定额》《江苏省水利工程维修养护预算定额》附录 E 和附录 F 计算。

五、价差调整

（一）材料价差调整

调价材料种类及基价同《江苏省水利工程设计概（估）算编制规定》。

调价材料预算价格高于基价时，按基价计入工程单价参与取费，预算价与基价的差值在单价计算表中“价差调整”项计列。

调价材料预算价格等于或低于基价时，按预算价计入工程单价。

计算施工用电预算单价时，油料按预算价参与计算。

（二）预拌混凝土价差调整

同《江苏省水利工程设计概（估）算编制规定》调整方法。

第二节　工程单价计算与费率标准

一、工程单价计算

（一）建筑工程维修养护单价

同《江苏省水利工程设计概（估）算编制规定》中建筑工程单价计算方法。

（二）设备及配件单价

同《江苏省水利工程设计概（估）算编制规定》中机电设备与金属结构单价计算方法。

（三）设备维修养护单价

同《江苏省水利工程设计概（估）算编制规定》中实物量形式的安装工程单价计

算方法。

二、费率标准

（一）冬雨季施工增加费、夜间施工增加费和其他费计算基数同《江苏省水利工程设计概（估）算编制规定》，费率见表1。

表1　冬雨季施工增加费、夜间施工增加费和其他费费率

序号	工程内容	冬雨季施工增加费费率（%）	夜间施工增加费费率（%）	其他费费率（%）
1	建筑工程维修养护	0.5	0.5	1.0
2	设备维修养护	0.8	0.7	1.5

（二）临时设施费和现场管理费计算基数同《江苏省水利工程设计概（估）算编制规定》，费率见表2。

表2　临时设施费和现场管理费费率

序号	工程内容	临时设施费费率（%）	现场管理费费率（%）
1	建筑工程维修养护	3.5	3.0
2	设备维修养护	18.0	22.0

（三）间接费计算基数同《江苏省水利工程设计概（估）算编制规定》，费率见表3。

表3　间接费费率

序号	工程内容	间接费费率（%）
1	建筑工程维修养护	10.5
2	设备维修养护	75

（四）利润计算基数同《江苏省水利工程设计概（估）算编制规定》，利润率7.46%。

（五）税率

指应计入建筑工程维修养护和设备维修养护费用内的增值税销项税额，计算基数同《江苏省水利工程设计概（估）算编制规定》，税率9%。

第三节　分部预算编制

一、第一部分　建筑工程维修养护

建筑工程维修养护费＝Σ（工程量×工程单价）

二、第二部分　设备维修养护

（一）设备及配件费

设备及配件费＝Σ（设备及配件数量×设备及配件单价）

（二）设备维修养护费

设备维修养护费＝Σ（设备数量×工程单价）

三、第三部分　临时工程及安全文明措施

（一）临时工程

临时工程指为辅助主体工程维修养护而必须修建的临时性工程和措施。主要包括施工围堰、施工降排水、施工脚手架和施工房屋工程等。

施工围堰、施工降排水和施工脚手架根据施工组织设计确定的项目及工程数量按有关规定编列。

施工房屋工程指维修养护过程中建造或租赁的临时房屋，包括施工仓库和办公、生活及文化福利建筑等，根据项目需要按实计列。

临时工程费=Σ（工程量×工程单价）

（二）安全文明措施

安全文明措施费＝[第一部分费用+第二部分费用（不含设备及配件费）+第三部分中临时工程费用]×2.5%

四、第四部分　独立费用

（一）项目管理费

项目管理费＝（第一～第三部分费用之和）×4.05%

维修项目委托管理时按此计算或按实计列，养护项目原则上不计此项费用。

（二）监理费

监理费=（第一～第三部分费用之和）×4.95%

维修项目发生监理费时按此计算或按实计列，养护项目原则上不计此项费用。

（三）联合试运转费

涵闸、船闸联合试运转费按实计列。

泵站联合试运转费=装机容量（千瓦时）×48小时

×电网供电预算单价（元/千瓦时，含增值税进项税额）×1.2

泵站主机组维修时按此计算或按实计列。

（四）勘测设计费

1. 勘测费

勘测费＝（第一～第三部分费用之和）×1.94%

维修项目发生勘测费时按此计算或按实计列，养护项目原则上不计此项费用。

2. 设计费

设计费＝（第一～第三部分费用之和）×3.92%

维修项目发生设计费时按此计算或按实计列，养护项目原则上不计此项费用。

（五）预算编制费

预算编制费=（第一～第三部分费用之和）×0.63%

水利管理单位自行编制的项目，不计此项费用。

（六）其他费

1. 工程质量检测费

工程质量检测费=（第一～第三部分费用之和）×0.5%

桩基等特殊检测项目和工程技术鉴定费用按实计列。

2. 工程审计费

工程审计费=（第一～第三部分费用之和）×调整系数×0.36%

调整系数取1.0～2.0，工程量大、技术简单取小值，工程量小、技术复杂取大值。

3. 其他费税

按有关规定计取。

第四节　预算总金额

预算总金额=第一～第四部分费用之和

第六章　预算表格

第一节　预算表表式

表 A.1　__________预算汇总表

序号	区(单位)	项目名称	预算(万元)	备注

表 A.2　__________预算表

序号	工程或费用名称	预算（万元）	其中				备注
			建筑工程维修养护费（万元）	设备维修养护费（万元）	设备及配件费（万元）	独立费用（万元）	
一	建筑工程维修养护						
二	设备维修养护						
三	临时工程及安全文明措施						
四	独立费用						
五	预算总金额						

表 A.3　建筑工程维修养护预算表

序号	定额编号	工程或费用名称	单位	数量	单价（元）	复价（元）	备注
1							
2							
3							
4							
…							

表 A.4 设备维修养护预算表

序号	定额编号	名称及规格	单位	数量	单价（元）		复价（元）		备注
					设备及配件费	设备维修养护费	设备及配件费	设备维修养护费	
1									
2									
3									
4									
…									

表 A.5 临时工程及安全文明措施预算表

序号	定额编号	工程或费用名称	单位	数量	单价（元）	复价（元）	备注
1							
2							
3							
4							
…							

表 A.6 独立费用预算表

序号	工程或费用名称	单位	数量	单价（元）	复价（元）	备注
1						
2						
3						
4						
…						

第二节　预算附表表式

表 B.1　主要材料预算单价汇总表

序号	名称及规格	单位	预算单价（元）
1			
2			
3			
4			
…			

表 B.2　建筑工程维修养护单价计算表

同《江苏省水利工程设计概（估）算编制规定》建筑工程单价表式。

表 B.3　设备维修养护单价计算表

同《江苏省水利工程设计概（估）算编制规定》实物量形式的安装工程单价表式。